AMBER REVOLUTION

브르다의 새벽

AMBER
REVOLUTION

앰버 레볼루션

오렌지 와인에 관한 가장 완벽한 안내서

사이먼 J 울프 지음 | 서지희 옮김 | 최영선 감수

한스미디어

린다 울프와 오토 매카시 울프, 스탄코 라디콘에게 바친다

– 부디 이들이 자랑스러워하기를

크베브리에서 와인을 퍼낼 때 쓰는 오르시모스Orshimos, 즉 국자들

Contents

추천의 글 - 더그 레그

나는 2006년에 처음으로 오렌지 와인을 맛보았다(다리오 프린치치Dario Prinčič의 트레베즈Trebez 2002). 빛을 받아 미묘하게 변하는 듯 보였던 심오하고, 풍부하며, 윤기마저 흐르는 색깔, 곧이어 아주 도전적으로 내 미각을 뒤흔들어 놓은 와인의 진화하는 아로마와 질감. 난 그 최초의 충격을 아직도 잊지 못한다. 그것은 진정한 발견의 순간이자 과거와 미래를 동시에 일별하는 경험이었다.

오렌지색(또는 호박색)은 와인의 스펙트럼에서 아주 중요한 색깔이다. 이 색깔은 마치 레드 와인처럼, 포도(우리가 보통 화이트 와인용으로 분류하는 품종들)가 껍질과 함께 침용되었음을 나타낸다. 침용되는 동안 색깔, 타닌과 기타 페놀성 화합물 같은 다양한 성분이 자연적으로 추출된다.

색의 진한 정도는 포도 품종, 빈티지의 특성, 수확 시기, 그리고 와인 양조 방식(침용 시간, 착즙 방법, 산소와의 접촉 여부 등)에 따라 달라진다. 포도 껍질과 함께 발효된 스킨 콘택트skin contact 와인들은 황금색, 분홍빛 회색, 오렌지색, 호박색, 심지어는 황토색을 띠기도 한다.

우수한 스킨 콘택트 와인을 만들기 위해서는 착즙할 가치가 있는 재료가 있어야 한다. 될 수 있으면 유기농법이나 바이오다이내믹 농법으로 농사를 잘 짓는 것은 포도의 훌륭한 숙성도뿐 아니라 그 자체로 균형 잡힌 포도를 얻는 전제조건이다. 착즙 작업도 세심하고도 조화로운 과정이기에 양조자는 포도 줄기를 쓸지 말지, 침용은 며칠이나 할지, 찌꺼기를 분리할지 말지, 산소에 노출할지 말지 등을 결정해야 한다.

타닌 성분은 오렌지 와인에서 아주 중요한데, 레드 와인에서와 마찬가지로 입안을 상쾌하게 하고 과일 향의 균형을 잡아주기 때문이다. 또한 색깔과 안정성 측면에서도 중요한 것이, 모든 페놀성 화합물이 와인이 산화되지 않도록 돕는다. 오렌지 와인의 종류는 정말 껍질과 접촉하긴 했는지 거의 알아볼 수 없는 것에서부터, 입안에 타닌을 입히는 것도 모자라 씹히는 질감마저 나는 것까지 매우 다양하다.

사이먼의 책은 이런 멋진 와인들과, 열정적이면서 일편단심으로 이것들을 만드는 비뉴롱 vigneron(포도를 직접 재배하고 와인을 양조하는 사람-옮긴이)들에 대한 축전이다. 이 책은 무미건조한 논문이 아니라 오히려 전문 용어들을 배제한 참신하고 아주 매력적인 이야기로, 사회적 통념을 무작정 따르기보다는 자기 소신을 지키는 우리 시대 장인들에 관한 한 편의 소설 같은 책이다.

오렌지 와인의 선구자들은 평론가들에게 묵살당하고, 심지어는 동료들에게 멸시당하면서도 자신들의 뜻을 굽히지 않았다. 그들은 항상 그들이 만든 와인들로 자신을 입증해왔다. 이제 그들의 와인은 평론가들, 소믈리에들, 와인 음주가들의 숭배를 받을 뿐 아니라 전 세계의 수많은 생산자들에게 영향과 영감을 주고 있다.

사이먼의 책은 전통적 와인 양조 방식의 부흥과 '새롭고도 오래된' 스타일의 와인이 탄생하도록 도왔던 사람들의 흥미로운 이야기를 들려주며, 이러한 움직임을 (수천 년 전부터 껍질을 포함한 포도 전체를 이용해 오렌지 와인을 만들어온) 조지아의 역사적인 와인 양조 문화와 결부시킨다.

스킨 콘택트 와인의 미래는 아주 밝아 보인다. 일부 평론가들은 이것을 그저 한때의 유행일 뿐이라고 말하지만, 모든 와인 생산국의 점점 더 많은 와인 생산자들이 이런 유형의 와인 양조를 실험하거나 전적으로 지지하는 것을 볼 수 있다. 그러는 사이, 그 와인들은 소믈리에와 와인 구매자들을 확실히 설득시켰다. 많은 술집과 레스토랑의 와인 리스트에서 오렌지 와인이 당당하게 네 번째 순서를 차지하게 된 것이다.

오렌지 와인을 처음 접하는 사람에게는, 거부할 수 없는 매력을 지닌 이 『앰버 레볼루션』이라는 책이 오렌지 와인을 발견하는 계기가 될 것이다. 또 나같이 이미 개종한 사람에게는, 오래된 친구들과 다시금 친해지고 이 멋진 주제를 더욱 깊이 파고드는 기회가 될 것이다. 무엇보다도 이 책은 술술 잘 읽히며 와인들을 실로 적절한 배경 속에서 설명한다. 자, 그럼 호박색 앰버 와인을 한 잔 따라 마시며 읽어보시기를…….

* 더그 레그Doug Wregg는 영국 최대 내추럴 및 오렌지 와인 수입업체인 '레 카브 드 피렌Les Caves de Pyrene'의 영업과 마케팅을 총괄하고 있다.

서문

빳빳이 풀 먹인 식탁보와 양복 차림의 소믈리에들이 등장한 이래로, 레스토랑들은 그들의 보물과 같은 와인을 전통적인 순서대로 와인 리스트에 올려 제공해왔다. 전통적인 순서란 주로 스파클링에서 시작해 화이트로, 그다음 구색을 맞추려 몇 개나마 끼워 넣은 로제로 이어졌다가, 그보다 한층 방대한 레드로, 마지막은 (가끔은 포트와인이 카메오로 포함되기도 하는) 스위트 와인들로 마무리되는 것이다.

그러나 이제는 이 신성시되는 다섯 종류로 끝이 아니다. 지난 10년간 여섯 번째 종류, 즉 오렌지 와인이 점차 더 많은 와인 리스트들에 포함된 것이다. 오렌지 와인이라는 이름을 모두가 인정하는 것은 아니라서 어떤 이들은 좀 더 귀족적이며 가끔은 더 정확한 기술어인 '앰버 와인'으로, 또 어떤 이들은 아주 현학적으로 '껍질 침용된skin-macerated 화이트 와인'으로 부르기도 한다. 게다가 오렌지 와인을 로제 와인과 혼동하는 곳들도 있으니, 실로 골치 아픈 문제가 아닐 수 없다.

오렌지 와인이라는 용어 자체가 논란의 여지가 다분하므로 바로 해명해야 할 필요가 있겠다. 이 책은 백포도 품종을 마치 적포도처럼 수일, 수 주, 혹은 수개월간 껍질과 (그리고 어떤 경우에는 줄기도 함께) 발효시키는 경우에만 초점을 맞추었다. '오렌지 와인'이라는 용어는 세계적으로 다른 발효 음료들을 일컬을 때도 종종 사용되나, 이 책에서는 그런 것들은 일부러 철저히 배제했다. 정말 오렌지로 만든 과실주 애주가들, 또는 호주 뉴사우스웨일스 주의 오렌지로 만들어진 의심할 여지없이 뛰어난 와인을 열렬히 지지하는 사람들이라면 화를 내며 이 책의 표지를 긁어대기 전에 환불을 받는 편이 나을지도 모르겠다.

난제들은 제쳐두고 말하자면, 이제는 오렌지 와인의 시대가 제대로 무르익었다. 수많은 와인 판매상들, 패셔너블한 와인 바들과 일류 레스토랑들의 선반에 오렌지 와인이 보란 듯이 전시되어 있다. 기술적으로 대량 생산이 불가능하며 제대로 만들기 위해서는 상당한 인내심과 전문적 기술이 필요하기 때문에, 오렌지 와인이 마트 선반의 대부분을 차지하는 일은 결코 있을 수 없다. 하지만 이제는 세계 곳곳의 생산자들이 전통 방식의 스파클링이나 늦게 수확한 포도로 만든 디저트 와인 등과 마찬가지로, 실험적인 오렌지 와인 하나쯤은 라인업에 포함시키는 추세이다.

그러나 관심은 기하급수적으로 증가하는 데 반해 이 와인을 둘러싼 온갖 근거 없는 이야기들, 미신, 또 구시대적 무지가 여전히 만연하다. 특히 오렌지 와인의 유래와 귀중한 전통은 와인 업계의 내로라하는 사람들에게 거의 호감을 얻지 못했다.

『앰버 레볼루션』은 그러한 잘못을 바로잡고 이 훌륭하고도 독특한 음료에 관한 중대한 지식을 소화 가능한 분량으로 압축하고자 한 시도이다. 이 책은 대부분에 걸쳐 오렌지 와인의 중심지인 프리울리 베네치아 줄리아Friuli-Venezia Giulia[1], 슬로베니아와 조지아의 역사와 문화, 사람들을 깊이 탐구한다. 이 지역 와인 양조자들의 이야기는 그들의 와인만큼이나 풍부하고 다채로우며, 그들이 만들어낸 와인에 대한 지극히 중요한 맥락을 제시한다.

20년 전만 해도 오렌지 와인에 관해 한 권의 책을 쓴다는 건 불가능했다. 그때는 오렌지 와인이라는 이름조차 없었으니까. 이제는 뺄 내용을 정하는 게 더 문제이다. 오렌지 와인을 구할 수 있는 가능성, 사람들의 인지도와 인정이 폭발적으로 증가하고 있으니 어떤 색으로 불리는가에 관계없이 하나의 혁명이 분명하다.

사이먼 J 울프, 암스테르담

---

1 사실 이 책에서는 프리울리 콜리오Collio와 카르소Carso만을 다루고 있지만, 프리울리 베네치아 줄리아라는 행정구역에서 이 두 지역만 따로 떼어 언급하기란 쉽지 않다.

INTRODUCTION

서론

알라베르디 수도원의 크베브리 안에 들어 있는 포도 껍질들

1

칠흑 같은
공간 속으로

나는 지각地殼 속 깊숙이 파묻혀, 미네랄과 염분을 흠뻑 머금은 자연 암석의 촘촘한 균열들을 더듬으며 지나간다. 비스듬한 선들이 난 석회암의 깎아지른 듯한 전면이 우뚝 서 있다. 천년이라는 세월 자체가 층층이 쌓여 압축된 직물 같다. 이곳은 아주 오래된 고대의 장소이며, 이 길은 거인들이 갈라놓았거나 마술사들이 초자연적 힘이 깃든 도구로 만들어놓은 게 틀림없다.

두 눈이 주위의 완전한 어둠에 적응해갈 때쯤, 조각조각 스며든 노란빛들이 어느 틈을 비춘다. 고대의 샘이 파놓은 그 틈은 입을 떡 벌리고 있다. 틈 속의 어둠은 워낙 칠흑 같아서, 태풍의 눈이나 블랙홀의 중력보다 속을 헤아리기가 힘들다. 조심스레 한 발 물러선 나는 그만 원뿔형 오크통에 부딪치고 만다.

그때 와인잔 하나가 내 손에 쥐어진다.

거기에는 선명한 호박색 액체가 담겨 있는데, 보아하니 자극적인 분홍색 잔광도 얼핏 어린다. 먼저 아로마들이 치고 나온다. 어둡고 비밀스러운 주위 환경 때문인지 유난히 밝고 활기차게 느껴진다. 한 모금만 마셔도 내재된 생명력이 뿜어져 나온다. 강렬하면서도 상쾌한 느낌이 입안에서 요동치고 강한 힘과 복합미까지 더해져, 뇌가 어떤 방식으로 처리해야 할지 갈피를 못 잡는 기분이다.

이건 그야말로 깨달음의 순간인 동시에 (나중에 알게 될 사실이지만) 내 삶을 크게 변화시킬 순간이다. 이 낯설고도 매력적인 술은 무엇인가? 내 주위를 둘러싼 이 뻥 뚫린 동굴을 창조한 별세계의 정령들이 빚은 것인가?

와인 양조는 일종의 연금술이라고 말할 수는 있겠지만 마술은 아니다. 이 맛 좋은 영약은 사람의 손으로 만든 것이다. 때는 2011년 10월, 상쾌하고 화창한 가을날 트리에스테Trieste(프리울리 베네치아 줄리아 주의 주도-옮긴이) 인근의 프레포토Prepotto 마을. 장소는 산디 스케르크Sandi Skerk의 와이너리. 이곳의 와인 셀러는 카르소 지역 특유의 단단한 석회암 속으로 지루하리만치 깊이 들어가야 한다. 물론 주술이 아닌 착암기와 굴착기로 만들어진 게 분명하지만.

산디 스케르크, 카르소 지역 특유의 석회암을 뚫어 만든 그의 와인 셀러에서

그날은 내가 하나의 유서 깊은 와인 스타일을 의식적으로는 처음 경험한 날이었다. 이탈리아어로 우아하게 말하면 '비노 비앙코 마세라토vino bianco macerato', 즉 침용된 화이트 와인을 말이다. 다소 전문적인 이 표현 대신, 오늘날의 많은 와인 애호가들은 '오렌지 와인'이라는 간결한 용어를 선호한다. 이는 밝은 오렌지색부터 금빛 호박색이나 적갈색에 이르기까지, 침용을 거친 와인들이 띠는 화이트 와인보다 진한 색조들을 아울러 일컫는 것이다.

그날의 방문은 내게 해답보다는 질문을 더 많이 안겨주었다. 이국적인 맛도 마다하지 않는 와인광인 내가 이런 와인을 왜 이제야 처음 맛보게 됐나? 이 와인들은 정확히 어떻게 만들어질까? 누가 이런 와인을 만들까? 이런 와인은 이탈리아 북부에서만 생산되나?

나는 하나의 사명을 가지고 집(당시에는 런던)으로 돌아왔다. 나는 당시 시작한 지 얼마 안 되었던 내 와인 블로그에 글을 올려 산디와 그의 동료 두 명의 저장고를 방문했던 그 별세계적 경험을 전하고, 그 와인들이 어땠는지, 왜 그것들은 색도 맛도 향도 그토록 다른지를 설명할 생각이었다.

방식은 단순했다. 기초적인 내용은 인터넷에서 검색하고, 내 닳고 닳은 『옥스포드 와인 안내서』The Oxford Companion to Wine(영국의 와인 평론가 젠시스 로빈슨이 쓴 와인 안내서—옮긴이)를 살펴보고, 프리울리와 카르소의 와인들에 관한 믿을 만한 책과 '비노 비앙코 마세라토'에 관한 얇은 책 한 권쯤 찾아보면 되지 않을까?

그러나 나는 곧 충격에 빠졌다. 프리울리의 와인들에 관한 영문 정보를 거의 찾아볼 수 없었거니와 프리울리보다도 덜 알려진 카르소(엄밀히 따지면 프리울리 베네치아 줄리아 지역의 일부이나, 문화적으로는 프리울리의 다른 지역들과 차이가 꽤 있다)에 관해서는 말할 것도 없었다. 2006년에 출간된 『옥스포드 와인 안내서』 3판에서도 내가 카르소에서 경험했던 그 뜻밖의 일에 관한 설명은 전혀 찾을 수 없었다. 그리고 침용된 화이트 와인을 인터넷에서 검색해봤자 몇몇 피상적인 언급들만 있을 뿐이었다. 이 부문의 서적도 없었다.

이미 호기심이 발동한 나는 그만둘 생각이 전혀 없었고, 결국 프레포토 마을의 스케르크와 그의 동료들에 관한 소소한 정보들을 하나씩 모으기 시작했다. 그 후 2년에 걸쳐서 온라인이든 오프라인이든 가리지 않고 정보란 정보는 하나도 빠짐없이 탐독했다. 모든 테이스팅 노트들, 기고문들, 블로그 글들, 카르소에서의 경험과 조금이라도 관련이 있어 보이면 뭐든 가리지 않았다.

정보들이 모이며 서서히 윤곽이 갖춰졌다. 나는 '오렌지 와인'이라는 용어가, 2004년 영국의 와인 수입업자인 데이비드 A. 하비David A. Harvey가 처음 제안한 이래로 침용된 화이트 와인을 지칭할 때 가장 널리 사용되고 있다는 것을 알게 되었다. 에릭 아시모프Eric Asimov(뉴욕타임스의 와인 평론가-옮긴이), 일레인 추칸 브라운Elaine Chukan Brown(와인 작가-옮긴이)과 레비 돌턴Levi Dalton(전직 소믈리에이자 와인 관련 팟캐스트 진행자-옮긴이)이 제공한 정보들을 감사히 수집한 나는 어떤 움직임을 발견했다. 주로 슬로베니아인과 이탈리아인 가족들로 구성된 어느 집단이 수십 년간 거의 휴면 상태에 있던 침용된 화이트 와인 스타일을 다시 채택했던 것이다. 그 움직임의 진원지는 카르소가 아니라 그와 비슷하게 국경 지대에 자리 잡은 프리울리 콜리오, 그중에서도 바로 오슬라비아Oslavia 마을이었다.

문헌(비록 그 양은 얼마 되지 않지만)에는 오슬라비아 출신인 두 와인 양조자가 끊임없이 등장했다. 요슈코 그라브너Joško Gravner와 스탄코 라디콘, 난 이 이름들의 엄숙함에 사로잡혔다. 오렌지 와인의 발자취는 반드시 이들의 저장고로 이어지는데, 과연 이들의 와인이 어떤 맛인지 아는 사람은 누구인가?

그라브너의 일대기는 이탈리아 너머 저 멀리 코카서스 지역, 특히 조지아까지를 배경으로 하고 있었다. 그는 암포라(크베브리)를 땅에 묻는, 조지아의 아주 오래된 와인 양조 전통에 매료되어 조지아를 방문했고 결국에는 그러한 방식으로 와인을 생산하게 되었다.

나는 2012년 처음으로 조지아를 여행했다. 아직 와인 관광 측면으로는 그다지 알려지지 않았지만, 크베브리 와인 양조 전통은 전 세계적으로 많은 생산자들을 내추럴 와인 도사들로 승격시키다시피 하고 있었다. 그 문화, 사람들, 와인들은 황홀할 정도였다.

2013년 5월, 나는 오슬라비아 지역을 여행하던 중 용케 그라브너를 방문할 기회를 얻었다. 하지만 결과는 성공적이지 못했다. 대부분의 오슬라비아 사람들과 마찬가지로 요슈코 그라브너 역시 슬로베니아어를 모국어로 하고 이탈리아어도 함께 썼다. 내가 할 줄 아는 언어는 영어와 독일어, 프랑스어가 전부였기에 우리는 의사소통이 불가능했고, 결국 시너지가 날 기미는 쉽사리 보이지 않았다.

그라브너는 비공식적으로나마 10년 이상 이탈리아의 최고 화이트 와인 양조자로 인정받았으며 그에 대한 글도 수없이 많지만 1997년, 그의 와인 스타일이 완전히 바뀐 이후 수많은 이전 팬들

산디 스케르크의 와인 셀러 석회암 벽에 나 있는 깊은 균열

로부터 잔인한 혹평을 받기도 했다. 오렌지 와인에 대해 나로서는 이해할 수 없는 증오심을 갖는 반대론자들이 등장했다. 그들의 주장은? 오렌지 와인은 전부 산화되고, 불안정하고 결함이 있다는 것이었다.

다행히 그날 맛본 와인들만은 언어의 제약에 구애받지 않는, 완벽히 선명한 와인들이었다. 그것들은 이탈리아에서 생산된 와인 중 가장 우아하고, 복합적이며 잘 만들어진 와인들이었다(지금도 그렇다).

일 년 뒤, 나는 스탄코 라디콘의 와이너리를 방문하게 되었다. 심각한 암의 고통에서 잘 회복한 듯 보이는 한 친절한 남자가 나를 맞아주었다. 그와 함께 와인을 만드는 아들 사샤Saša, 아내 수산나Susanna, 딸 사비나Savina와 이바나Ivana와 함께, 우리는 내가 기억하는 것보다 더 많은 와인들을 곁들인 길고 긴 점심 식사를 즐겼다. 그 시간 동안 나는 그 지역 역사와 와인 양조에 관한 많고도 깊었던 이해의 공백들을 메웠다.

몇 달 뒤, 슬로베니아 비파바 지역(오슬라비아 인근 국경에서 동쪽으로 좀 더 들어간 곳)에 있는 생산자들을 방문하던 중 나는 백포도 품종을 침용하는 것이 적어도 슬로베니아 일부 지역에서는 예전부터 일반적이었음을 확인시켜주는 19세기 책의 존재를 발견했다. 이로써 크베브리에다 침용된 와인을 만드는 조지아의 전통이 어떻게 프리울리 콜리오와, 그와 인접한 슬로베니아의 쌍둥이 지역 고리슈카 브르다Goriška Brda[2]와 연관되는지에 관한 하나의 연속적인 이야기가 드러났다. 이 동서 지역 간에 첫 다리를 놔주었던 것이 그라브너였고, 그 이후로 그라브너와 라디콘은 거의 모든 사람에게 영향력을 미치게 되었다.

그와 동시에 점차 거세지던 (그라브너, 라디콘, 스케르크와 수많은 조지아의 생산자들을 포함한) 오렌지 와인의 유행은 절정에 이른 듯했다. 갑자기 조사도 제대로 안 해보고 쓴 기사들이 우후죽순 등장했는데, 일부는 전혀 어울리지 않는 매체에 실리기도 했다(《보그》 잡지도 그중 하나였다). 뉴욕, 런던, 베를린, 파리 등지의 패셔너블한 와인 바들은 오렌지 와인을 그저 한두 병 소개하는 데 그치지 않고, 점차 와인 리스트의 일부로 싣는 것을 허락했다.

그러나 여전히, 오렌지 와인의 모든 스토리를 한데 모은 사람은 없었다. 어느 곳에서도 침용된 화이트 와인 스타일의 역사 전체(아주 오래전 그것이 시작되었을 때부터, 아드리아해 인근 지역에서의 발달사와 그라브너와 라디콘 이후 그것이 부활되기까지)를 읽을 수는 없었다. 오렌지 와인을 즐기는 모험적인 음주가들은 점차 늘어났지만(나는 수년간 테이스팅 자리에서 그런 사람들을 여럿 만나 즐거운 시간을 보냈다) 과연 그 역사가 얼마나 오래됐는지, 그 와인이 1990년대 후반에 처음 시판되었을 때 사람들의 인정을 받기가 얼마나 힘들었는지 등에 관해 제대로 아는 사람은 거의 없었다.

나의 운명은 정해졌다. 다른 사람이 쓰지 않는다면 나라도 오렌지 와인에 관한 책을 써야만 했다. 발뺌하고 싶은 마음과 돈 잘 버는 IT 계열의 직업, 두 가지가 마음에 걸렸다. 이 모두를 떨쳐버리

---

2 콜리오와 브르다는 둘 다 각 언어로 '언덕'을 뜻한다. 따라서 프리울리 콜리오와 고리슈카 브르다는 동일한 것을 일컫는 두 가지 말일 뿐이다.

고 나자, 내가 할 일은 세상 사람들에게는 오렌지 와인에 관한 책이 필요하다고 출판사들을 설득하는 것뿐이었다. 하지만 어느 출판사도 설득할 수 없었다. 그도 그럴 것이, 저자라는 사람이 조사나 집필 경험이 거의 없는 풋내기 와인 블로거가 아닌가.

다행히 점점 늘어가는 오렌지 와인의 팬들, 생산자들과 전문가들은 좀 더 선견지명이 있었고, 이 책은 2017년 가을에 킥스타터 플랫폼에서 크라우드 펀딩에 성공할 수 있었다.

산디 스케르크가 와이너리에서 그의 펫낫Pét-nat(정확한 명칭은 '페티앙 나튀렐Pétillants naturels'이며 자연적으로 기포가 생긴 와인을 말한다-옮긴이)을 잔에 따르고 있다.

카르소 지역 특유의 석회암을 깎아 만든 산디 스케르크의 드라마틱한 와인 셀러

2

정체성
회복을 위한
투쟁

조지아는 프리울리 베네치아 줄리아, 슬로베니아 서부와 무슨 관계가 있을까? 겉보기에는 별 관계가 없어 보일지 모른다. 문화적 또는 언어적 공통점도 없거니와 국경이나 바다, 산맥이 겹치는 것도 아니니까 말이다. 하지만 조금만 더 깊이 파고들면 연관성이 보인다.

비록 언뜻 보면 조지아와 이웃 러시아 간의 불화는 이웃한 슬로베니아, 이탈리아와 전 오스트리아-헝가리 제국 사람들이 겪었던 불화와 별 관계가 없어 보일지 모르지만, 거기에는 몇 가지 유사점이 있다. 두 지역 모두 오래전부터 전해져온 와인 양조 문화가 정치적 격변과 근대화에 가려져 역사에서 사라지고 잊히는 걸 목격했던 것이다.

소비에트 시대의 조지아인은 불합리한 삶을 살았다. 그들 고유의 언어와 관습은 너그러이 용인되는 듯하면서도 동시에 러시아의 지배를 받았다. 특히 와인 양조는 '질보다는 양'을 표방하는 목마른 제국의 요구에 맞게 균질화되고 재조정되었다.

제2차 세계대전 후 새로 그어진 국경선상의 이탈리아 영토에 살게 된 슬로베니아인은, 그들의 민족성과 언어를 탄압했던 무솔리니의 독재하에서 더욱 심한 문화적 억압을 견뎌야 했다. 국경선을 사이에 둔 슬로베니아 쪽 이웃들의 상황도 별로 나을 게 없었다. 티토의 공산 유고슬라비아와 1991년 이후 그것을 붕괴시킨 잔혹한 내전을 겪는 동안 슬로베니아는 와인 양조 국가로 성장할 경쟁력을 잃어갔으니, 이는 막 등장하려던 참에 수십 년이나 후퇴하게 된 꼴이다.

20세기에 이 두 지역(한쪽은 프리울리, 트리에스테, 슬로베니아와 이스트리아, 또 다른 한쪽은 조지아)에 살던 주민들은 제2차 세계대전 이후 국경선이 계속 재설정되고 각 정부들 역시 끊임없이 바뀌는, 지정학적으로 불안한 곳에 사는 불운을 겪었다. 그러는 동안 그들의 정체성과 생계가 입은 손해, 그로 인한 신체적·정신적 상처를 치유하기 위한 노력이 과연 어느 정도였을지는 상상조차 하기 힘들다.

역사적으로도 그들의 이야기는, 경우에 따라서는 흔적도 찾아보기 힘들 정도로 불분명해져버렸다. 조지아는 현재 많은 사람에게 고대의 주요 와인 생산국들 중 하나로 인정받고 있다. 패트릭 맥거번Patrick McGovern과 그의 팀이 와인의 생산 및 소비의 역사가 기원전 6천~5천8백 년으로 거슬러 올라간다는 고고학적 증거를 공개한 이래, 조지아는 세계에서 가장 길고도 지속적인 와인 양조의 전통을 자랑할 수 있게 된 것이다. 그러나 2000년까지만 해도 많은 찬사를 받았던 책인 『와인의 역사』에서는 조지아에 관한 언급을 찾아보기가 힘들었으며 땅에 묻은 항아리에다 와인을 만드는, 아주 오래되었지만 여전히 살아 있는 전통에 관한 내용은 전혀 없었다. 로드 필립스Rod Phillips의 저서 역시 훌륭하며 출간 당시에는 타의 추종을 불허했지만, 소련에 의해 흐트러진 조지아의 역사와 당시 그 지역에 조사 목적으로 여행을 가기가 어려웠다는 사실은 분명 맹점을 만들어낼 수밖에 없었다. 필립스는 이란에서 와인이 소비되었다는 증거(당시로서는 가장 오래된 기록)를 언급하며 메소포타미아와 중동 지역의 와인 양조에 관한 여러 가설을 내놓았다. 하지만 코카서스와 조지아에 관해서는 아직 비밀을 품고 있는 지역이라고만 짧게 언급했을 뿐이다.

유고슬라비아의 공산주의라는 틀에 갇혀 있던 슬로베니아 역시 비슷한 운명을 겪었고, 1990년대까지는 서양의 와인 업계에서 무시당하기 일쑤였다. 이 나라의 현대사는 다른 나라 사람들의 관심 밖이었다. 어느 도서관에 가보아도 파스샹달, 솜, 마른에서의 전투(모두 제1차 세계대전 때 서부전선에서 치러진 대표적 전투들—옮긴이)에 초점을 맞춘 제1차 세계대전 관련 책들은 수없이 많은 반면, 오래 지속되었던 잔인한 이손초 전투는 여전히 잘 알려지지 않았다.

새로 배달된 크베브리들 사이에 서 있는 요슈코 그라브너. 2006년.

슬로베니아와 이웃 프리울리 지역 같은 경우 상대적으로 주요 거점 도시들이 없다는 사실이 아마 도움이 안 되었던 것 같다. 고리슈카 브르다, 이손초와 콜리오는 모두 농업 지역들로 20세기 대부분을 빈곤에 허덕이며 보냈다. 세상은 이 소작농들의 땅에 보물이 숨겨져 있음을 알지 못한 채 수십 년간 도외시했던 것이다.

아드리아해 주변의 분열된 국가들은 전쟁이라는 시련, 끊임없이 바뀌는 국경선과 허약한 정치 상황에 더해 또 한 가지를 잃었다. 현대식 와인 양조 기술이 강세를 보이며 전후 수십 년 사이 그들의 전통인 침용된 화이트 와인 스타일이 사라져간 것이다. 수십 년 뒤, 이탈리아 콜리오의 어느 작은 마을에서 선견지명이 있는 두 와인 양조자(요슈코 그라브너와 스탄코 라디콘)가 침용된 화이트 와인을 다시 '식탁 위에 올려놓는' 역할을 담당하게 되었다(글자 그대로, 또 비유적으로도). 이들은 동료들, 고객들과 평론가들에게 미치광이며 이단자 취급을 받았다. 이들의 투쟁은 조상들이 했던 것과 마찬가지로 결국 잃어버린 정체성을 주장하려는 시도였다.

믈레츠니크Mlečnik의 수제 햄

문화적 정체성은 형태가 다양하다. 미술, 요리, 민족성, 언어 또는 이 모든 게 섞인 것일 수도 있고, 농업이 주된 산업인 지역에서는 어떤 것이 생산되느냐에 따라 정해지기도 한다. 입안에서 녹아내리는 산 다니엘레 햄, 단단하고 톡 쏘는 맛의 몬타시오 치즈나 타닌감이 살짝 느껴지는 달콤한 라만돌로 와인 없이 프리울리를 논할 수 있을까? 향이 강한 프르슈트(프로슈토), 여름철 갓 딴 신선한 체리나 레불라 와인 없이 고리슈카 브르다를 논할 수 있을까?

스탄코 라디콘, 2011년 그의 집에서

와인과 관련해서는 이러한 정체성이 20세기 대부분의 기간 동안 왜곡되었다. 이 시기에는 산업의 발달과 세계화가 어떠한 생산 방식이 유효한가 또는 유효하지 않은가에 대한 결정을 강요하는 상황이었다. 프리울리 콜리오와 슬로베니아 브르다 두 지역 모두 현대식 와인 양조의 중심지로 바뀌었지만, 이 과정에서 지역 고유의 DNA를 상실하게 되었다. 이 과정을 되돌려 정통성과 문화적 유산을 되찾으려는 시도는 시간을 되돌리는 것만큼이나 어려운 일이었다.

조지아의 와인 양조자들도 이와 아주 비슷하게 그들의 전통이 거의 사라져가는 걸 속수무책으로 지켜보다가 마지막 순간에야 겨우 구해낼 수 있었다. 현대의 다른 국가들에서는 보기 힘들게, 조지아의 민속 전통과 와인, 음식 사이에는 떼려야 뗄 수 없는 깊은 관계가 유지되고 있다. 운 좋게 조지아를 여행하거나 수프라supra(노래, 축배와 음주가 이어지는 전통 축제)에 참여하는 사람은 조지아 국민들의 다정함과 사교성에 감명을 받을 것이다. 이는 와인이 단순한 술이 아니라 어떤 의미에서 문화적 유산과 정체성을 품고 있는 하나의 심오한 사회학적 연속체가 될 수 있음을 보여주는 증거이다.

조지아에서 흔히 볼 수 있는 크베브리

진정한 정체성을 되찾으려는 와인 양조자들의 투쟁은 곧 현대화와의 싸움이자, 최고의 와인은 눈부신 최신식 설비를 갖춘 하이테크 셀러가 아니라 우선순위(완벽한 과일, 땅을 존중하는 마음, 과거의 전통과 문화의 건전한 수용)가 정확히 지켜지는 보다 소박한 장소에서 나온다는 깨달음이었다.

이어지는 각 역사 속에서 색이 짙은, 침용된 와인들은 전 오스트리아–헝가리 제국이 있던 아드리아해 지역과 코카서스라는 서로 다른 두 문화를 우연히 맺어주었다.

바르바레스탄 레스토랑의 연주자들, 조지아 트빌리시

브라더스 와이너리에서 축배를 드는 가족과 친구들, 볼니시

6세기에 지어진 조지아 므츠케타의 즈바리 수도원에서 기도 중인 한 여성

오렌지 와인, 앰버 와인, 침용된 와인, 아니면 스킨 콘택트 와인?

용어를 정하는 일은 쉽지 않다. 흔히 쓰이는 용어라고 항상 가장 논리적이거나 유용한 것은 아니며, 일반적으로 인정을 받느냐 하는 것이 제일 중요할 것이다.

이 책에서는 '오렌지 와인'이라는 용어를 기본적으로 사용한다. 현학자들은 말한다. "그 와인들이 다 오렌지색은 아니에요." 그들이 백번 옳다(현학자들이 보통 그러듯이, 짜증날 정도로). 하지만 화이트 와인 역시 다 흰색이 아니고, 레드 와인도 결코 빨간색이 아니다. 이는 전적으로 일반적인 용어의 문제, 또 어떤 것을 가장 쉬운 의사소통 방식으로 인정할 것인가 하는 문제이다.

통계적으로 말하자면 이 논쟁의 승자는 오렌지 와인이다. 이는 수많은 와인 라벨들은 물론 여러 레스토랑들의 와인 리스트상에 껍질 침용된 와인들을 일컫는 말로도 가장 널리 쓰이는 용어다.

와인 양조자들 중 이 용어를 좋아하지 않는 꽤 많은 이들이 자기 와인은 오렌지색이 아니라고 항의하거나, 내추럴 와인 운동과 연관되는 것을 꺼린다. 요슈코 그라브너는 '앰버 와인'이라는 용어를 선호하며, 이 용어 역시 현재 조지아에서 널리 사용된다.

어떤 사람들은 '껍질채 발효된skin-fermented 화이트 와인'이나 '스킨 콘택트 화이트 와인'이라고 말하는 게 더 낫다고 제안하기도 한다. 이 표현들은 더 정확하긴 하나, 현대의 와인 스타일 분류 체계에 그리 적합하지는 않다. 대부분의 와인 소비자들이 흔히 접하는 단순한 색상 분류법과 비교할 때 보다 기술적인 용어들인 것이다.

강사이자 와인 양조자인 토니 밀라노프스키Tony Milanowski는 4색 체계에 완벽한 타당성을 제공하는 아주 명쾌한 생각을 제시했다. "우리는 레드와 화이트용 포도 품종에 대해 말한다. 그리고 즙으로 만든 와인과 껍질로 만든 와인에 대해 말한다. 이 결과 네 가지 조합이 나오게 되니, 네 가지 와인이라고 못할 게 뭔가?"

즉 아래와 같이 네 가지로 나누는 것이다.

화이트 와인
백포도의 즙
(껍질은 포함되지 않음)

오렌지 와인
백포도의 즙과 껍질

로제 와인
적포도의 즙
(껍질은 거의 포함되지 않음)

레드 와인
적포도의 즙과 껍질

FRIULI AND SLOVENIA

프리울리와 슬로베니아

브르다 포도원

1987년 6월

캘리포니아에서 돌아오는 요슈코 그라브너의 마음속에는 어서 오슬라비아에 있는 집으로 가서 그가 아끼는 포도밭이 병에 걸리지는 않았는지 확인하고 싶다는 생각뿐이었다. 초여름은 중요한 시기라, 그가 열흘간이나 자리를 비웠다는 건 전혀 바람직한 상황이 아니었다. 하지만 차도 없이 베네치아의 마르코폴로 공항에 발이 묶이게 된 그는 절망했고, 화까지 났다.

그는 아내 마리야에게 예정대로 그를 데리러 오라고 말하려고 전화를 걸었지만, 신호음만 계속 울릴 뿐 웬일인지 아내는 전화를 받지 않았다. 그라브너로서는 심한 뇌우 때문에 전화선이 끊겨 오슬라비아의 통신이 마비되었음을 알 길이 없었다. 그가 건 전화는 연결될 수가 없었던 것이다.

여차저차해서 트리에스테에 있는 여동생과 연락이 닿은 그는 마리야에게 메시지를 전해달라고 했다. 몇 시간 뒤, 공항 터미널에 도착한 마리야는 의기소침해진 남편을 만날 수 있었다. "그래, 캘리포니아에서는 뭘 배웠어?" 그녀가 물었다. "뭘 하지 말아야 하는지를 배웠어." 그라브너는 이렇게 대답했다.

처음에는 좋은 생각인 것 같았다. 알토 아디제Alto Adige(이탈리아 북부의 자치주—옮긴이) 인근에 사는 그라브너의 동료 와인 양조자들은 이미 일정이 다 짜여 있는 여행에 그라브너를 초대했다. 당시 캘리포니아는 현대식 와인 사업 운영의 이상적인 모델처럼 보였다. 1976년 '파리의 심판' 블라인드 테이스팅[3]에서 성공을 거둔 이래, 골든 스테이트(캘리포니아 주의 별칭—옮긴이)는 상승세를 타고 있었다. 이탈리아 북부 벽촌 사람들은 완벽한 기반 시설과 비할 데 없는 판매 원동력을 가진 듯 보이는 이곳을 부러운 시선으로 바라보았다.

가까이서 보니 실상은 상당히 달랐다. 캘리포니아의 최고 퀴베들을 맛본 그라브너는 아무런 감흥을 느끼지 못했는데, 모든 게 너무 과했기 때문이다. 너무 많은 알코올, 너무 진한 오크 향과 지나치게 과한 포도밭 관개까지. 여행 동안 1천 가지 와인들을 맛본 그는 그저 지치고 피곤할 뿐이었다. 더 최악이었던 점은, 이 35세 와인 양조자는 그곳에서 마치 거울 앞에 선 것처럼 자신의

---

3 이 전설적인 테이스팅에 관한 더 자세한 내용은 175쪽의 66번 주석 참조

궤적을 보았다는 것이다. 비용을 아끼지 않고 첨단기술을 적용하여 번쩍번쩍한 캘리포니아의 와이너리들이 최신 기법으로 와인을 치장하고 다듬었듯이, 그라브너도 1973년에 대대로 운영된 와이너리를 물려받았을 때 구식이지만 정직한 아버지의 생산 방식을 버렸던 것이다.

그는 젊은이다운 열정과 포부를 가지고 거대한 낡은 보티botti⁴를 가차 없이 팔아치우고 그 대신 스테인리스스틸 통들을 비롯해 각종 현대식 장비들을 들였다. 스틸 통만으로는 복합미 있는 좋은 와인을 만들기 힘들다는 사실을 알게 된 그는 새 프랑스 오크 바리크barrique(프랑스 보르도의 225리터 오크통 – 옮긴이)들도 들였는데, 이는 1980년대에 어깨 패드, 푸들 펌 헤어스타일과 함께 이탈리아를 휩쓴 와인 양조 업계의 유행으로 얼마 안 가 구식이 될 게 뻔한 것들이었다.

그런데도 그라브너의 결과물은 인기가 좋았다. 그의 와인들은 꾸준히 품절될 정도로 수요가 높았다. 그러나 그라브너는 이 굉장한 성공에 만족한 것이 아니라 교착 상태에 빠진 듯한 느낌을 받았다. 그런 그에게 캘리포니아는 미래의 비전을 보여주었고, 그것은 그가 원했던 비전이 아니었다. 어떻게 와인 양조자로서의 진정성을 되찾을 수 있을까?

정답을 찾기까지는 10년이 더 걸렸지만, 그 결과의 파장은 이탈리아 와인 업계는 물론 그 외부에까지 미쳤다. 그리고 그로 인해 불과 몇십 년 전에 말 그대로 모든 걸 잃었던 한 마을의 정체성을 재천명하게 되었다.

---

4 1천여 리터 용량의 크고 오래된 통들로 보통 슬라보니아나 오스트리아산 오크(참나무)로 만든다.

3

파괴와 박해

고냐체Gonjače는 오슬라비아에서 이탈리아-슬로베니아 국경 너머로 수 킬로미터 떨어진 거리에 자리 잡은 별 특징 없는 작은 마을이지만, 마을 외곽의 푸른 언덕을 오르면 기가 막힌 전경이 펼쳐진다. 고리슈카 브르다와 그 이탈리아식 이름인 프리울리 콜리오의 완만한 경사식 포도밭들이 끝도 없이 굽이굽이 물결친다. 화창한 날이면 율리안과 카닉 알프스(알프스 산맥의 일부를 이루는 산맥들로 율리안은 이탈리아 북동부에서 슬로베니아, 카닉은 오스트리아에서 이탈리아 북동부에 이른다-옮긴이)가 보이고, 운이 좋으면 돌로마이트 산맥까지도 볼 수 있다. 고냐체 언덕 꼭대기의 특징인 전망대는 브루탈리즘적인 반면 실용적인 콘크리트 구조로, 방문객들은 나무 위 23미터 높이까지 올라갈 수 있다. 360도로 펼쳐지는 전망은 마치 1천 년간 잠들어 있다가 겨우 깨어난 듯 평화롭고 목가적이다. 이탈리아에서 슬로베니아로의 전환은 아주 매끄러워서, 정말 다른 나라로 온 건지 잘 모를 정도다. 국경 수비대도 없고, 철조망도 없고, 무장 대원들도 없이, 오직 보기 좋은 계단식 포도밭들만 언덕 꼭대기 마을들, 삼림지대, 산들과 함께 조각조각 짜여 있다.

이 콜리오 지역의 역사는 상당히 다른 모습이다. 전망대 역시 부분적으로는 제2차 세계대전 때 목숨을 잃은 고리슈카 브르다의 젊은이 315명을 추모하기 위해 세운 것이다. 하지만 그로부터 25년 전인 제1차 세계대전으로 거슬러 올라가면 사망자 수는 훨씬 많아진다. 이 지역은 1915년부터 1917년 사이, 오스트리아-헝가리 제국과 이탈리아 군대의 격렬하고 잔인하며 궁극적으로는 무익했던 전쟁의 무대가 되는 바람에 무참히 짓밟혔고, 결국 황무지가 되고 말았다.

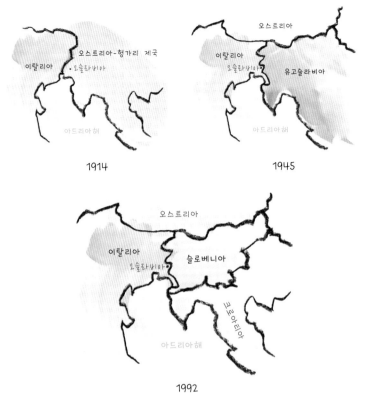

1914

1945

1992

20세기 아드리아해 주변국들의 국경선 변화

파괴된 오슬라비아, 1916년

12회에 걸친 이손초 전투는 알프스 지역인 슬로베니아에서부터 프리울리로 흐르는 이손초 강 전역에서 맹위를 떨쳤고, 29개월여 동안 군인 약 175만 명이 죽거나 다쳤다. 독일–오스트리아 동맹군이 프리울리와 베네토 지역을 일 년 정도 점령했지만 1918년 말, 이탈리아는 이 북동쪽 끝 지역들을 되찾는 데 더해 전 오스트리아–헝가리 제국의 상당 부분을 점령하는 데 성공했다. 여기에는 트리에스테와 그 주변 지역인 카르소, 이스트리아 및 현재의 슬로베니아 고리슈카 브르다와 비파바 밸리가 포함되었다.[5]

파괴의 정도로 따지면 저 유명한 솜 전투나 파스샹달 전투보다 심했는데도, 역사는 이 잔인하고 무익한 살육을 완전히 잊은 듯하다. 오슬라비아는 이 전투의 중심에 있었다. 『베로넬리Veronelli』 와인 가이드의 작가이자 기고가인 마르코 마그놀리Marco Magnoli는 이렇게 말한다. "처음 여섯 번의 전투가 그 언덕 전체를, 또 그곳에 사는 사람들의 개인적·사회적 정체성까지 전멸시켰다."[6] 고리치아 전투(1916년) 때 탄약 50만 개와 포탄 3만5천 개를 맞은 오슬라브예Oslavje(슬로베니아식 이름)는 전쟁 후 다른 곳에서 재건해야 할 정도로 심하게 파괴되었다. 토지 특유의 윤곽이 완전히 변하여 '황과 돌가루로 누렇게 된 볼품없는 언덕'만이 남았다.[7]

유일하게 단 한 채의 집만이 두 차례의 세계대전에서 기적적으로 살아남아 본래 있던 자리에 서 있다. 주소는 렌주올로 비앙코Lenzuolo Bianco 9, 1901년부터 그 집을 소유해온 가문의 이름은 그라브너이다.[8] '흰색 침대보'라는 뜻의 렌주올로 비앙코는 제1차 세계대전 때부터 군인들이 골짜기 너머에서 사격 표적으로 사용했던, 유일하게 남은 하얗게 칠해진 벽을 일컫던 말이다. 그 집은 전쟁 동안 군용 병원으로 사용되었다.

---

5 존 R. 쉰들러, 『이손초, 제1차 세계대전의 잊힌 희생Isonzo: The Forgotton Sacrifice of The Great War』, 코네티컷 웨스트포트, 프레거, 2001

6 지지 브로초니Gigi Brozzoni 외, 『리볼라 지알라 오슬라비아 더 북Ribolla Gialla Oslavia The Book』, 고리치아, 트랜스미디어, 2011

7 위의 책, 51쪽

8 그라브너는 슬로베니아 이름이며 본래는 '그라우너'로 발음된다. 그러나 그라브너 가문은 v를 글자 그대로 발음하기로 결정했다.

전쟁의 상흔에다 기근으로 약해질 대로 약해진 오슬라비아와 그 주변 지역 사람들은 1918년 이탈리아 정부가 대대적인 승리를 선전한 행동을 이해하기 어려웠다. 처참한 인적·경제적 손실을 숨길 수 없었을 뿐 아니라, 거의 모든 지역의 주민들은 본의 아니게 이탈리아로 편입되어버린 슬로베니아인들이었기 때문이다. 그들의 고생은 이제 시작이었다.

32만7천 명의 슬로베니아인이 제1차 세계대전으로 인한 국경선 변경 이후 이탈리아로 편입되었는데 거기에는 프리울리 콜리오와 아드리아해를 끼고 있는 곳, 카르소의 와인 양조자들도 상당수 포함되었다(불편하게도 포도밭이 국경 반대편에 있게 된 경우도 있었다). 제2차 세계대전과 1950년대 초반에도 같은 국경을 두고 끊이지 않는, 때로는 잔인한 싸움이 엎치락뒤치락 계속되었고 마침내는 유고슬라비아가 이전 베네치아 줄리아(이탈리아의 트리에스테 주변 해안 지대) 지역 일부를 얻었다. 또다시, 인근 주민들의 사정은 전혀 고려되지 않은 채 국경은 변경되었다.

이렇듯 제멋대로였던 국경선 변경에 관한 일화가 아주 많다. 어떤 농부의 마구간은 소들이 들어가는 입구는 이탈리아에 있었지만, 나가는 출구는 슬로베니아에 있었다. 집과 기타 건물들 한가운데로 국경선이 관통하기도 했다. 좀 더 우울한 이야기도 있다. 현재 지역 와인 양조자 협회(콘소르치오 콜리오[9])의 협회장을 맡고 있는 로베르토 프린치치Roberto Prinčič는 산 플로리아노 델 콜리오San Floriano del Collio(오슬라비아보다 더 높은 지대에 자리 잡은 동네로 1945년 이후에는 이탈리아-유고슬라비아 국경과 더 인접하게 되었다) 인근에 살던 불운한 미르코Mirko의 이야기를 들려주었다.

미르코의 집은 1940년대에 흔히 그랬듯이 화장실이 집 밖에 있었다. 그의 집은 여전히 이탈리아 내에 있었지만, 화장실은 유고슬라비아 땅에 있는 상황이 되었다. 다행히 미르코는 그가 사는 거리에 주둔한 국경 수비대원과 친해졌고, 두 사람이 어느 정도 서로 이해하게 된 덕분에 미르코는 마음 놓고 볼일을 볼 수 있었다. 그러던 어느 날, 미르코가 용변을 보러 나간 밤에 그의 친구는 근무 중이 아니었다. 낯선 군인 하나가 미르코에게 총을 겨누며 멈추라고 말했다. 미르코는 상황을 설명하려 했지만 결국 체포되어 며칠간 감옥에 갇혀 있어야 했다.

---

9 콘소르치오consorzio는 생산자 협회이다. 콘소르치오 콜리오는 프리울리 콜리오 DOC 지역 와인 양조자 회원들의 이익을 대변한다.

사크라리오 밀리타레 디 오슬라비아Sacrario militare di Oslavia는 제1차 세계대전 후 사망한 5만7천 명의 군인들을 추모하는 곳이다.

근대의 슬로베니아 국경

프란체스코 미클루스Francesco Miklus 와이너리에 있는 제 1차 세계대전의 포탄들

오슬라비아의 유명 와인 양조 가문들(그라브너, 라디콘, 프린치치, 프리모식 등) 대부분은 슬로베니아 출신들이다. 1918년 이후 이탈리아 내 슬로베니아 민족의 삶은 편안함과는 거리가 멀었다. 파시즘의 출현과 무솔리니의 집권 이후 학교와 기타 일반적인 장소에서 모든 슬라브어의 사용이 금지되어, 슬로베니아인이 모국어로 대화할 수 있는 곳은 교회밖에 없을 정도였다. 슬로베니아와 크로아티아 사람들 대다수가 박해를 당했으며, 이탈리아를 영원히 떠나도록 '장려되었다.'

무솔리니의 전체주의 국가는 모든 비이탈리아 문화의 흔적을 지우려는 시도를 확장해갔다. 1922년에 시작된 이탈리아화 계획은 근본적으로는 소수민족을 강제 흡수 및 통합하는 것이었다. 1926년부터 이탈리아의 새로운 국경선 내에 거주하는 슬라브인들은 이탈리아어 발음에 맞게 이름을 바꿔야 했다. 초시치Cosič는 코스마Cosma로, 요제프Jožef는 주세페Giuseppe로, 또 스타니슬라우Stanislav는 스타니슬라오Stanislao로 바뀌었다.

로이제 브라투주

루이지 베르토시Luigi Bertossi라는 이름이 역사책에 자주 등장하지 않는 것도 바로 이런 이유 때문인데, 이는 양 대전 사이에 고리치아에 살며 일했던 성가대 지휘자이자 작곡가, 슬로베니아 문화 지지자인 로이제 브라투주Lojze Bratuž에게 강요된 가명이었다. 그의 주요 활동은 당국의 허가를 받은 몇 안 되는 지역 성가대를 지휘하고, 그들이 부를 슬로베니아 전통 음악을 편곡하는 것이었다. 그러한 활동의 결과 그는 1936년, 파시스트들에게 잔인하게 두들겨 맞고 강제로 피마자유와 석유를 먹는 고문을 당했다. 두 달 뒤 그는 35세의 나이에 중독으로 사망했다. 슬라브 지식인들과 교육자들은 대개 무솔리니의 통치 기간을 견디지 못하고, 불행한 브라투주와 비슷한 운명을 맞는 대신 양 대전 사이에 이민을 가는 경우가 많았다.

믈레츠니크 와이너리 밖의 덧문

이탈리아화라는 문화적 학살 시도는 1945년 무솔리니 체제의 전복 이후 이론적으로는 폐기되었지만, 실제로는 교묘하고 은밀한 방식들로 한동안 계속되었다. 요슈코 그라브너의 딸인 마테야Mateja는, 1970년대 초반까지도 출생신고 담당 공무원들이 슬라브어를 비롯한 소위 외국어 이름을 허가하지 않았다고 말한다. 그리하여 요슈코(1952년 출생)는 아버지 요제프가 강제로 주세페로 불리게 되었던 것과 마찬가지로, 서류상으로는 프란체스코Francesco가 되었다. 지금까지도 이 가문의 사업체는 공식적으로는 '프란체스코 그라브너'의 소유로 되어 있으며, 2016년 새로운 무역 자회사를 설립했을 때에야 '프란체스코 요슈코 그라브너'라는 이름으로 역사를 조금이나마 바로잡을 수 있었다.

양 대전 사이에는 농가를 재건하거나 포도밭을 다시 일구기 위한 에너지(인적·육체적), 자원, 자금이 턱없이 부족했고, 그 결과 이탈리아 콜리오(현재는 오슬라비아에 속한다) 주민들이 이탈리아 내의 더 번성한 지역들로 이주하는 바람에 몰락하게 되었다. 프리울리 베네치아 줄리아가 전체적으로 그랬듯, 콜리오 역시 1963년 이 지역이 자치주가 될 때까지 벽지로 남아 있었다. 와인 역사가인 월터 필리푸티Walter Filiputti는 이곳을 '북부의 메초조르노Mezzogiorno'라 묘사했다.[10]

---

10 메초조르노는 남부 이탈리아와 그곳의 화창한 기후를 일컫는 말이지만, 남부 지방의 낙후성이나 주민들의 게으름을 경멸하는 말로도 사용된다. 필리푸티는 그의 저서 『베네토 와인의 거장들I grandi vini del Veneto』(프리울리, 베네치아 줄리아, 2000)에서, 19세기부터 제2차 세계대전이 끝날 때까지의 프리울리를 묘사하는 데 이 표현을 사용했다.

콜리오에 있는 다미안 포드베르식Damijan Podversic의 포도원

제1차 세계대전 기간 동안 몇 번에 걸친 이손초 전투의 무대가 되었던 사바티노 산

고리슈카 브르다의 주민들이 새로 얻은 이탈리아인 신분에 적응하려고 애를 쓴 20년이 지나 1941년, 그 지역은 나치에 합병되었고 1945년에 제3제국이 붕괴한 뒤에는 유고슬라비아의 일부가 되었다. 1946년 유고슬라비아 연방 공화국이 친소비에트 공산주의 국가를 선언하며 효과적으로 철의 장막Iron Curtain(제2차 세계대전 후 소련 진영에 속하는 국가들의 폐쇄성을 표현한 용어—옮긴이) 뒤에 숨는 바람에, 고리슈카 브르다는 프리울리보다 더 오랫동안 사람들의 시야에서 가려져 있었다. 요시프 브로즈 티토Josip Broz Tito가 34년간 집권하는 동안 농부들은 수확한 포도의 대부분을 국영 협동조합에 공출해야 했으며, 이 포도들은 잘해야 보통 수준의 와인을 만드는 데 사용되었다.

유고슬라비아의 와인 양조자들은 적어도 국경선 너머의 동포들이 당했던 박해와 씨름할 필요는 없었지만, 민족국가들이 제멋대로 나뉘어버린 탓에 그들만의 고충을 겪었다. 와인 양조자인 얀코 슈테카르Janko Štekar는 현재의 슬로베니아 국경 바로 근처에 있는 코이스코Kojsko라는 작은 마을에 살고 있다. 그는 1990년대까지 이탈리아와 유고슬라비아 접경의 검문소였던 곳들을 기억하고 있다. 슈테카르 가족의 땅은 다행히 전부 유고슬라비아 쪽에 속하게 되었지만 그의 친구는 그리운이 좋지 못했다. 그가 포도밭에 일하러 가려면 이탈리아 땅으로 건너가야 했는데, 가장 가까운 검문소는 오전 10시나 되어야 열렸다. 이는 여름과 수확철에는 일하기에 너무 늦은 시간이다. 포도밭의 일꾼들과 포도를 따는 사람들은 늦어도 오전 6시부터는 일을 시작하는 게 보통이기 때문이다. 결국 그는 두 시간 거리에 있는 가장 가까운 24시간 검문소로 갈 수밖에 없었다.

다른 많은 사유지들도 이와 비슷한 수송 관련 문제에 부딪혔다. 저 대단한 알레슈 크리스탄치치Aleš Kristančič 소유의 고리슈카 브르다의 오래된 사유지, 모비아Movia의 포도밭들 역시 국경선을 사이에 두고 각기 다른 나라 땅으로 나뉘기 때문에, 슬로베니아 와인으로 생산하기 위해서는 관료주의적 술책 같은 것이 필요하다.[11] 우로시 클라비얀Uroš Klabjan은 슬로베니아의 카르스트Karst(석회암의 용식 작용으로 형성된 지형을 일컫는 독일어로 본래는 슬로베니아의 크라스Kras 지방에서 유래된 것이다—옮긴이)에 자리 잡은 와이너리에서 트럭을 타고 나와 더 높은 고도에 있는 포도밭들로 가기 위해 언덕을 오르는 동안(요즘처럼 아무 제약 없이 가면 10~15분 거리) 국경선을 두 번이나 넘어야 한다.

---

11 슬로베니아는 이탈리아에서 수확한 포도로 만든 와인을 슬로베니아 고품질 와인으로 생산하는 것을 허가하지만, 그 반대(슬로베니아산 포도를 이탈리아 고품질 와인으로 생산하는 것)는 금지된다. 어느 쪽이 더 우세한지를 보여주는 단적인 예이다.

이런 지역에 사는 이들은 국가적 또는 문화적 정체성이라는 개념이 흐려졌고, 최악의 경우에는 아예 잊고 말았다. 1914년과 1991년 사이, 고리슈카 브르다나 그 인근 비파바에 살던 슬로베니아 민족은 오스트리아-헝가리 제국인에서 이탈리아인으로, 또 유고슬라비아인이 되었다가, 1991년에 슬로베니아가 독립했을 때 마침내 슬로베니아인이 되었다. 슈테카르는 그런 격변의 시대를 산 게 얼마나 특이한 경험이었는지를 이렇게 묘사한다. "나는 유고슬라비아에서 태어났다. 할아버지는 이탈리아인이셨고 내 아이들은 슬로베니아인이다. 전부 같은 집에서 자랐는데 말이다!"

이러한 관료주의적 병폐 속이나 그 주변에서 일해야 했던 모든 이들에게 다행이게도, 2004년 슬로베니아가 EU(유럽연합)에 가입하고 2007년(초소들과 검문소들이 거의 다 사라진 시기[12]) 솅겐 조약 Schengen Agreement(EU 회원국들 간에 체결된 국경 개방 조약-옮긴이)이 체결되면서 상황은 상당히 완화되었다. 오늘날 두 나라를 자유로이 오가며 고리슈카 브르다와 콜리오의 평화로운 시골길을 달리다 보면, 한때는 일상이었던 정치적·개인적 갈등이 과연 있긴 있었나 싶을 정도이다.

다른 침용 기법들

화이트 와인 대부분이 침용을 전혀 하지 않는다는 건 지나치게 단순화된 소리이다. 오렌지 와인을 양조할 때와는 다른 두 가지 껍질 접촉 기법을 소개한다.

발효 전 냉침용 Pre-fermentation cold-soak

일부 와인 양조자들은 백포도를 발효가 이루어질 수 없는 낮은 온도(보통 10~15도)에서 하룻밤, 또는 24시간까지 침용한다. 포도 껍질에 있는 토종 효모들이 활동하는 걸 막기 위해 이산화황을 사용하기도 한다. 이 과정은 페놀 성분(타닌 화합물)이나 너무 진한 색이 추출되는 것을 피하는 동시에, 껍질의 방향족 화합물 aromatic compounds만을 추출해내기 위한 것이다.

마세라시옹 펠리쿨레르 Macération Pelliculaire

이 프랑스 용어 역시 발효 전 침용을 일컫는 말이지만, 냉침용보다는 높은 온도(보통 약 18도)에서 이루어진다. 1980년대와 1990년대에 보르도에서 화이트 와인 양조법으로 아주 인기를 끌었던 방식이다. 침용 시간은 보통 4~8시간이다.

---

12 유럽 남동부를 통해 EU로 들어오는 이민자 수가 많아서, 2016년부터 2017년 사이 일부 지점에서 슬로베니아에서 이탈리아로 가는 차량들에 대한 산발적인 국경 검문이 다시 나타났다.

4

프리울리의
1차 와인 양조
혁명

1960년대까지 프리울리에서는 와인 양조자라는 직업이 자랑할 만한 게 못되었다. "조용히 해, 넌 그저 농부일 뿐이야Tas ca tu ses un contadin!"[13]라는 프리울리어 반응에서 볼 수 있듯이, 오히려 그 반대였다. 와인 양조자는 밭을 가는 흔한 소작농에 불과한 사람으로 여겨졌다. 하지만 1963년, 프리울리 베네치아 줄리아가 이탈리아의 다섯 번째 자치구역이라는 특별한 자격을 얻으면서 이러한 상황은 달라지기 시작했다.[14]

새로 출범한 지방 정부는 이 지역의 농업, 특히 포도 재배를 활성화하기 위한 장려책과 법령들을 서둘러 내놓았다. '프리울리라 불리는 포도밭'이라는 시적인 부제가 붙은 법령 제29호는 프리울리의 와인 생산을 부흥하고 개선할 야심찬 계획을 제시했다. 와이너리들에 보조금과 교육을 받을 기회를 주었으며, 우연하게도 역시 1963년에 확립된 이탈리아의 공식 와인 분류 체계의 일부인 'Denominazione di Origine Controllata e Garantita(D.O.C.G, '통제 및 보증된 원산지 표기'라는 뜻으로 이탈리아의 와인 등급 중 최고 등급—옮긴이)'의 엄격한 기준에 부합하는 생산자들에게는 재정적 혜택도 제공했다.

---

13 프리울리어Friulian(이탈리아어로는 Friulano)는 프리울리 베네치아 줄리아의 일부 지역(주로 우디네Udine와 포르데노네 Pordenone, 고리치아의 절반 정도 되는 지역)에서 사용되는 공식 언어이다. 오슬라비아에서는 쓰지 않는다.

14 현재 다른 자치구역은 사르데냐Sardinia, 시칠리아Sicily, 트렌티노 알토 아디제와 발레다오스타Val d'Aosta 주이다.

시기는 아주 적절했다. 1960년대에 이탈리아는 작게나마 경기 호황을 누렸던 터라, 1960년대 말쯤에는 고품질 와인에 대한 수요가 어느 때보다도 높았던 것이다.[15] 마리오 스키오페토Mario Schiopetto, 리비오 펠루가Livio Felluga, 콜라비니Collavini, 볼페 파시니Volpe Pasini, 도리고Dorigo 를 비롯해 후에 크게 이름을 날리게 될 프리울리의 인사들이 이 시기에 사업을 시작했다. 이들의 사업 모델은 전에 있었던 것들과는 완전히 달랐다. 목표는 병입 생산된 고품질 와인을 이탈리아 전역, 심지어는 외국에까지 판매하는 것이었다. 1960년대 이전까지는 프리울리에서 생산된 와인은 지역 내에서 대량으로 판매되는 게 통상적이었기 때문에 사업 모델이라는 말을 꺼내기만 해도 사람들이 이상하게 쳐다보았을 것이다.

프리울리가 입은 전쟁의 상처가 서서히 아물고 핏빛 과거가 마침내 물러가자, 새로운 비폭력 혁명이 이 지역을 휩쓸기 시작했다. 전후 독일에서 빠르게 발달한 와인 양조 과학이 이탈리아 국경을 넘어 주민 대부분이 독일어를 쓰는 알토 아디제(독일어로는 쥐트티롤Südtirol)로 넘어왔다. 이는 전직 대형 트럭 기사였던 마리오 스키오페토 덕분에 곧 프리울리 콜리오에까지 영향을 미치게 되었다.

프리모식의 1970년산 와인. '리볼라 오슬라비아'라는 이름은 후에 콜리오 DOC가 확립되면서 금지되었다.

스키오페토는 젊고, 요령 있고, (이전 직업 때문에) 여행 경험이 많은 사람이었다. 부모님이 소방관들을 위한 여관을 운영하셨던 터라 접대에 익숙한 환경에서 자랐고, 1963년 32세의 나이에 여관을 물려받았다. 그는 카프리바 델 프리울리Capriva del Friuli에서 인근 교회에서 빌린 포도밭을 이용해 첫 와인 양조를 시작했다. 알토 아디제에서 새로운 독일식 와인 양조 방식 관련 경험을 쌓은 와인 양조학자, 루이지 소이니Luigi Soini의 전문 지식이 큰 도움이 되었다. 소이니는 1969년부터는 콜리오 앙고리스Angoris의 와인 양조자로 일했으며, 후에는 칸티나 디 코르몬스Cantina Produttori Cormòns(프리울리의 와인 생산자 협동조합─옮긴이)의 이사직을 맡았다.

15 폴 긴스버그Paul Ginsborg, 『이탈리아 현대사A History of Contemporary Italy: Society and Politics, 1943-1988』, 런던, 펭귄, 1990

그는 모든 최신 기술에 정통했고, 프리울리 와인 전문가인 월터 필리푸티의 말처럼 "통제된 발효와 무균 병입이라는 완전히 새로운 것들을 소개했다."[16] 스키오페토는 또 발효 기술 및 장비 분야의 선두 기업인 독일 자이츠Seitz의 연구부장, 헬무트 뮐러 슈패트Helmut Müller Späth 교수와도 친해졌다.

이렇게 실력자들을 등에 업은 스키오페토는 프리울리의 와인 양조 관습을 완전히 뒤집어엎는 화이트 와인을 만들어냈다. 필리푸티는 "그 와인들을 맛보는 것은 새로운 세계를 경험하는 것과 같다"고 말했다.[17] 스키오페토의 깨끗하고 수정같이 맑은 와인은 과일 향이 뚜렷하고 신선하며 활기찬 것이 특징이었다. 비교적 색이 짙고, 맛이 다소 밋밋하고 진부했던 당시의 화이트 와인들과는 전혀 달랐다. 사실상 이탈리아의 첫 현대식 화이트 와인들로, 스키오페토가 이탈리아의 와인 양조 역사책에서 영원히 사라지지 않도록 해주었다.

그는 어떻게 이런 기적을 이루었을까? 그의 이웃과 동료들은 당연히 궁금해했는데, 특히 그가 다른 유명 양조자들보다 자신의 와인에 훨씬 더 높은 값을 요구하고 받아냈기 때문이다. 와인 양조자들은 공개적으로는 스키오페토의 벼락출세에 약간은 분개하면서도, 뒤에서는 그의 와인들을 구해 맛보고 그의 비밀이 뭔지 알아내려고 애썼다.

산화 방지

산화Oxidation는 신선함의 적이며 오늘날 대부분의 화이트 와인에는 산화 방지를 위한 이산화황이 첨가된다. 화이트 와인은 부패에 더 취약한데, 주된 이유는 포도 껍질에서 나오는 페놀성 화합물이 부족하기 때문이다. 레드 와인의 경우 껍질과 줄기가 발효에서 주요한 역할을 하는 것과는 달리, 화이트 와인은 포도 압착 시 껍질과 줄기는 바로 버려진다.

스키오페토의 업적은 어떤 재주 부리기가 아니라, 그전까지 콜리오에 알려지지 않았던 최신 와인 양조 노하우를 이용한 것뿐이었다. 시멘트 탱크나 전통적인 슬로베니아의 대형 오크통(보티) 대신 온도가 제어되는 스테인리스스틸 탱크를 사용하는 것이 발효의 핵심이었다. 주변 온도나 암석으로 된 셀러에 의지해 과열로 인한 과잉 발효[18]를 막는 대신, 스테인리스스틸 탱크는 더 시원한 온도에서 양조자가 원하는 대로 통제된 발효를 할 수

---

16 월터 필리푸티, 『프리울리 베네치아 줄리아와 그곳의 훌륭한 와인들II Friuli Venezia Giulia e i suoi Grandi Vini』, 우디네, 아르티 그라피케 프라울라네, 1997, 70쪽.

17 위의 책.

18 따뜻한 곳에서 이루어지는 발효는 온도가 쉽게 30도 이상까지 오를 수 있다. 그렇게 되면 포도 품종 특유의 미묘한 향이 손실될 가능성이 있다.

있었다. 독일의 빌메스Willmes사가 1951년에 개발한 기압식 프레스는 종전에 사용되던 바슬린 Vaslin 프레스보다 더 부드럽게 포도를 압착해주었고, 전통 바스켓 프레스에 비해 너무 이른 발효나 산화가 이루어질 위험이 현저히 적었다.

이 시기에 시판되기 시작한 인공 효모 균주(자연 발생적인 야생 효모의 활동이 예측 불가능한 것과는 달리, 와인의 확실한 발효를 보장해준다), 캠든정Campden tablets(포도에, 통에, 발효 시에, 항산화 및 항균 효과가 있는 이산화황SO_2을 쉽게 첨가하도록 해준다) 등 다양한 양조 관련 제품들도 중요한 역할을 했다. 이제 포도밭에서부터 최종 병입까지 와인 생산의 전 과정을 정확히 통제하고 조절할 수 있게 된 것이다.

라마토Ramato
- 구릿빛 피노 그리지오

프리울리의 피노 그리지오는 오래전부터 베네토 전역에서 유명했으나, 과거에는 대부분이 무색투명함과는 거리가 멀었다. 피노 그리지오는 피노 누아의 돌연변이 클론으로 껍질이 분홍색이다. 이 껍질을 발효 중인 즙과 몇 시간만 접촉시켜도 특유의 분홍색 또는 구릿빛을 띠는 와인이 된다.

이렇게 만들어진 피노 그리지오 와인의 잘 알려진 베네토어(기원전 이탈리아 북동부에서 쓰이던 언어-옮긴이) 이름이 바로 '라마토'로, 구리를 뜻하는 이탈리아어인 'rame'에서 유래했다. 피노 그리지오 라마토는 보통 8~36시간의 짧은 껍질 침용을 통해 만들어졌다. 어쩌면 실수로 만들어졌을 가능성도 있는 것이, 바스켓 프레스 사용 시에는 껍질을 즙으로부터 분리해내는 시간이 오래 걸려서 어느 정도 물이 드는 게 불가피했기 때문이다.

1960년대 새로운 화이트 와인들에 밀려 스킨 콘택트 방법을 포기했음에도 불구하고, 라마토 스타일의 피노 그리지오 와인은 꽤 오래 지속되었지만 1990년대부터는 인기가 급속히 떨어졌다. 이후 그 이름이 다른 나라들에서 불쑥 등장하곤 하나, 원조 라마토에 대한 일종의 경의 표시에 지나지 않는다. 롱아일랜드의 와인 생산자인 채닝 도터스Channing Daughters의 '라마토'(10~12일간 침용) 같은 와인들은 라벨에 옛 전통에 관해 적어놓기도 했지만, 전통 라마토와는 스타일이 다르다.

라 카스텔라다La Castellada의 오크 발효조들

1890년부터 지금까지 사용되고 있는 바스켓 프레스 옆에 서 있는 클레멘Klemen과 발터Valter 믈레츠니크

스키오페토가 이룬 혁신이 인정을 받기까지는 수년이 걸렸지만, 1970년대 초 콜리오의 다른 대형 와이너리 두 곳이 그의 아이디어를 채택했다. 루타르스Ruttars 인근, 실비오 예르만Silvio Jermann은 아버지로부터 막 가업을 물려받아 그만의 거대한 제국을 건설하기 시작한 참이었다 (오늘날 그의 포도밭은 160만 제곱미터에 달한다). 브라차노Brazzano에 있는 가문의 새 와이너리에서 일하던 마르코 펠루가Marco Felluga 역시 새로운 스타일로 전향했다. 그러자 다른 이들도 재빨리 그 뒤를 따랐다. 그들 모두가, 이탈리아 소비자들에게는 성배holy grail처럼 보인 와인들을 제공했다. 깨끗하고, 신선하고, 과일 향이 나는 그들의 화이트 와인은 이제껏 이탈리아에는 없었던 현대적 스타일을 보여주었다.

그들의 방식은 콜리오뿐만 아니라 이탈리아 전역에 종전 화이트 와인 양조 방식으로부터의 완전한 변화를 제시했다. 프리울리 같은 가난한 시골의 와인 양조자들은 대부분 수백 년은 아니어도 수십 년은 자기 집 셀러에 놓여 있었을 오래된 장비에 의지했다. 낡은 바스켓 (나사) 프레스와 큰 오크통 또는 밤나무 보티 등이 몇 세대에 거쳐 사용되는 일이 흔했다. 위생 운운하는 건 사치로 여겨졌다. 바스켓 프레스를 이용해 포도를 압착하는 데는 몇 분이 아니라 몇 시간이 들어, 시간과 힘의 소모가 컸다. 이는 포도를 두 가지 위험에 노출시켰다. 첫 번째는 산화, 두 번째는 양조자의 의도와는 다르게 발효가 제멋대로 시작될 가능성이었다.

전쟁 전의 와인 양조자들은 산화 방지나 풋풋한 아로마를 극대화하는 방법에 관한 과학적 연구 결과 같은 것을 쉽게 알 길이 없었다. 안정적인 배양 효모, 신선함 유지를 위한 이산화황 첨가 없이 만든 화이트 와인은 목마른 대중 앞에 놓일 때쯤이면 오프드라이 와인이 되거나[19] 부분적으로 산화되기도 했다. 그렇지만 프리울리와 슬로베니아의 와인 양조자들은 산화 문제를 해결할 수 있는 오래된 비밀 무기를 갖고 있었다. 수 세대를 거쳐 전해 내려온 유서 깊은 그 방식은 바로 긴 껍질 침용이었다. 백포도를 껍질과 일주일 이상 침용하면 더 풍부한 맛과 향을 추출할 수 있을 뿐 아니라 타닌감과 구조감이 생겨 훨씬 더 탄탄한 와인이 된다. 와인 양조자인 스타니슬라오 '스탄코' 라디콘은 그의 할아버지가 단지 가문의 와인을 일 년간 변질되지 않도록 하는 유일한 방법이라는 이유로 리볼라 지알라 포도를 침용했던 일을 회상했다.

---

19 와인이 포도 껍질 또는 대기 중에 자연적으로 존재하는 야생 효모의 작용으로 발효되는 경우에는 포도당이 완전히 발효될 수도 있고 그렇지 않을 수도 있다.

화이트 와인을 수일 또는 수 주일간 침용하는 방식은 아드리아해 인근에서는 흔한 일이었고, 19세기의 여러 책에 기록되기도 했다. 『슬로베니아의 와인 양조Vinoreja za Slovence』는 1844년 저명한 슬로베니아 작가이자 성직자, 농부였던 마티야 베르토베츠Matija Vertovec가 이제는 고어가 된 슬로베니아 방언으로 쓴 책이다. 오슬라비아에서 동쪽으로 약 40킬로미터 떨어진 슬로베니아의 작은 마을, 비파바에 근거지를 두고 있던 베르토베츠는 여행을 많이 한 고학력자였다. 그는 또 대단한 웅변가이기도 해서 설교로 엄청난 인파를 끌어모으기도 했다. 그의 실용적인 와인 양조 안내서는 간단하지만 때로는 놀랄 만큼 시적인 양식으로 쓰였는데, 이는 그 지역 농부들 대다수가 교육을 못 받은 사람들이라 쉽게 이해시키기 위해서였다. 치밀한 연구와 일부 베르토베츠가 직접 실험한 것을 토대로 쓴 책이다. 그러나 그는 먼저 다음과 같은 주의를 주었다.

> 신이 그 어떤 좋은 것을 주어도, 인간은 건방지고도 무례한 배은망덕함으로 망쳐버린다. 와인은 신이 내린 특별한 선물로, 성경에 따르면 마음을 기쁘게 해주는 것이다. 그러므로 인간은 그것을 정신적·육체적인 힘이 필요한 순간에 절제해가며 마셔야 한다. 그러면 마치 등불의 기름처럼 그의 삶에 불꽃이 켜지며 그는 오래도록 건강한 삶을 살게 될 것이다.[20]

많은 기술적 사항과 논의들 사이에 그는 비파바에서는 일반적으로 포도를 "24시간~30일 동안" 껍질과 접촉시키며, "이것은 와인의 맛과 내구성을 개선하며 완벽히 발효되도록 해준다"고 썼다. 그는 심지어 껍질 발효 방식을 "오래된 비파바의 방식"이라고 말했는데, 이것은 이러한 방식이 150여 년 전에 이미 확립되어 있었음을 암시한다.

그로부터 1백 년 뒤인 1960년대와 1970년대, 마리오 스키오페토의 최신 화이트 와인 양조 방식이 콜리오와 그 외부까지 퍼져나가면서 오래된 화이트 와인 양조 방식은 급속도로 유행에 뒤처졌다. 예전의 침용 방식은 마치 (시골 식탁에서야 그럭저럭 마시지만 병에 담아 베네치아 같은 대도시들의 대저택에 팔기에는 적합하지 않은) 녹슨 기념품처럼 여겨지기 시작했다.

---

20 마티야 베르토베츠, 『슬로베니아의 와인 양조Vinoreja za Slovence』, 비파바, 1844

슬로베니아의 성직자이자 학자인 마티야 베르토베츠. 현재 남아 있는 유일한 사진이다.

상업적 와인 생산이 프리울리의 생명줄 역할을 하기 시작했다. 이 지역은 도시로의 이주, 기근 등으로 상당한 인구 유출에 시달려가며 두 차례의 세계대전에서 겨우 살아남았지만, 여전히 빈곤과 사회 기반 시설 부족으로 제 기능을 할 수가 없었다. 1976년 5월 6일에는 또 다른 재앙이 닥쳤다. 진도 6.5의 지진으로 약 1천 명이 죽고 프리울리와 브르다의 여러 마을이 단 1분 만에 파괴되었던 것이다. 모두 77개의 마을이 피해를 입었으며 15만7천 명이 살 곳을 잃었지만, 포도밭들만은 거의 그대로 살아남았다. 1976년의 수확은 한 줄기 희망이 되었고, 포도나무와 거기서 나는 산물은 프리울리의 밝게 빛나는 기회의 불빛이라는 상징적 지위를 갖게 되었다.

르네상스 시대에 오렌지 와인이?

마스터 오브 와인MW 이자벨 르쥬롱Isabelle Legeron은 2014년 출간한 저서 『내추럴 와인』에서, 르네상스 시대 그림들의 와인이 투명하지 않고 오렌지색으로 보이는 것은 당시 사람들이 오렌지 와인을 마셨기 때문일 거라고 말했다. 솔깃한 분석이긴 하지만, 네덜란드의 역사가이자 와인 전문가인 마리엘라 뵈커스Mariëlla Beukers는 전혀 틀린 말이라고 한다.

"당시 굉장히 중요하게 여겨졌던 스위트 와인을 마시는 귀족들의 모습이 그려져 있는 것으로 보인다"고 뵈커스는 설명한다. 와인 색이 어두운 이유에 대한 다른 해석도 있다. '대부분의 와인이 병이 아닌 큰 통에 보관되어 있었기 때문이다' 또는 '발효에 관한 과학적 지식의 부족으로 화이트 와인이 쉽게 산화되어서 그렇다' 등이다.

19세기 오스트리아-헝가리 제국의 오렌지 와인

성직자이자 작가인 마티야 베르토베츠의 『슬로베니아의 와인 양조』(1844년 비파바에서 출간)에는 비파바를 비롯한 슬로베니아의 일부 지역에서 껍질 발효가 흔했다고 기록되어 있다. 베르토베츠는 이것이 더 안정적인 와인을 만드는 아주 실용적인 토대가 된다고 지적하면서도, 그 자신은 그다지 선호하지 않았다. 그는 클로스터노이부르크 와인 학교 교장이었던 아우구스트 빌헬름 폰 바보August Wilhelm von Babo의 말을 길게 인용했고, 백포도를 압착한 뒤 껍질 없이 오크통에서 발효시키는 방식을 북부의 또는 독일의 와인 양조 방식이라 부르며 찬양했다.

각각의 장단점을 정리한 그는 독일의 방식이 '더 군침이 돌고 맛있다'면서도, 그것은 아로마가 부족하며 알코올 함량이 적고 타닌도 부족해 건강에 그다지 좋지 않으므로 허약한 사람에게 적합하지 않다는 주의도 주었다.

베르토베츠는 비파바에는 침용을 한 달 가까이 하는 양조자들도 있다고 언급했지만, 1820년대에 자신이 직접 수행한 실험 결과를 바탕으로 약 4~7일간의 침용이 가장 적당하리라고 결론을 지었다.

베르토베츠는 북부와 남부의 침용 과정들에 관해 좀 더 자세히 설명했다. 그는 비교적 추운 북쪽 나라들에서는 압착된 포도즙이 주로 밀폐된 나무통 속에서, 때로는 다소 천천히 발효된다고 했다. 그는 또한 추운 북쪽 나라 사람들은 더 많이 먹고 마셔야 만족한다고도 했는데, 이는 그가 북쪽에 사는 사람들을 좀 미개하고 취하도록 마시는 경향이 있다고 간주했음을 여실히 보여주는 말이다.

따뜻한 남부 지역에서는 포도가 더 활발하고 빠르게 발효되도록 오픈톱open-top 용기에서 침용하는 관습이 있었다. 그는 와인 양조자들이 발효 온도를 통제하는 방법(셀러의 문들을 열거나 닫기, 급히 냉각시켜야 하는 경우에는 뚜껑을 닫은 통 위에 물을 붓기 등)에 관해서도 설명했다.

그는 또 (당시에는 대부분이 오스트리아-헝가리 제국에 속했던) 콜리오에서는 북부의 방식이 더 인기라고 언급했는데, 이는 다소 혼란스러운 부분이다. 비록 입증은 되지 않았으나 그 지역의 현재 와인 양조자들이 이야기하는 수많은 증거들과 일치하지 않는데, 그들은 조상들이 백포도를 껍질 발효했다고 주장하고 있기 때문이다.

베르토베츠의 책 내용 중에는 화이트 와인에 관한 것인지 레드 와인에 관한 것인지 불분명한 부분이 자주 있으며, 이는 아마도 전에는 다들 포도를 그런 식으로 분류하지 않았기 때문일 것이다. 좀 더 분명한 그림이 그려진 건 1873년 빈에서 아르투어 프라이헤어 폰 호헨브루크Arthur Freiherr von Hohenbruck가 쓴 『오스트리아의 와인 생산Die Weinproduction in Oesterreich』이 출간되면서였다. 폰 호헨부르크는 비파바 밸리의 아주 특별한 화이트 와인은 강하고 타닌감이 있으며, 약 5~6일간의 껍질 접촉을 거쳐 만들어진다는 점을 분명히 했다. 그러나 그는 달마티아Dalmatia를 비롯한 오스트리아-헝가리 제국의 다른 지역 같은 경우 적포도와 백포도를 구별하는 일은 별로 없다고 하며, 스티리아(슈타이어마르크 주, 그가 현재 오스트리아 영토인 지역과 슬로베니아 영토인 지역 중 어느 곳을 언급한 건지는 확실치 않다)에서는 리슬링과 뮈스카 품종을 보통 껍질 발효시킨다고 설명했다.

이 두 권의 책을 통해 우리는 (오스트리아-헝가리 제국과 이탈리아 대부분을 포함하는) 유럽 남부의 전통적이고도 소박한 와인 양조 관습이 곧 오늘날 우리가 알고 있는 오렌지 와인 양조 방식이며, 독일과 프랑스 북부에서 성행했던 북부의 방식은 백포도를 압착한 뒤 곧장 껍질을 제거해 더 가볍고 우아한 스타일로 만든 것임을 알게 되었다.

프란츠 리터 폰 하인틀Franz Ritter von Heintl은 1821년 역시 빈에서 출간한 저서 『오스트리아 제국의 포도 재배 Der Weinbau des Österreichschen Kaiserthums』에서, 오스트리아-헝가리 제국의 일부 지역에서는 화이트 와인을 마치 레드 와인을 만들 듯이 오픈톱 용기에서 발효시키는 일이 흔하다고 썼다. 독일과 오스트리아의 19세기 문헌들에도 이러한 방식의 와인 양조에 관한 짤막한 언급을 다수 찾아볼 수 있다.

와인 양조 역사를 더 거슬러 올라가면 화이트와 레드 와인 양조를 구별하기가 점점 어려워지는데, 통상적으로 모든 포도 품종이 다 같이 자라고, 수확되고, 양조되었기 때문이다. 수백 년 전부터 이어져온 값비싼 고급 와인 문화를 가진 지역들(보르도, 부르고뉴, 모젤 등)은 예외이다.

역사가인 로드 필립스는 저서인 『와인의 역사』에서 고대 그리스인과 로마인은 레드와 화이트 와인을 철저히 구분하지 않았다고 말하며, 그건 아마도 둘 다 껍질과 함께 발효되었기 때문일 거라고 추측했다. 그러나 그는 로마인들이 고의적으로 산화된maderised 스타일의 달콤한 화이트 와인을 귀하게 여겼다는 언급도 했다.

5

프리울리의
2차 와인 양조
혁명

요제프 그라브너는 1968년 이전까지는 자신이 만든 와인을 병에 담을 생각조차 하지 않았음에도, 와인 양조자로서 비할 데 없는 명성을 쌓았다. 그의 와인들은 셀러의 보티에서 숙성된 뒤 다미지아네damigiane(데미 존스demi-johns[21])에 담겨 지역 레스토랑과 술집들로 팔려나갔다. 그의 아들 요슈코의 말에 따르면 "아버지는 적게 만들었지만, 맛은 훌륭했다." 양보다는 질이 중요함을 강조하기 위해 그는 가장 좋은 거름은 토끼한테서 나온다는 농담도 곁들였다. 그라브너의 성공 비결은 셀러 안의 위생을 철저히 관리하는 것이었는데, 이는 사람들이 와인 과학에 대해 잘 알지 못했던 시절에는 거의 간과되었던 요인이다.

아버지 그라브너는 성실하기만 해도 와인을 잘 팔 수 있었던 시대를 살았다. '품질을 좋게 만들면 팔리게 되어 있다'가 그의 철학이었다. 요슈코는 아버지의 말을 마음에 새겼지만, 좋은 품질을 지키면서 양도 늘릴 수 있을 것 같았다. 1973년 렌주올로 비앙코 9에서 아버지로부터 와인 생산업을 물려받은 그는, 처음에는 마리오 스키오페토로부터 영감을 받았다. "스키오페토는 똑똑했어요." 그는 이렇게 말하며 경고의 말을 덧붙였다. "하지만 좀 '돈을 밝히는' 사람이었죠."

1980년대 프리울리는 순수하고 향기로운 화이트 와인의 산지로 이탈리아 전역의 찬사를 받으며, 전국 무대에서 완전히 새로운 정체성을 발견하게 되었다.

---

21 20~60리터들이 유리 용기로 몸통이 굵고 목 부분은 가늘다.

그리고 만일 프리울리가 이러한 성례의 본거지였다면 요슈코 그라브너는 곧 대사제직을 맡아야 했을 것이다. 그도 그럴 것이 그는 샤르도네, 소비뇽 블랑, 피노 그리지오 같은 국제적 품종들(모두 나폴레옹 시대부터 이 지역에서 풍부하게 자랐다)을 사용한 신선한 냉발효 와인이라는 새로운 스타일을 순식간에 마스터했으니까.

사려 깊고, 지적이며, 때로는 깊은 생각에 빠지곤 하는 성격인 그라브너는 열정적이며 한계에 도전하기를 즐긴다. 그는 그린 하비스팅green harvesting(양은 적지만 질은 더 좋은 수확물을 내기 위해 여름

oslavia 20/5/1992   mour y ts frill Con

왼쪽부터 조르지오 벤사Giorgio Bensa, 에디 칸테Edi Kante, 요슈코 그라브너, 스탄코 라디콘, 니콜로 벤사Nicolo Bensa, 1992년

에 아직 안 익은 포도송이들을 일부 떼어내는 일) 같은 현대식 포도 재배 방식의 선구자였다. 그린 하비스팅은 오늘날 고품질 와인 생산지들에서는 일반화된 관행이지만, 전쟁으로 인한 참담한 기근에서 살아남은 오슬라비아의 주민들에게 자연이 주는 선물을 버리고 방치하는 모습은 이단 행위보다 더한 짓이었다. 그들 중 다수는 그라브너가 1982년 처음으로 그 방식을 시도했을 때부터 수년간 그것에 반대했다.

1985년부터 1999년 사이, 대부분이 슬로베니아 출신이면서 혁신적이고 열정적인 와인 양조자들이 그라브너와 함께 와인 시음과 일 얘기를 하기 위해 모였다. 주요 회원들로는 스타니슬라오 '스탄코' 라디콘, 에디 칸테, 발터 플레츠니크, 니콜로와 조르지오 '조르디' 벤사(라 카스텔라다를 운영), 안지올리노 마울레Angiolino Maule(라 비앙카라)와 알레산드로 스가라바티Alessandro Sgaravatti(카스텔로 디 리스피다)가 있었다. 1980년대 말부터 1990년대 초 사이에 찍은, 연출된 것이지만 그때의 추억을 소환하는 사진들이 이 재능 있는 와인 양조 전문가들의 모임을 기록해두었다. 그라브너는 'G'라는 두 권의 논문 맨 첫 부분에, 동료들에 대한 깊은 애정을 다음과 같이 글로 적었다.

> 니코Niko, 월터, 안지올리노, 스탄코, 에디, 조르디, 알레산드로는 친구들이자 와인 양조 동료들이다. 눈앞의 이익에 대한 약속에 현혹되어 타협하지 않는 진지한 사람들, 그리고 생산자들이다. 더 좋은 와인을 만들려면 무엇을 해야 하는지를 알고 자나 깨나 셀러에서나 포도밭에서나 그러한 원칙들을 따르는 콘타디니[22]이다.
>
> 우리는 자주 모여 각자의 생각과 와인을 비교한다. 다들 앞길에 헤쳐 나가야 할 난관과, 수년간의 고생과, 여러 번의 실수들이 있겠지만 결국 보상받을 것이다. 우리는 그로부터 배우게 될 것이다.
>
> 그러한 고생이 언젠가는 우리가 이전까지 만들었던 것에 비할 수 없을 만큼 더 좋은 와인을 만들어내는 데에 도움을 줄 것이다.[23]

상당히 아이러니하게도 그라브너는 1997년 이 책이 출간된 뒤 얼마 되지 않아 모든 친구들과의 교제를 끊고 다시 홀로 일하기 시작했다.

---

22 농부들
23 G. 1997년 그라브너가 출간하여 동료들과 와이너리 방문자들에게 증정했다.

왼쪽부터 알레산드로 스가라바티, 조르지오 벤사, 안지올리노 마울레, 스탄코 라디콘, 요슈코 그라브너, 에디 칸테, 발터 믈레츠니크, 니콜로 벤사, 1990년대 중반

비록 그들은 멘토, 협력자, 제자라는 복잡한 관계를 맺고 있었지만 사진상 그라브너의 위치에서 볼 수 있듯이 그의 영향력이 지배적이었다. 에디 칸테는 "그는 스승이었고 우리는 제자들이었어요"라고 회고한다. 그라브너는 스테인리스스틸 통에서 발효된 신선하고 젊은 화이트 와인들을 생산하는 데에만 만족하지 않았다. 더 거창한 무언가에 대한 영감은 맨 먼저 프랑스로부터, 부르고뉴의 고급 와인들로부터 비롯되었다. 1980년대 중반 그는 더 풍부하고 강렬한 와인을 만들려는 목적으로 새 프랑스 오크 바리크에 와인을 숙성하기 시작했다. 각종 표창과 상들이 쏟아졌지만 그라브너는 만족하지 않았다.

셀러는 현대식 기술과 값비싼 프랑스산 바리크들로 가득 찼을지 모르나, 와인은 정체성을 잃었다. 현대적이고 말끔한 와인 양조 방식이 전후 프리울리가 일어서는 데 도움을 주었던 것을 생각하면 크나큰 아이러니가 아닐 수 없다. 캘리포니아에서 정신을 차리고 돌아온 그라브너는 다른 곳에서 영감을 찾았다. 영감의 씨앗은 그가 친구인 루이지 '지노' 베로넬리Luigi 'Gino' Veronelli(시적인 언어로 와인 평론계에 혁명을 일으킨, 이탈리아에서 가장 유명한 와인 평론가), 아틸리오 시엔자Attilio Scienza(밀라노 대학의 포도나무 생물학 및 유전학 교수)와 우연히 나눴던 대화 속에 이미 심어져 있었는데, 그들은 그라브너에게 와인의 발상지로 여겨지는 고대 메소포타미아의 전통을 공부해보라고 제안했던 것이다. 그라브너의 차후 연구는 그를 좀 더 북서쪽으로, 바로 코카서스 산맥 기슭으로 인도했다.

오늘날 와인 생산의 요람으로 널리 인정받는 조지아에서는 약 8천 년 전부터 와인을 소비했다는 기록이 있는데, 크베브리(조지아식 암포라) 조각 밑바닥에서 발견된 포도 씨 침전물이 그 증거이다.[24] 불행히도 조지아는 1991년까지 소련의 일부로 철의 장막에 숨겨졌던 터라 1980년대 후반에 그곳을 방문하기란 거의 불가능한 일이었다. 군사 쿠데타 때문에 그 후로도 거의 10년간 테러리스트 활동, 1993년 내전과 정치적 혼란기 등이 이어졌다. 그때까지도 그라브너는 여전히 고대의 전통과, 땅에 묻힌 암포라에 와인을 넣어 양조자의 개입 없이 발효시킨다는 아이디어에 매료되어 있었다.

그의 첫 실험은 암포라를 이용한 것이 아니라 백포도를 껍질과 발효시키는 것이었다. 1994년 성공적으로 소량의 와인을 만들어낸 그라브너는 단순함, 그리고 와인 양조의 기본으로 돌아가는 것이 해답임을 알게 되었다. 그는 전후 와인 양조의 핵심이었던 각종 기술과 개입을 버리고 그의 아버지, 아니 심지어는 할아버지가 와인을 만들 때 적용했던 단순한 방식으로 돌아갔다. 1996년 여름, 두 차례의 극심한 우박 폭풍이 찾아와 그의 포도밭에서 가장 중요한 토종 청포도 품종이자 그가 아끼는 리볼라 지알라의 95퍼센트가 파괴되었다. 이 천재지변은 기이한 상징이 되었고, 결국에는 재생으로 이어졌다. 그라브너는 우박에서 살아남은 극소량의 수확물을 긁어모아 변수를 달리하는 일종의 실험을 했다(인공 효모 첨가 여부, 장시간의 껍질 침용 여부 등). 그 결과물은 판매되지 않았지만, 그라브너는 나아갈 길을 찾았다.

---

24 패트릭 맥거번 외, 『신석기시대 전기 코카서스 남부 조지아의 와인Early Neolithic wine of Georgia in the South Caucasus』, 2017년 11월 미국국립과학원회보PNAS 웹사이트에 게재되었다. doi.org/10.1073/pnas.1714728114

'암포라 입고L'arrivo delle Anfore'. 2006년 배달된 크베브리들 앞에 서 있는 요슈코 그라브너

1997년, 세계야생동물기금협회World Wildlife Foundation에 소속되어 조지아에서 일하던 한 친구가 230리터들이의 작은 크베브리 하나를 몰래 반출해 그라브너에게 선물했다. 이 밑이 좁은 형태의 테라코타 용기는 전통적으로 목 아래까지는 땅에 묻고, 작은 입구 부분만 위로 나오게 한다. 그라브너는 그해 가을, 훔Hum[25]에 있는 조부의 집 안 작은 셀러에서 작업을 하며 크베브리에 일부 와인을 실험용으로 발효시켰다. 수년간의 조사와 조지아를 여행하고 싶은 열망이 있었기에 매우 감격적인 순간이었다. 그는 "그 테라코타 안에서 와인이 발효되는 모습을 보고 있으려니 가슴이 떨렸습니다"라고 회고했다. 그는 그 결과물에 너무나도 만족한 나머지 바로 그 자리에서 앞으로 다시는 자신의 와인이 발효되는 동안 그것을 분석하거나 그 어떤 영향력을 행사하려하지 않겠다고 결심했다.

---

25 훔은 슬로베니아 국경에 인접한 넓게 퍼진 형태의 마을로, 요슈코 그라브너의 집과 현재의 셀러에서 약 2킬로미터 떨어져 있다.

그해부터 그는 발효와 숙성 시 대형 슬라보니아 오크통만을 사용하기 시작했고, 온도 제어 기능이 있는 값비싼 통과 프랑스산 바리크들은 인근의 다른 와이너리들에 조용히 팔았다. 모든 백포도 품종은 발효 시 12일간 껍질과 접촉시켰으며, 여과나 다른 처리 없이 병입했다. 그 결과 진한 앰버 색을 띠는, 여과를 하지 않아 살짝 흐릿하고 향신료, 마른 허브와 달콤한 가을 과일의 향이 머리를 아찔하게 하는 와인이 태어났다.

그라브너의 와인은 그 당시 콜리오에서 생산되던 어떤 와인들과도 달랐을 뿐 아니라, 그전까지 이탈리아에서 병입되었던 와인들과도 다르다고 할 만했다. '발효 시 껍질 침용'이라는 관습은 콜리오 언덕 그 자체만큼이나 오래된 것이긴 하지만, 그렇게 만들어진 와인을 고품질 와인으로 병입해 판매할 생각은 아무도 하지 못했던 것이다. 그라브너의 첫 도전은 그 와인들로 콘소르치오 콜리오의 인증을 받는 것이었다. 1998년 두 차례의 시도와 영향력 있는 루이지 베로넬리의 개입 덕분에 1997년산 와인들은 결국 인증을 받았다. 일 년 뒤, 자신감에 찬 그라브너는 콜리오 DOC 라벨을 관리 기관의 시음 전에 미리 인쇄해두었다. 하지만 그것은 잘못된 결정이었다. 콘소르치오가 그 거만한 앰버 와인들을 더 이상 용납하지 않고 1998년산 '브레그Breg', '리볼라 지알라'를 베네치아 줄리아 IGT 등급으로 강등시켜서 그라브너는 라벨을 다시 인쇄해야만 했기 때문이다. 이 일로 콘소르치오에 대한 그라브너의 인내심 역시 바닥났다. 얼마 지나지 않아 그는 협회를 탈퇴했고 다시는 재가입하지 않았다.

라벨에 뭐라고 적혀 있든 간에 2000년에는 더 큰 시험이 찾아왔다. 그라브너의 새 스타일의 와인들 즉 1997년산들이 시판을 앞두고 있었던 것이다. 그해의 할당량allocations이 이탈리아 전역에 보내진 직후 '감베로 로소Gambero Rosso'(이탈리아에서 가장 권위 있는 와인 및 레스토랑 전문 매체─옮긴이)는 그들의 권위 있는 시상식 시음평을 실은 부록을 출간했는데, 거기에는 "요슈코가 미쳤다! 돌아와요 요슈코, 당신이 그리워요Joško has gone mad! Come back Joško, we miss you!"라는 충격적인 제목이 붙어 있었다. 프리울리의 스타들(스키오페토, 예르만, 펠루가)에 관해서는 상세한 내용이 이어졌지만 단 한 명의 스타, 그라브너만은 나락으로 떨어진 꼴이었다. 그라브너는 그 글을 읽으며 눈물을 흘렸다. 기본으로 돌아간 그의 스타일에 대한 불의와 편견 때문이기도 했지만, 그것이 불러올 파장을 알고 있었으니까. '감베로 로소'가 이탈리아의 와인 소비자층과 전문가들에게 미치는 영향력은 대단해서 그라브너의 1997년산 와인들은 와이너리로 되돌아오거나, 경우에 따라서는 당초 목적지에 배달되기도 전에 거부당했다. 그해의 와인 중 약 80퍼센트가 대부분 시음조차 되지 않은 채 돌아왔다. 그라브너는 쓴 약을 삼키는 것 같은 심정이 되었는데, 특히 자신이 올바른 길을 걷고 있음을 잘 알기에 더 그랬다.

1990년대 말에는 또 다른 피해자들이 나타났다. 그라브너가 이전까지 친밀하게 유지해온 동료들과의 모임을 깬 것이었다. 1998년 그는 생각의 분산과 충돌로 자기 길에서 벗어나게 될까 봐 두려워, 더 이상 공동 작업이라는 부담을 지고 싶지 않았다. "에베레스트 산을 오르려는데 버스를 탈 수는 없지 않은가." 이것이 그가 분열을 정당화한 말이었다. 안지올리노 마울레의 말처럼 "요슈코는 1998년 자기 '자식들'과의 탯줄을 잘랐다. 나도 그의 '아들들' 중 하나였다." 요슈코의 딸 마테야는 그 모임의 해체에 좀 더 외교적인 분석을 내놓았다. "항상 서로간에 경쟁이 조금씩 있었어요. 어떤 수입업자가 라디콘의 와인이나 우리 와인을 판다고 생각해보세요. 그들은 같은 마을에서 두 명의 생산자한테 와인을 구매하지는 않을 거예요. 스타일이 같으니까요. 난 이런 경쟁 때문에 결국에는 다들 함께 일하기 힘들 거라고 생각해요."

포도밭에 서 있는 스탄코 라디콘, 2011년

비록 몇몇 동료들은 그라브너의 탈퇴를 아쉬워하거나 심지어는 그의 성공에 분개하기까지 했지만, 그 모임은 대단한 업적을 이루었다. 오늘날 이탈리아 북부와 슬로베니아 서부의 학식 있고 열정적인 주요 와인 양조자들은 다들 하나같이 한계에 도전하고, 스키오페토가 진두지휘한 현대 와인 혁명만이 유일한 방책이 아님을 전적으로 확신했던 이들이다.

이들 중 다수는 스스로의 힘으로 영웅이 되었다. 에디 칸테는 침용된 화이트 와인이 궁극적으로는 자신의 스타일이 아니라는 결단을 내렸지만, 돌이 많은 카르소 지대에서 난 그의 정교하고 표현력이 좋은 화이트 와인들은 카르스트 대지 아래에 3층짜리 굴을 파고 직접 그린 생동감 넘치는 추상화들로 장식한 그의 멋진 셀러만큼이나 유명해졌다. 발터 플레츠니크의 '아나Ana'는 비파바 밸리의 테루아를 가장 잘 표현한 와인으로 손꼽히며, 안지올리노 마울레는 소아베 지역의 주요 백포도 품종인 가르가네가의 표현력에 대한 기존의 생각들을 재정의했다. 그리고 스탄코가 있었다.

스타니슬라오 '스탄코' 라디콘의 집과 와이너리는 그라브너의 집 대문으로부터 언덕 위로 4백 미터가량 떨어져 있다. 라디콘의 본래 직업은 자동차 정비사였다. 그보다 두 살 더 많은 그라브너는 그에게 집으로 돌아가 포도원 일을 해보면 어떻겠냐고 조언했고, 그라브너의 말에 따른 그는 1979년 공식적으로 가산을 물려받았다.

이 두 인습타파주의자는 그라브너가 다른 길로 갈라져 나간 1990년 후반까지 거의 20년간 함께 일했다. 친절하고 겸손한 성격의 라디콘은 철학적인 면에서 보면 그의 동료들에 비해 너그럽고 덜 엄격한 편이었다. 그의 묘하게 찡그린 듯한 표정은 마치 상대방을 찬찬히 평가하는 것 같지만, 그러다가도 그는 금세 미소를 짓거나 싱긋 웃곤 했다. 불과 두 세대 전, 라디콘의 조부는 제2차 세계대전 이후 헐벗은 채 방치되어 있던 땅을 수완 좋게 사들여 거기에 포도나무들을 심었다. 라디콘이 지속 가능성과 환경 애호에 강한 투지를 갖게 된 것은 이러한 파괴와 상대적으로 가까이 있었기 때문이었을 것이다. 그의 집 주변에는 제1차 세계대전 때 사용되었던 불발탄들부터 화약 통들까지, 전쟁의 공포를 상기시키는 물건들이 널려 있었다. 또 그의 슬라트니크Slatnik 포도밭은 이손초 전투의 주요 전장들 중 하나였던 사보티노 산을 마주하고 있다. 라디콘의 아들인 사샤는 1990년대까지만 해도 그 산의 위쪽 절반이 헐벗은 상태였음을 기억하고 있다. 20여 년이 흐르고, 자연은 마침내 스스로 재생되어 산봉우리를 다시 초록빛으로 물들였다.

라디콘의 오픈톱 발효조들

유기농법은 21세기에 최고로 손꼽히는 와인 양조자들에게는 거의 기본이라 할 수 있지만, 라디콘이 양조 일을 시작했던 1980년대에는 그의 이름Radikon처럼 혁명적인radical 것이었다. 그라브너와 마찬가지로 라디콘도 1980년대부터 1990년대 초까지는 현대적 방식으로 만든 와인이 상당한 상업적 성공을 거둔 것에 즐거워했으나, 그것만으로는 그의 지칠 줄 모르는 에너지가 충족되지 않았다. 1995년, 라디콘은 그의 '리볼라 지알라' 밭에서 따서 바로 먹을 때 나는 특유의 매혹적인 아로마와 맛을 잃었음을 깨달았다. 그는 여분의 225리터들이 오크통을 가져와, 50년 전 그의 조부가 했던 것처럼 리볼라 지알라 포도를 껍질째 일주일간 발효시켰다.

발효가 끝난 그 와인은 라디콘에게 일종의 계시 같았다. "그 와인을 맛본 이후 정말 큰 변화가 생겼습니다." 라디콘은 말했다. "그건 완전히 새로운, 전혀 다르고도 흥미로운 것이었어요. 그냥 맛본 것만으로도 미칠 지경이었죠." 라디콘과 그라브너가 불과 12개월 사이에 똑같이 이 고대의 방식을 재발견한 것은 과연 우연이었을까? 두 사람 모두 무언의 소통이 있었던 것처럼 아리송한 입장을 취했지만, 1990년대의 어느 시점에 둘은 장시간 침용에 관한 생각을 나눈 것으로 보인다. 요슈코 그라브너는 이렇게 덧붙였다. "나와 스탄코 중에 누가 먼저였는지는 중요하지 않습니다. 둘 다 5백 년 전 오슬라비아에서 처음 와인을 만들었던 그 방식으로 돌아갔다는 게 중요하죠."

어중간한 걸 싫어하는 성격인 라디콘은 자기가 생산하는 모든 화이트 와인을 껍질 발효 방식으로 바꾸기로 결심했다. 후에 그는 그러한 결정을 내린 이유를 다음과 같이 설명했다. "큰 변화를 감행하는 경우는 두 가지입니다. 일이 아주, 아주 잘 되어갈 때나 일이 아주, 아주 안 되어갈 때죠. 우리는 다행히 일이 잘 되어갔어요!" 이후 몇 년 동안 껍질 접촉의 최적도를 찾기 위한 실험이 이어졌다. 라디콘은 6개월까지도 껍질 침용을 해봤지만, 결국에는 2~3개월을 최적 기간으로 정했다. 오늘날 유명한 그의 '오슬라브예' '리볼라 지알라' '야콧Jakot'[26] 등은 가을 느낌의 적갈색 페르소나로 구체화된, 반항하듯 뿌연 빛깔을 띠며 찬란한 생동감과 표현력을 지닌 와인들이다.

그라브너와 똑같이 라디콘도 그의 와인들이 출시되었을 때 노골적 적대감까지는 아니지만 어리둥절이라는 말이 딱 들어맞는 상황에 처했다. 라디콘은 올바른 소비자들이라면 결국 그의 와인을 찾게 될 거라는 믿음을 갖고 계속 자신의 의지대로 해나갔고, 소비자층이 이전과는 많이 달라지긴 했지만 정말 그의 믿음대로 되었다. 그가 처음으로 출시한 오렌지 와인의 빈티지는 1997년산이었다. 그라브너와 마찬가지로 그 역시 1996년에는 우박 피해를 입어 농사를 망쳤기 때문이다. 1995년의 실험적인 리볼라는 병입은 되었으나 판매되지는 않았다. 2016년에 그것을 맛본 라디콘의 얼굴에는 여러 가지 감정이 동시에 떠올랐다. 그 와인은 마치 자신감 없고, 아직 새로운 환경에 적응을 못한 괴짜 10대의 모습 같았기 때문이다.

혁신은 라디콘의 36년간의 빈티지들에서 꾸준히 이어졌다. 그는 미치광이 발명가적 기질을 발휘해, 힘이 많이 드는 발효 중 펀치다운punch down을 도와주는 자동화 기계를 고안해냈다. 받침대 위에 올린 구식 로봇 팔같이 생긴 이 기계는 오늘날까지도 사용되고 있다. 껍질 접촉 시간을 늘린 결과들 중 하나는 와인을 안정화하는 데 필요한 이산화황의 양을 줄일 수 있다는 것이었

---

26 야콧은 라디콘이 1백 퍼센트 프리울라노로 만든 그의 와인에 붙인 다소 반항적인 이름이다. 프리울라노friulano(소비뇨나스 또는 소비뇽 베르트라고도 한다)는 프리울리 지역에서는 예전부터 토카이 프리울라노로 알려져 있던 품종이나. 2008년 EU가 토카이Tokaj 지역 와인과 혼동될 여지가 있다는 헝가리의 항의에 손을 들어줌으로써 토카이라는 이름을 쓰는 것이 금지되었다. 이에 라디콘의 발칙한 해결책은 토카이의 철자를 거꾸로 쓰는 것이었다. 프리울라노를 가리키는 상상의 이름인 야콧은 다리오 프린치치, 프란코 테르핀Franco Terpin, 알렉스 클리네츠Aleks Klinec를 비롯한 다수에 의해 채택되었다.

다. 껍질의 폴리페놀 성분만으로도 와인을 보존하기에 충분했다. 2002년 라디콘은 황 첨가물을 전혀 넣지 않을 정도로 확신을 갖게 되었고, 이로써 그는 그로부터 10년이 지난 뒤에야 유행처럼 번진 황 무첨가 양조 방식을 미리 시작했던 셈이다.

2002년, 기존의 750밀리리터들이 병이 혼자 마시기에는 너무 많고 둘이 한 끼에 마시기에는 충분치 않다고 판단한 라디콘과 에디 칸테는, 이를 대체할 다른 크기의 병과 코르크를 제작했다. 라디콘의 프리미엄 와인은 현재 5리터와 1리터들이 병에 담기는데, 여기에는 전통적인 매그넘 병 (1천5백 밀리리터들이)[27]의 유리 대 코르크 비율을 본떠 특수 제작된 코르크 마개가 사용된다. 에디 칸테는 1리터들이 병을 두고 "둘이 마시기에 딱 좋다. 둘 중 한 사람만 마신다면!"이란 농담을 하기를 즐긴다.

이렇게 와인의 쾌락주의적 즐거움에 초점을 맞추는 것은 수수한 삶을 살았던 라디콘의 전형적인 모습이었다. 라디콘이 세계적으로 추앙받는 생산자가 되었다는 사실에도 불구하고, 그의 집은 여전히 아담했으며 시음회도 2017년까지 부엌 식탁에서 진행되었다. 그의 와이너리는 단순 그 자체이며, 오래된 셀러에는 줄지어 서 있는 슬라보니아 오크 발효조들과 이전 빈티지들을 숙성시키는 커다란 보티가 있다. 사샤는 셀러의 한쪽 벽, 암석이 그대로 드러나 있어 염분과 수분이 스며 나오는 부분을 보여주기를 즐긴다. "이것이 바로 우리의 온도 제어 시스템이에요." 그는 특유의 묘하게 찡그린 표정으로 말한다.

라디콘은 말년에 무자비한 암과 수년간 싸웠다. 사망하기 불과 몇 주 전까지도 그는 여전히 활기가 넘쳤고, 어느 때보다도 적극적으로 부엌 식탁에 앉아 와인을 시음하고, 자기가 만들었던 와인들을 따서 마시고, 정치에서 와인 양조에 이르기까지 온갖 주제에 관해 대화했다. 성과에 만족하느냐는 질문에 그는 "어느 정도는요"라고 대답했는데, 이는 겸손하고 지적이며 착실했던 남자에게 딱 어울리는 절제된 대답이 아닐 수 없다. 그의 아내 수산나는 앞날에 대해 단호하고 결의에 찬 태도를 보였다. "그이는 맞서 싸우고 있어요, 그리고 꼭 이길 거예요!" 하지만 그녀의 바람과는 다르게 수확일을 불과 며칠 앞둔 2016년 9월 11일, 스탄코는 62세밖에 안 된 나이로 세상을 떠났다. 사샤는 아주 21세기적인 방식으로 페이스북에 가슴 아픈 글을 올림으로써 세상에 그 비보

---

27 일반적으로 와인은 큰 통에 담아야 더 서서히 잘 숙성된다고 한다. 부분적으로는 병의 목인 코르크 마개 부분과 몸통의 비율 때문이다. 매그넘의 경우 흔히 사용되는 750리터들이 병에 비해 그 비율이 더 커서, 유리나 코르크와 접촉하는 와인의 양이 비교적 적다.

자기가 만든 와인의 향을 맡아보는 스탄코 라디콘, 2011년

발효 중인 그라브너의 크베브리 위에 덮인 판지

를 전했다. "오늘밤 나는 친구이자 협력자를 잃었습니다. 하지만 무엇보다도 나의 아버지를 잃었습니다. 안녕 스탄코."

사샤 라디콘은 그의 어머니와 꼭 닮았다. 둘 다 몸집이 튼실하며, 처음에는 무뚝뚝한 것 같다가도 곧 다정하고 인간적인 본모습이 나온다. 사샤의 설명에 따르면 그가 와이너리를 물려받는 문제에 대해서는 한 번도 의논을 한 적이 없다. 그와 그의 아버지는 그저 자연스러운 파트너십 속에서 함께 일했으니까. 사샤는 10여 년 전에 이미 'S' 시리즈 와인들(짧은 침용을 거쳐 다소 가벼운 스타일과 비교적 젊은 느낌을 발산하는 '슬라트니크 블렌드'와 '피노 그리지오')을 통해 그만의 혁신을 드러내 보였다. 스탄코가 없는 삶에 적응하는 과정은 고통스러웠지만, 사샤는 여전히 둘이 함께 만들었던 와인들로 가득 찬 셀러에서 위안을 얻는다. 스탄코의 엄청난 유산은 앞으로도 수년은 더 병에 담기고 판매되어, 이제는 전 세계에 포진해 있는 그의 팬들의 입을 즐겁게 해줄 것이다.

스탄코와 사샤 라디콘, 2014년 9월

요슈코 그라브너가 크베브리에서 발효 중인 리볼라 지알라 포도를 내리치고 있다. 껍질들을 가라앉혀 촉촉해지게 만드는 작업이다.

오렌지 와인은 어떻게 만들어지나?

피노 그리지오처럼 껍질이 분홍색인 포도도 보통은 백포도 품종으로 분류한다는 전제하에, 모든 오렌지 와인은 백포도 품종으로 만든다. 발효 전 껍질에서 즙을 짜내기 위한 압착(일반적인 화이트 와인 생산 과정)을 하는 대신 껍질과 때로는 줄기도 수일, 수 주 또는 수개월까지 발효조 속에 남겨둔다.

사샤 라디콘은 자발적인 발효(선별된 효모나 인공 효모를 주입하는 것이 아니라 야생 효모로)*와 온도 제어 없이 만들어져야 비로소 진정한 오렌지 와인이 된다는 입장이다. 현대의 와인 양조가 흔히 그러하듯 발효를 통제하여 낮은 온도(예를 들면 12~14도)에서 이루어지도록 하면, 껍질에서 나타나는 특성이 약해지거나 심한 경우에는 아예 사라져버린다. 이는 포도 본연의 효모를 사용하지 않을 때에도 마찬가지이다.

발효는 주로 오픈톱 용기(예를 들면 이제는 고전이 된, 콜리오와 슬로베니아의 많은 생산자들이 선호하는 원뿔형 오크 발효조)에서 이루어지는데, 이는 라디콘과 그라브너처럼 발효 중인 포도를 내리치는punchdown 작업을 자주 하는 생산자들에게 편리하다. 발효 후에는 보통 용기에 내용물을 더 채우고 뚜껑을 덮어 산화를 막는다. 그 전까지는 발효 시 발생되는 이산화탄소가 와인을 산화로부터 보호한다.

많은 오렌지 와인이 발효 동안(보통 1~2주)에만 껍질과 접촉하고, 그 이후 압착되고 걸러진다. 그런 다음에는 주로 수개월 또는 수년간 생산자가 선택한 용기에서 숙성된다. 이는 오크나 다른 나무들로 만든 통일 수도 있고 스테인리스스틸 탱크 아니면 암포라일 수도 있다.

경우에 따라 양조자는 아직 껍질에서 얻을 게 남아 있다는 생각에 껍질 접촉을 수 주 또는 수개월 연장하기도 한다. 전통 조지아 방식으로 암포라나 크베브리에서 오렌지 와인을 만드는 곳에서는 껍질, 줄기와 씨(이를 통틀어 조지아 말로 '마더the mother'라 한다)를 더 오래, 즉 3~9개월 정도 양조자의 개입은 전혀 없이 저장 용기 안에 함께 넣어둔다.

스파클링 오렌지 와인도 있다. 일부 생산자들은 수 주 또는 수개월간 포도를 껍질과 발효시킨 뒤 포도즙을 조금 더 첨가해 병입하여 병 안에서 2차 발효가 이루어지도록 한다. 그러면 부드러운 스파클링, 혹은 이탈리아 사람들이 말하는 '프리잔테frizzante' 와인이 된다. 이 스타일은 특히 에밀리아 로마냐Emilia-Romagna 지역에서 인기이다.

★ 피에 드 퀴브pied-de-cuve는 먼저 소량의 포도를 그 본연의 효모로 발효시킨 다음 큰 통 안에 넣어 발효를 촉진하는 것으로, 널리 사용되는 야생 효모 발효 방식이다. 어떤 단계에서도 인공 효모가 첨가되지 않기 때문에 자발적 또는 자연 발효의 일종으로 간주된다.

라디콘 – '리볼라 지알라'

사샤 라디콘은 포도의 줄기를 전부 제거한 뒤, 슬라보니안 오크로 만든 커다란 원뿔형 오픈톱 발효조에 넣는다. 발효는 자연적으로 이루어지며 라디콘은 하루에 네 번 정도 캡cap(표면에 떠오르는 껍질을 비롯한 고형물들)을 내리친다. 이 기간 동안에는 발효 시 발생하는 이산화탄소가 배출되도록 발효조를 열어둔다. 이산화탄소 덕분에 산화는 문제가 되지 않는다.

발효가 끝나면 발효조는 뚜껑을 닫아 밀폐시킨다. 또 내용물을 가득 채워 통 안에 산소가 생기지 않도록 한다.

와인은 그 이후로도 3개월간 더 껍질과 접촉시킨 뒤, 래킹racking(침전물을 가라앉힌 상태에서 와인을 다른 통으로 옮겨 담아 침전물 혼입을 최소화하는 것—옮긴이) 후 커다란 오크 보티에 담는다. 그리고 여기에서 4년 정도 있다가 병입된다. 라디콘은 어떤 단계에서도 황 성분을 일절 첨가하지 않으며, 여과나 청징도 하지 않는다.

병입된 와인들은 최소 2년간 더 숙성된 뒤 출시된다.

그라브너 – '리볼라 지알라'

라디콘과는 다르게 요슈코 그라브너는 발효 시 줄기까지 넣는 것을 선호한다. 그는 포도가 와이너리로 들어가기 전 극소량의 황을 첨가한다(비록 맨 처음 몇 번만, 단지 발효가 최대한 깨끗하게 시작되도록 하려는 목적으로 넣는 것이지만).

발효는 전량이 셀러에 묻어둔 조지아산 크베브리들에서 이루어진다. 크베브리 속에 포도를 떨어트리면 발효는 자연스럽게 시작된다. 펀치다운은 엄격한 스케줄에 따라 오전 5시부터 오후 11시까지 매 3시간마다 진행된다. 이는 한 시간은 족히 걸리는 힘든 일이다. 발효 기간 동안 크베브리는 파리가 들어가지 않도록 판지 정도로만 덮어두고, 발효 후에는 산소가 들어가지 못하도록 입구를 밀폐한다.

'리볼라 지알라'는 껍질, 줄기까지 크베브리 속에 약 6개월간 담아둔다. 그런 다음 껍질을 걸러내 다른 크베브리로 옮겨 5개월간 더 둔다.

첫 1년이 지난 후 걸러진 와인은 아주 큰 슬라보니안 오크 보티(2천~5천 리터 용량)에 담겨 약 6년간 긴 숙성을 거친다. 마침내 와인은 여과나 청징 없이 병입되며, 그로부터 수개월 후 출시된다.

그라브너는 와인 래킹 시 소량의 아황산염을 첨가하지만 완성된 와인에서 그 정도는 아주 극미한 수준이다.

6

슬로베니아의
새 물결

오슬라비아의 두 선지자가 유난히 큰 역사적 혜택을 받기도 했지만 어느 정도는 적시적지에 있었던 행운도 따랐다. 요슈코 그라브너와 스탄코 라디콘의 친구들 중 다수는 오슬라비아에서 불과 1~2킬로미터 거리에 살면서도 비교적 잘 사는 서유럽 국가에 사는 이점을 공유할 수 없었으니 말이다.

슬로베니아가 독립한 1991년 이전까지 슬로베니아의 와인 양조자들은 공산주의 체제의 한계에 여러 모로 얽매여 있었다. 포도는 국가 소유의 셀러로 보내 양조 및 병입하여, 국가 소유의 라벨을 붙여야 했다. 슬로베니아는 소비에트 진영에 속한 다른 나라들에 비해서는 개인 생산에 비교적 관대한 태도를 취해 일부 재배자들의 소량 개인 판매를 허용하기도 했지만, 오늘날 가장 유명한 슬로베니아의 와이너리들 다수가 그들의 상업적 역사가 시작된 시점을 1991년이라고 하는 것은 우연이 아니다. 독립 후에도 슬로베니아인들은 취약한 경제력과 그로 인한 인접국들(이탈리아, 오스트리아)보다 낮은 지위 때문에 입지를 다지기 위한 투쟁을 해야만 했다.

고리슈카 브르다에 있는 모비아 와이너리의 소유주이자 양조자인 거물, 알레슈 크리스탄치치보다 이를 뼈저리게 느낀 사람은 아마 없을 것이다. 그의 와이너리의 역사는 1700년으로 거슬러 올라가지만, 그의 가족이 소유하게 된 건 1820년부터였다. 포도밭은 1947년 이후 이탈리아와 슬로베니아의 국경선에 의해 깔끔하게 둘로 나뉘었지만, 수확물은 법적으로 모두 슬로베니아 와인이 된다. 크리스탄치치는 지칠 줄 모르는 남자로, 햇볕에 그을린 피부와 벗겨진 머리만 보면 마치

파이터 같지만 사실은 어린아이들에 대한 애정을 숨김없이 드러내는 사람이다. 그의 작은 제국(와이너리, 레스토랑, 시음실들과 나이트클럽 같이 생긴 매그넘 셀러)은 현재 작은 마을 체글로Ceglo를 거의 장악하고 있으며, 류블랴나에도 그의 와인 바와 가게가 있다.

크리스탄치치는 타고난 쇼맨이자 이야기꾼이지만 이상하게도 전혀 거만하지 않다(가끔은 자부심을 자극제로 이용하기는 하지만). 그는 좀처럼 종잡을 수 없는 인물로, 뭔가를 하나 싶다가도 "착tzak!"(그가 뭔가를 강조하기 위해 거의 항상 쓰는 말) 하며 옆길로 새곤 한다. 그는 공산주의 시대를, 또 슬로베니아가 EU의 약체로 부당하게 평가받는 것을 씁쓸해한다. "당신에게 문화, 전통, 성숙한 포도나무가 있다고 상상해보세요. 당신은 다 잘하고 있는데 사람들은 당신을 계속 불쾌하게 취급한다고 말이에요." 그는 유고슬라비아 시대에 대해서 이렇게 말한다. 그는 학창 시절에 삶에 중요한 영향을 끼친 경험을 했다. 선생님이 반 아이들에게 부모님의 직업을 적어 내라고 했다. 크리스탄치치는 아버지의 직업을 '농부'라고 썼고, 그 바람에 교실 앞으로 불려나갔다. "잘못 적었어, 크리스탄치치. 네 아버지는 '비가입' 농부잖아." 그것은 크리스탄치치의 아버지가 지역 협동조합에 가입하지 않았다는 말로, 유고슬라비아의 공산주의 체제에서 조합 비가입은 사회 비주류들이나 하는 아주 이례적인 일이었다. 그런 사람들은 아무 이유 없이 도끼 살인범으로 몰릴 수도 있었다.

크리스탄치치는 그런 모욕에 여전히 분개하고 있지만, 꾸준히 노력하여 결국에는 슬로베니아에서 매우 유명하고 사랑받는 양조자들 중 하나가 되었다. 정확한 날짜를 기억하기란 불가능하지만 그가 1988년에 현대식 와인 양조 방식을 공공연하게 버렸다는 것만은 분명하다. 2000년대 초 그는 순수한 저개입 생산 방식을 개발했으며, 이는 그의 '루나르Lunar' 와인들에서 가장 극명하게 드러났다. 레불라[28]와 샤르도네를 최대 9개월간 껍질과 접촉시켜 만든 루나르 시리즈는 달의 모양 변화에 따라 래킹 및 병입되며, 아황산염을 비롯한 어떤 첨가물도 들어가지 않는다.

---

28 '리볼라 지알라'가 슬로베니아에서는 '레불라'로 알려져 있다.

자신의 셀러에 서 있는 알레슈 크리스탄치치(모비아)

발터 믈레츠니크의 셀러 기록장

와인 양조자인 발터 플레츠니크는 요슈코 그라브너와의 옛 우정에 관해 이야기해보라고 하면 항상 감성적이 된다. 플레츠니크는 부드럽고 영적인 분위기를 풍기지만(그 큰 키만 봐도 그는 아마 우리보다 희박한 공기를 마실 터!) 지나칠 정도로 감정을 드러내는 사람은 아니다. "요슈코는 나에겐 또 다른 아버지 같은 사람이었어요." 그의 회고에는 애정이 담겨 있다. 1983년 첫 만남에서 그라브너는 플레츠니크에게 여러 조언을 해주며 그의 와인에 '좋은 테이블 와인a good table wine'이라는 별명을 붙여주었다. 치켜세우는 척하며 깎아내리는 이 말에도 불구하고 둘은 가까운 사이가 되었고, 플레츠니크는 슬로베니아에 사는 사람으로서는 처음으로 그라브너의 최측근 모임의 회원이 되었다.

그가 이탈리아인들에 비해 가난했던 것이 오히려 전화위복이 되었다. 플레츠니크는 그의 이탈리아 동료들처럼 쉽게 유행을 좇거나, 최신식 기계나 새 프랑스산 오크통 같은 것들을 덥석 사들일 형편이 안 되었다. 그는 라디콘과 그라브너가 쓰던 통들을 구매했는데, 그것이 오크 향을 많이 내지 않는 와인을 선호하는 미래의 유행에 발맞추는 결과를 낳았다. 그는 또 라디콘, 그라브너와 다른 동료들이 값비싼 온도 제어 시스템과 무균 병입 라인에 돈을 들였다가 몇 년 뒤 전부 쓸데없는 것임을 깨닫고 처분하는 것을 곁에서 지켜보았다. "하지만 요슈코는 언제나 한 걸음 앞서갔어요." 발터는 힘주어 말한다. "또 우리가 리볼라 지알라에 대한 믿음을 되찾을 수 있게 해주었죠." 그라브너는 생산 방식에 대한 조언만 했던 게 아니었다. 그가 콜리오 최고의 레스토랑들 중 하나를 운영하는 슬로베니아인 발테르 시르크Valter Sirk와의 만남을 주선해준 덕분에 플레츠니크는 자신의 와인을 더 수익성이 좋은 이탈리아 시장에 팔 수 있게 되었다.[29]

수년간 만남을 이어오던 그라브너는 갑자기 플레츠니크를 비롯한 다른 모두와의 관계를 끊었다. 플레츠니크는 그 순간을 아직도 생생히 기억한다. 1999년 6월, 나토NATO가 끔찍한 코소보 전쟁의 기세를 꺾으려 세르비아를 폭격했던 달이었다. 전 유고슬라비아 내의 어느 곳이나 불안한 때였다. 그 이후로는 어떤 전화 통화도, 시음과 토론을 위한 모임도, 방문도 없었다. 두 사람은 2016년 12월 20일 스탄코 라디콘의 추도식 자리에서야 다시 만나게 되었다. "요슈코가 안녕, 하고 말하더군요. 마치 한 주 만에 다시 만난 것처럼요!" 발터는 회고한다.

---

29 '라 수비다La Subida'는 현재 미슐랭 1스타 레스토랑이다. 발테르 시르크가 여전히 책임자로 있으나 헤드 소믈리에 직책은 그의 아들 미트야Mitja가 물려받았다.

발터 믈레츠니크

크라니스카 고라Kranjska Gora 지역의 비파바 밸리

1990년대 후반까지도 플레츠니크는 불필요한 것을 모두 뺀 와인 양조 스타일을 여전히 고수하고 있었으며, 이는 이제 와이너리 운영에 필수적인 부분을 맡고 있는 그의 아들 클레멘과의 협업을 통해 완성되었다. 플레츠니크 부자는 수백 년간 거의 변함이 없었던 셀러에서 베르토베츠가 1844년에 잘 기록해둔 전통을, 심지어는 가지치기에 관한 조언들까지 따르고 있다. 1996년 단 한 번 기압식 프레스라는 기계를 허용했지만 이것도 결국 2016년에 팔았고, 그 대신 1890년산 구식 바스켓 프레스를 들여와 지금까지도 모든 와인의 생산에 사용하고 있다. 플레츠니크 부자는 비록 세부적인 요소는 다르지만 그라브너와 마찬가지로 그들의 생산 방식에 환원적 윤리 의식을 적용했던 것이다.

저 멀리 율리안 알프스를 배경으로 펼쳐진, 입이 떡 벌어질 정도로 아름다운 비파바 밸리에서는 플레츠니크뿐만 아니라 이후 다른 많은 생산자들도 스킨 콘택트 와인들로 명성을 쌓아왔다. 다들 영향을 받은 인물로 그라브너를 꼽는데, 기본으로 돌아가도록 자신감을 주었기 때문이다. 이러한 양조자들 중 한 명인 이반 바티치Ivan Batič는 1970년대에 솀파스Šempas라는 작은 마을에서 와인 배달 판매 사업을 시작했다. 그 역시 라디콘, 그라브너와 에디 칸테를 친구로 여겼다. 1989년 심각한 심근경색을 겪은 그는 인생의 전환기를 맞았다. 인근에서 자란 체리와 물을 이용한 식이요법으로 건강을 회복한 그는 더 지속 가능한, 화학 성분이 없는 포도나무 재배법을 찾기 시작했고, 완성된 와인의 진정성을 추구하게 되었다. 여기에는 포도밭에 샤르도네나 소비뇽 블랑 대신 그 지역 토종 품종들(젤렌과 피넬라)을 다시 심는 일도 포함되었다. 그는 또한 백포도를 침용하는 옛 전통으로 돌아갔다. 그의 아들 미하Miha는 당시 상황을 이렇게 설명한다. "1980년 대까지는 마을의 양조자들 모두가 긴 시간 껍질 침용을 거쳐 화이트 와인을 만들었는데, 1985년 인가 1986년에 기압식 프레스를 사용하게 된 이후로 그런 일은 사라졌죠." 오늘날 바티치의 와이 너리는 그 지역 내추럴 와인 양조의 선두에 서 있으며, 점차 바이오다이내믹 포도 재배로 전환하 는 추세에 발맞추고 있다.

프리모주 라브렌치치Primož Lavrenčič가 그의 새 와이너리에서, 노출된 암염으로 된 인상적인 벽을 배경으로 한 작업대 위로 날렵하게 뛰어오르는 모습을 보고 있노라면 그가 등산 애호가라는 것을 한눈에 알 수 있다. 라브렌치치의 와이너리는 비파바 밸리에서 블레츠니크가 있는 곳의 반대편 끝, 즉 남동쪽 방향에 자리 잡고 있다. 그 역시 건강한 흙의 절대적 중요성을 인정하기에, 바이오다이내믹 운동에 참여한다. "나는 최악의 셀러 마스터cellar-master(와인 양조 책임자—옮긴이)예요." 그는 농담조로 말한다. "하지만 이곳의 흙이 좋은 와인을 만들어주죠." 라브렌치치는 꽤 심오한 지적 개념을 겉치레 따위 없이 쉽게 자신의 일에 적용하는 재능을 갖고 있다. 그 지역의 와인 양조 역사에 관해 말할 때면 그는 베르토베츠의 업적뿐만 아니라 그보다 더 오래된 책(1689년 뉘른베르크에서 출간된 요한 바이크하르트 폰 발바소르Johann Weikhard von Valvasor의 『크라인 공국의 영광 Die Ehre des Herzogthums Crain』)까지 인용하며, 크란스키Kranski 지역이 포도를 재배하기에 특히 좋은 곳이라고 말한다. 라브렌치치는 그의 가족 와이너리인 수토르Sutor를 운영하던 중 2003년 에는 요슈코 그라브너로부터 리볼라 지알라 나무를 몇 그루 얻었다. 2008년 경영에서는 손을 떼고(여전히 그의 형인 미트야가 운영한다), 더 간소화된 비주류 와인 양조에 대해 탐구하기로 마음먹은 그는 베르토베츠가 설명했던 오래된 전통에 따라 모든 백포도 품종을 침용한다.

그라브너를 멘토로 삼아 그의 영향을 받은 젊은 와인 양조자들에 관한 이야기는 수없이 많지만, 모두가 그라브너 덕택에 옛 방식으로 돌아간 것은 아니다. 브란코 초타르Branko Čotar는 돌이 많은 슬로베니아의 카르스트 지역에서 1974년부터 침용된 화이트 와인을 만들어왔으며, 아직도 그의 셀러에 있는 색이 굉장히 진한 1980년대 와인들이 그 사실을 증명한다. 이제는 그의 아들 바스야Vasja가 경영권을 쥐고 있지만, 아인슈타인을 연상시키는 헤어스타일을 한 그는 눈빛을 사납게 또 다소 짓궂게 반짝이며 정기적으로 시음실에서 열리는 시음회를 여전히 주관한다. 본래 그는 가족 레스토랑에서 마실 와인(과일 향이 다소 약하고 산도 높은 토종 적포도 품종인 테란 teran)과 하우스 화이트 와인만을 만들며 항상 침용 과정을 거쳤다. 처음으로 병입된 것은

프리모주 라브렌치치, 그의 셀러와 포도밭

1988년 빈티지이나. 그의 가족이 레스토랑 문을 닫고 와인에만 전념하기로 한 건 1997년이었다 (그전까지는 슬로베니아가 공산주의 유고슬라비아에 속해 있었던 때라 전혀 실현 가능성이 없는 선택이었다). 초타르는 전통적인 침용된 와인 스타일에서 한 번도 벗어난 적 없는 몇 안 되는 양조자들 중 하나이며(요슈코 렌첼Joško Renčel도 그중 하나) 그의 와이너리는 공산주의 시대에는 비교적 덜 알려져 있었는데, 그렇지 않았다면 이 책에서도 그와 관련해 다른 내용을 소개하게 되었을지 모른다.

슬로베니아인들이 콜리오 지역의 과잉 성장과 와인 업계에서 얻은 부와 명예를 시기 어린 눈빛으로 바라보듯이, 카르소의 주민들도 그랬다. 해안선을 따라 남쪽 트리에스테 방향으로 길고 얇게 뻗어 있으며 사람이 살기 힘든 이 돌투성이 땅은, 슬로베니아의 카르스트 지형이 이탈리아로까지 이어진 것이다. 이곳은 표토 대신 단단하고 견고한 석회암만 깔린 지대가 대부분이라 농사를 짓거나 포도를 재배하기 어렵다. 게다가 사나운 보라Bora 바람이 불기 때문에 격자 구조물을 잘 마련해두지 않으면 포도나무를 비롯한 작물들은 갈기갈기 찢길 수도 있다. 이웃 콜리오가 가난한 농업 지역이라는 오명에서 벗어난 후에도 카르소는 한동안 가난하고 주민들이 트리에스테로 빠져나가 인구수가 점차 감소하는 시골 벽지로 남아 있었다. 일반화가 항상 옳지는 않으나, 조용하지만 강한 것. 극기, 말은 적되 행동은 활발한 것을 카르소의 뿌리 깊은 특징으로 꼽을 수 있을 것이다.

브레잔카Brežanka

역사적으로 비토브스카 품종은 거의 항상 침용되어 말바시아, 글레라(프로세코)와 함께 섞어 브레잔카라는 화이트 블렌드 와인을 만드는 데 쓰였다. 슬로베니아 시인인 발렌틴 보드니크Valentin Vodnik(1758~1819)는 1814년에 쓴 「페테르 말리Peter Malù」라는 짧은 시에서 이 브레잔카를 찬양했다. 이 시의 주인공은 저녁 식사 자리에서 "브레잔카여, 영원하라"고 말하며 "우리가 언제나 이것을 마실 수 있기를!"이라고 희망한다.

파올로 보도피베크Paolo Vodopivec는 그러한 특징에 딱 들어맞는 인물이다. 그의 와인은 그라브너, 라디콘과 비슷한 수준으로 추앙받지만 보도피베크는 남의 이목을 끄는 것을 좋아하지 않는다. 그는 인터뷰 요청도 싫어하며 사진 찍히는 것도 꺼린다.[30] "와인에 자존심이 관여해서는 안 됩니다." 그는 설명한다. "포도밭에 있는 것들이 표현되어야 할 뿐이죠." 대단히 자연적인 보도피베크의 셀러는 비타협적이며 간결하지만 스칸디나비아의 인테리어 전문가가 자랑스러워할 만큼 심미적이라, 그의 성격을 잘 반영한다.

---

30 이 책은 그의 의견을 존중하며, 다만 크베브리를 배경으로 그의 뒷모습만 나온 사진은 그의 허락하에 수록했다.

파올로 보도피베크의 크베브리, 통들을 보관하는 셀러

그는 1997년 동생 발터Valter(현재는 사업에서 손을 뗐다)와 함께 카르소의 토종 품종인 비토브스카 vitovska에만 집중하기로, 또 파올로의 어린 시절 기억 속에서 항상 그랬듯이 껍질 침용 방식으로 와인을 만들기로 결심했다. 파올로는 1998년 그라브너의 와이너리를 방문했지만 두 사람 다 기가 세고 은둔자형에 가까워서인지 서로 친밀해질 수는 없었다. 파올로는 그라브너의 성과들에 감동받긴 했지만 자신에게는 다른 비전이 있음을 알았다.

그라브너가 모르는 사이 보도피베크는 2000년 자기만의 테라코타 관련 실험들에 착수했다. 그는 작은 스페인식 티나하tinaja(암포라)에 와인을 양조했으나 결과는 만족스럽지 못했다. "와인과 암포라 모두 던져버렸어요." 그는 무표정한 얼굴로 말했다. 2004년 그는 조지아를 탐험하며 와인 양조 전통을 가능한 한 많이 배워오겠다고 결심하고서 홀로 조지아를 방문했다. 보도피베크는 결연하고 강건했지만, 당시 조지아를 여행하는 것의 위험성을 과소평가했던 것 같다. 크베브리 몇 개를 이탈리아로 가져가려던 그는 그 지역 마피아와 문제가 생겼고, 상호간에 유익한 협의를 거친 후에야 그와 크베브리는 풀려날 수 있었다.

모든 일이 잘 끝나서 천만다행인 것이, 보도피베크의 와인은 긴(보도피베크의 경우에는 '아주' 긴) 껍질 침용을 거쳐 만들어진 와인들 중 가장 우아하다고 손꼽히기 때문이다. 보도피베크는 처음에는 전통에 따라 약 8일간 침용했지만, 꾸준히 그 시간을 늘려 그랑크뤼 와인 '솔로Solo' 같은 경우에는 크베브리에 1년까지도 둔다. 보도피베크는 자신의 와인이 오렌지 와인이나 심지어는 내추럴 와인으로 분류되는 것도 싫어하는데, 부분적으로는 그가 어떤 방식의 분류도 싫어하는 이단아이기 때문일 것이다. 흔히 오렌지 와인 장르에 포함되는 비교적 투박하고 세련되지 못한 와인들과 연관되는 게 싫어서일 수도 있다.

널리 알려진 바와는 달리 현대 암포라 와인 양조의 진정한 선구자는 어쩌면 그라브너도, 보도피베크도 아닐지 모른다. 보지다르 조르얀Božidar Zorjan과 그의 아내 마리야Marija는 1980년부터 슬로베니아 북동쪽 슈타예르스카Štajerska 지역(스티리아의 슬로베니아 이름)에서 농사를 지었다. 일찍부터 유기농법을 적용한 그들은 1990년대에는 바이오다이내믹 농법으로 전환했다. 조르얀은 영적 깊이를 지닌 사람으로, 오래전 문을 닫았으나 상징적 의미를 지닌 (포호르예Pohorje에 있는 조르얀의 포도원 근처에 있는) 지체 카르투지오Žiče Charterhouse 수도원의 전통에 따라 내추럴 와인 양조를 계속해야 한다는 의무감을 갖고 있다.

그는 1995년부터 일부 와인을 암포라에서 만들기 시작했는데(백포도를 전부 수 주 또는 수개월간 껍질과 접촉시킨다), 처음에는 작은 크로아티아식 항아리로 시작했으나 크로아티아인 판매자가 세상을 떠나는 바람에 나중에는 조지아식 크베브리로 바꾸었다. 그는 크베브리가 별빛을 받아야 에너지를 이용할 수 있다는 다음과 같은 믿음으로 크베브리를 야외에 묻어둔다.

우주의 힘은 겨울 동안 포도를 와인으로 바꾸어 우리에게 특별하고 살아 있는 와인을 선사하는데, 이때 자아의 존재인 우리 인간은 그저 관찰자에 불과하다. 난 어린 시절부터 셀러나 프레스 없이 와인을 만드는 꿈을 꾸었다. 이제 나는 내 와인에 담긴 혼을 맛봄으로써 매일 아름다운 꿈을 꾼다.

조르얀과 그라브너는 한 번도 만난 적이 없다. 그라브너와 라디콘이 1990년대 후반에 따로 그러나 동시에 더 진정하고도 정직하게 와이너리를 운영하는 방식을 추구했듯이, 과거의 전쟁터와 악전고투 끝에 생긴 정치적 경계선들 주변에 퍼져 있는 이 조용한 시골들에는 일종의 공유 의식이 존재해온 듯하다. 그 사색가들, 인습타파주의자들과 선지자들은 모두 현대 산업사회에서 파괴되었던 정체성을 추구했다. 그들은 전쟁의 참화와 소수민족, 즉 조지아 민족 탄압을 겪으면서도 그들 자신이 물려받은 유산을 추구함으로써 또는 본래 모습대로 이어져온 더 오래전 문화의 도움을 조금 받아서 그것을 이루어냈다.

셀러에서 통에 와인을 톱업top-up(보관 중 증발 등으로 인한 와인의 누손량을 채우는 것─옮긴이)하고 있는 알렉스 클리네츠

일 카르피노Il Carpino 와이너리를 운영하는 프란코 소솔Franco Sosol의 셀러

포도나무 열들 사이에 난 풀을 갈고 있는 다미안 포드베르식

미하 바티치

고르디아Gordia 와이너리의 안드레이 체프Andrej Cep

높이 매달린 비토브스카 포도를 검사하고 있는 마테이 스케를리Matej Skerlj

다리오 프린치치

자신의 셀러에서 스탄코 라디콘, 2005년

인기 있는 오렌지 와인용 품종들

이론적으로는 어떤 포도든지 껍질 발효를 거쳐 오렌지 와인으로 만들 수 있으나, 개중에는 유독 더 좋은 결과물을 내는 품종이 있다. 산도가 높은 것이 중요한데, 묵직하고 구조감 있는 와인을 만들기 위해 수주 또는 수개월간 긴 침용을 하는 경우에는 특히 더 그렇다. 오렌지 와인과 가장 잘 어울리는 12가지 품종을 소개한다.

프랑스 / 국제 품종

샤르도네 Chardonnay

중성에 가까운 품종이지만 최고의 기교와 테루아 표현력을 갖춘 샤르도네는 긴 시간 침용할 경우 좋은 구조감과 복합미가 있는 와인이 된다.

최우수 산지: 비파바(슬로베니아), 쥐트슈타이어마르크(오스트리아)

게뷔르츠트라미너 Gewürztraminer (그리고 그 밖의 트라미너들)

꽃 향이 나는 게뷔르츠트라미너와 같은 향긋한 품종은 긴 껍질 접촉에 아주 잘 맞는다. 게뷔르츠는 개성이 워낙 강하고 쉽게 구별이 가능한 품종이라 수개월간 침용해도 풍미가 약해지지 않으며 오히려 극대화되는 경우가 많다! 두꺼운 껍질이 풍부한 타닌을 공급해, 자칫 과할 수 있는 향과 기름진 질감을 완벽히 상쇄하는 역할을 한다.

최우수 산지: 알자스(프랑스), 부르겐란트(오스트리아)

그르나슈 블랑 Grenache Blanc

비교적 산도가 낮은 품종인 그르나슈 블랑은 긴 침용에 적합하지 않아 보일 수도 있지만, 풍부한 과일 향과 부드러우면서도 '도발적인' 특성 덕분에 굉장히 매력적이며 균형미가 좋은 오렌지 와인이 탄생한다.

최우수 산지: 랑그도크, 론 밸리(프랑스)

소비뇽 블랑 Sauvignon Blanc

소비뇽의 방향성 물질들은 긴 껍질 접촉을 거치면 상쾌한 시트러스와 구스베리 향에서 설탕에 절인 과피나 잘 익은 사과 향으로 특성이 바뀌지만, 그렇다고 강렬함이 줄어들지는 않는다. 높은 산도는 이 품종으로 만든 오렌지 와인의 복합적이고 구조적인 특징과 완벽하게 어울린다.

최우수 산지: 프리울리 콜리오(이탈리아), 쥐트슈타이어마르크(오스트리아)

이탈리아 품종

말바시아 디 칸디아 아로마티카 Malvasia di Candia Aromatica

에밀리아 로마냐에서 좋은 오렌지 와인이 많이 나는 것은 우연이 아니다. 이 지역에서 나는 말바시아의 변종을 침용하면 강렬한 향과 엄청난 구조감을 자랑하는 와인이 탄생한다. 그리고 이 지역 생산자들 중 다수가 수개월간 긴 침용을 시행한다.

최우수 산지: 에밀리아 로마냐, 토스카나(이탈리아)

말바시아 이스트리아나 Malvasia Istriana / 말바지야 이스타르스카 Malvazija Istarska

진하고 과일 향이 풍부한 이 품종은 긴 껍질 침용에 더할 나위 없이 잘 어울리는데, 원산지인 이스트리아에서 꾸준히 인기를 끌어온 것도 아마 그래서일 것이다. 특징적인 복숭아 향과 입안에서 느껴지는 묵직함과 복합미가 완벽한 즐거움을 선사한다.

최우수 산지: 이스트리아(크로아티아), 이스트라(슬로베니아), 카르소(이탈리아)

리볼라 지알라Ribolla Gialla / 레불라Rebula

오렌지 와인용으로 단연 최고라 할 만한 이 품종은 껍질 없이 발효하면 다소 밋밋한 느낌이나, 껍질과 함께 발효하면 스파이시하며 꿀맛이 섞인 마법 같은 복합미가 펼쳐진다. 리볼라 지알라(슬로베니아어로는 레불라)는 콜리오/브르다 지역의 토종 품종이며, 껍질이 아주 두꺼워 침용하지 않고 압착하면 구식 바스켓 프레스에 끼어 작동이 안 될 정도이다.

최우수 산지: 프리울리 콜리오(이탈리아), 고리슈카 브르다(슬로베니아)

트레비아노 디 토스카나
Trebbiano di Toscana

프랑스의 위니 블랑Ugni blanc으로도 불리는 평범한 트레비아노는 한때는 양조할 가치도 없는 품종으로 여겨졌으며, 화이트 와인으로 만들 경우 정말 별다른 매력이 없다. 그러나 껍질 접촉을 거치면 결과는 완전히 달라져, 북부 및 중앙 이탈리아에서 최고로 평가받는 오렌지 와인들 중 일부가 이 트레비아노를 재료로 한다. 트레비아노 디 소아베trebbiano di Soave, 프로카니코procanico, 투르비아나turbiana 등 동의어가 무수히 많다.

최우수 산지(대부분 블렌드 와인): 토스카나, 움브리아, 라치오(이탈리아)

비토브스카Vitovska

돌이 많고 바람이 강한 카르소의 강인한 토종 품종인 비토브스카는 긴 껍질 접촉을 거치면 굉장한 우아함과 지속성을 지니게 된다. 진해진 꽃 향은 황홀할 지경이며, 지나친 타닌감이나 테루아의 표현 없이 미묘하게 유지되는 구조감이 독보적이다.

최우수 산지: 카르소(이탈리아), 카르스트(슬로베니아)

조지아 품종

므츠바네Mtsvane

조지아 동부 카케티Kakheti 지역의 므츠바네는 조지아의 인기 백포도 품종들 중 아마 껍질이 가장 두껍고 타닌도 많은 포도일 것이다. 숙성 기간도 더 길며 지나친 마찰을 피하기 위해 조심히 다루어야 하지만, 잘된 와인들에서는 재스민과 조린 배의 환상적인 아로마가 묵직한 바디감, 매력적인 과일 향, 기분 좋은 견과류의 끝 맛과 함께 나타난다.

최우수 산지: 카케티(조지아)

르카치텔리Rkatsiteli

조지아에서 가장 많이 재배되는 백포도로 6개월간의 껍질 접촉을 거쳐 전통 크베브리 와인으로 만들면 그 진가가 발휘된다. 잘된 와인의 경우 잘 익은 과일과 꽃 향이 훌륭하며 신선한 산미가 느껴진다. 수확량을 적게 유지하지 않거나 와인이 과다 추출된 경우 타닌감이 강해질 수 있다.

최우수 산지: 카케티, 이메레티(조지아)

촐리코우리Tsolikouri

껍질이 노란색인 이 품종은 조지아 서부 전역에서 널리 재배된다. 전통 크베브리 방식으로 만든 와인은 아주 독특한 흙냄새와 미네랄감을 지니는데, 산미가 강하고 과일 향이 부족해 투박한 느낌이 들 수도 있다. 하지만 최우수 산지에서 생산된 와인에서는 이러한 특징이 실로 우아하고 세련되게 표현된다.

최우수 산지: 이메레티, 카르틀리(조지아)

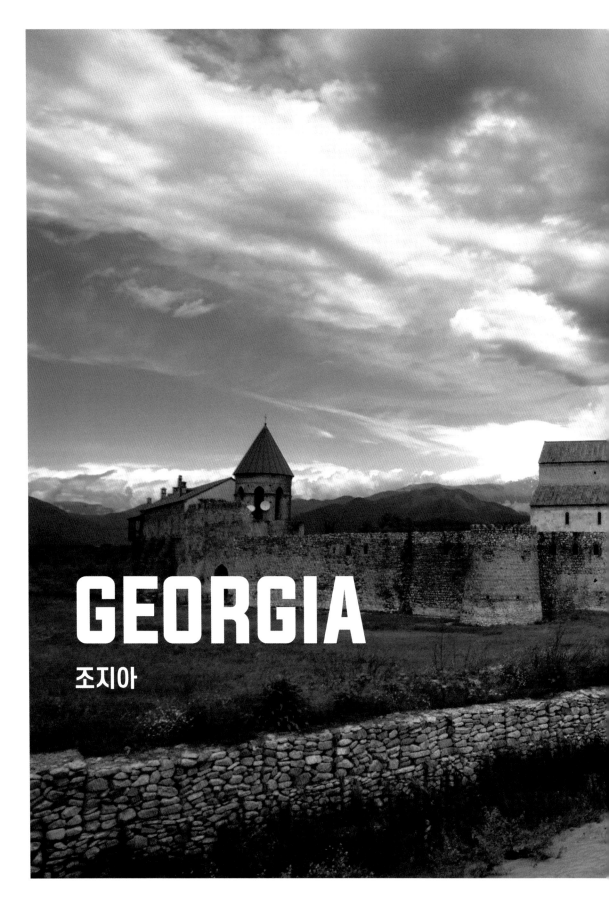

GEORGIA

조지아

멀리 코카서스 산맥을 배경으로 서 있는 알라베르디 수도원

2000년 5월

달갑지 않은 깨달음을 남긴 캘리포니아 방문으로부터 13년 뒤, 요슈코 그라브너는 마침내 와인의 발상지로 떠나겠다던 자신과의 약속을 지켰다. 조지아는 더 이상 내전이나 소비에트 압제 정권에 의해 파괴된 모습이 아니었다. 게다가 그라브너에게는 여행을 원활하게 해줄, 슬로베니아어를 할 줄 아는 조지아인 친구도 있었다. 그의 새 친구 라즈단Razdan은 가이드 겸 통역사 역할을 해줄 뿐 아니라 칼라시니코프 소총으로 무장한 경호원들까지 고용했다.[31] 그들은 다 함께 트빌리시의 동쪽, 조지아의 가장 유명한 와인 산지인 카케티로 향했다. 그때까지 그 지역의 옛 와인 양조 전통에 관한 그라브너의 지식은 학문적인 것에 국한되어 있었다. 그가 가장 궁금했던 건 아직도 땅에 묻은 암포라(크베브리)에다 와인을 만드는 사람이 있는가 하는 것이었다.

2000년 5월 20일, 그라브너는 가이드의 도움으로 텔라비Telavi라는 도시에 있는 한 작은 협동조합 셀러를 방문했다. 조지아 문화권에서는 손님을 하느님의 선물로 여기기 때문에 그곳 사람들은 작년 수확철 이후 봉해두었던 크베브리를 열어 보이는 것을 아주 기쁘게, 심지어는 영광으로 생각했다. 그들은 아자르페샤azarphesha[32]로 와인을 가득 떠주었지만 그라브너는 정중히 거절하며 짙은 호박색 와인[33]만을 맛보겠다고 했다.

투박하고 단순한 맛이리라 기대하며 한 모금을 들이켠 그라브너는 이내 그 와인에 푹 빠져버렸다. "나는 그런 생산 방식이 낸 결과물에 깜짝 놀라고 말았습니다. 그건 천국의 맛이었죠." 그는 후에 그것이 조지아에서 맛본 것 중 최고의 와인이었다고 말했다. 그는 꼭 자궁처럼 생긴 암포라보다 더 완벽한 와인 보관 용기는 없다고 확신하여, 여행 끝 무렵 이미 자기 셀러에 둘 크베브리 열한 개를 주문했다. 정말 안타깝게도 그것들은 그해 수확이 끝나고도 한참 지난 11월에야 오슬라비아에 도착했다. 문제는 그뿐만이 아니었다. 얼마 남지 않은 조지아의 크베브리 장인들은 그들이 만든 크베브리를 그토록 멀리까지 보내본 경험이 없었고, 별다른 보호 장치 없이 트럭 뒤에 크베브리들을 실어 배송했다. 결국 그 여행길에서 온전히 살아남은 것은 열한 개 중 단 두 개뿐이었다!

---

31 조지아는 공산주의가 끝난 뒤 약 10년간은 혼자 여행하기에 안전하지 못했는데, 특히 비교적 서구화된 대도시들 밖에서는 외진 길에서 매복 공격을 당하는 일이 흔했다.

32 전통 의식에 사용되는 국자. 은, 금 또는 나무로 만들며, 와인을 담아내거나 마실 때 쓴다.

33 이 와인은 르카치텔리(조지아에서 가장 많이 재배되는 백포도)였다.

그럼에도 불구하고 그라브너는 명상적이고 근엄하기까지 한 분위기를 풍기는, 특별히 지은 새 셀러에 크베브리를 묻고 2001년부터 점차적으로 자신의 모든 와인을 크베브리 발효로 전환했다. 그러는 데는 4년이 더 걸렸고, 온전히 배송되어 땅에 묻었을 때 깨지지 않을 정도로 튼튼한 46개의 크베브리들을 얻기까지는 거의 1백 개를 사들여야 했다.[34] 크베브리를 사용하면서 와인 양조에 큰 변화가 생겼다. 그라브너는 처음에는 가문의 옛 방식에 따라 수일에서 수 주에 이르는 기간 동안 껍질 접촉을 시행했지만, 이제는 카케티 사람들이 하듯이 껍질과 줄기를 최소 6개월간 함께 발효시킨다. 그 결과물들은 당시 그의 고객들을 깜짝 놀라게 했을 뿐 아니라 그때까지 숨어 있던 비범한 문화를 세상에 알리는 계기가 되었다. 사실 서양에는 그라브너의 첫 크베브리 빈티지들(2001년과 2002년)이 조지아 와인보다 더 앞서 소개되었다. 그로부터 거의 20년이 지난 지금까지도, 조지아의 와인 양조 장인들은 그라브너를 자신들의 귀중한 비법을 세상에 알린 첫 서양인으로 여기며 존경하고 있다.

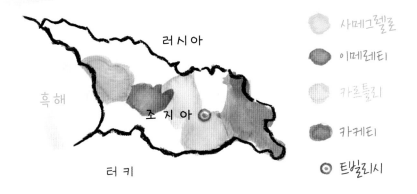

조지아의 주요 와인 산지들

---

34 그라브너의 '브레그Breg'와 '리볼라 지알라'의 라벨에는 2001년 빈티지부터 'anfora(안포라)'라는 주황색 글씨가 추가되었다(2003년까지는 1백 퍼센트 안포라 발효로 만들어지지 않았지만). '브레그 로소Breg Rosso'는 2005년 빈티지까지는 크베브리에서 만들지 않았다. 그라브너는 2007년부터는 더 이상 이러한 정보를 제공할 필요가 없다는 결정에 따라 모든 라벨에서 'anfora' 글씨를 없앴다.

7

러시안 베어와
기업가들

헤르만 존 툼Hermann John Thumm은 어린 시절을 천국에서 보냈다. 적어도 그의 자서전 『얄다라로 가는 길: 와인, 포도 재배와 함께한 나의 삶The Road to Yaldara: My Life with Wine and Viticulture』에서 그가 묘사한 바에 따르면 말이다. 1912년 12월 조지아에 살던 독일인 부모 밑에서 태어난 툼은 1947년 호주 바로사 밸리Barossa Valley에 선구적 와이너리인 '샤토 얄다라'를 창립, 그 지역이 질 좋은 와인의 생산지이자 인기 와인투어 장소가 되는 기반을 다졌다. 그는 2009년 세상을 떠날 때까지 큰 영향력을 지닌 혁신가로 인정받았다.

툼은 제2차 세계대전 후 호주로 이주했지만, 어린 시절에는 조지아 내 1만2천 명 규모의 독일인 해외거주자 커뮤니티에서 살았다.[35] 그는 1백 퍼센트 독일 말을 사용했던 학교와 대학들, 달콤한 과일이 주렁주렁 달린 뽕나무와 포도나무들, 당시 조지아에 살던 독일인이 누렸던 상당한 특권들에 대해 애정을 담아 이야기했다.

독일인들이 조지아의 와인 양조 문화에 끼친 영향은 보통 조지아 역사의 한 부록으로 도외시되거나 무시된다. 주로 각광받는 내용은 8천 빈티지에 달하는 조지아의 전통 크베브리 와인 양조

---

35 안타깝게도 그는 정확한 지명을 언급하지 않았지만, 독일인 커뮤니티는 트빌리시 인근과 카르틀리 지역 근처를 비롯해 조지아 내 여러 군데에 형성되어 있었다.

볼시니에 있는 브라더스 와이너리의 크베브리

에 초점을 맞춘 것이다. 이로 인해 조지아인들이 옛 전통을 영원히 잃을 뻔했던 일마저 쉽게 감춰지는데도 말이다.

조지아는 1991년에 독립했지만 그 전에는 거의 2백 년간 러시아와 소련의 지배를 받았다. 우크라이나 같은 다른 구소련 국가들과 비교할 때 조지아는 문화적·민족적으로 꽤나 독특해서, 러시아로의 흡수는 전혀 편치 않은 일이었다. 조지아 말은 부드러운 후두음이 나고 거의 아시아 억양에 가까우며, 소용돌이 모양의 글자 역시 다른 곳에서는 찾아볼 수 없는 것이다. 글자도 말도 동슬라브어군에 속하는 러시아어와는 거의 관계가 없다. 그러나 조지아를 다른 인접국들, 또 이전 지배국과 구별 짓는 것은 비단 언어뿐만이 아니다. 밀접하게 배치된 화성, 불협화음과 이국적인 조바꿈이 특징인 조지아의 전통 다성합창은 독특한 유산의 대표적인 상징이다. 노래가 있는 곳에는 음식과 축제가 있다. 그리고 음식과 축제가 있는 곳에는 와인이 있기 마련이다.

조지아의 와인 양조 역사는 최소한 기원전 6천 년 전부터라는 아득히 먼 옛날로 거슬러 올라간다. 하지만 고대부터 이어져온 특별한 양조 방식(포도, 껍질, 씨와 보통은 줄기까지 전부 크베브리에 넣어 발효하고 어떤 개입도 없이 9개월까지 밀봉해두는 것)이 사라질 위험에 처해, 유네스코UNESCO와 국제슬로푸드생물다양성재단Slow Food Foundation for Biodiversity이 전통의 보존을 돕는 절차를 밟아왔다.

그 독일 출신 해외거주자들은 자신들이 수천 년 전부터 이어온 와인 양조 전통을 망가뜨리고 있다는 생각을 결코 하지 못했을 것이다. 1800년대 중반에 슈바벤의 와인 전문가인 G. 렌츠Lentz[36]가 조지아 동부의 카케티 지역으로 이주한 이후, 독일인 양조자들과 통 제조업자들이 그들의 기술 및 심지어는 포도나무의 꺾꽂이 순까지 조지아로 들여온 일들이 기록으로 남았다. 이에 1830년에 출간된 『와인 음주가를 위한 안내서The Wine-Drinker's Manual』를 쓴 익명의 작가[37]는 기뻐했다. 그는 조지아에는 와인이 풍부하다고 말하며 다음과 같이 한탄했다. "조지아인들은 아직 와인을 통에 보관할 줄 몰라서 대량 생산으로 발전하기를 기대하기가 힘들다. 산에 필요한 재료들이 차고 넘치는데도, 일을 시작하려는 통 제조업자들은 몇 안 된다."

---

36 현재 저자의 조사에 의하면 그의 이름에 관한 기록은 어떤 문서에서도 찾을 수 없다.

37 이 작가에 관해 알려진 내용은 표지의 "와인 안에 진리가 있다In vino veritas"라는 구절과, 서문에 영국 리치몬드에 사는 '저자The Author'라고 적힌 것뿐이다.

브라더스 와이너리의 구람 아브코파쉬빌리Guram Abkopashvili, 조지아 볼시니

이와는 반대로 렌츠는 크베브리를 이상적인 와인 용기라며 찬사를 보냈지만 아무도 그의 말에는 귀를 기울이지 않는 듯했다.[38] 헤르만 툼이 태어난 1912년에는 용기를 큰 나무통으로 바꿔 사용하고 백포도를 곧바로 압착하는 것이 이미 흔한 일이 되어버렸다. 2014년부터 볼시니 마을[39]에 있는 작은 셀러에서 전통 크베브리를 사용해온 구람과 기오르기 아브코파쉬빌리 형제 역시, 전에는 와인을 큰 오크통에서 숙성하여 구람이 말하는 '유럽 스타일' 와인을 생산했다. 구람은 독일인 커뮤니티에 살았던 그의 할아버지가 독일인들의 방식에 따라 와인을 양조했던 일을 분명히 기억하고 있다. 물론 그와 기오르기는 들여온 지 얼마 안 된 크베브리들에 자부심을 갖고 있지만, 독일 스타일에 관해 이야기를 시작하면 차츰 열정적이 되어 개인적으로는 그 스타일을 더 선호

---

38 기술과학 박사이자 알라베르디 수도원Alaverdi Monastery의 와인 양조 고문인 테이무라즈 글론티Teimuraz Ghlonti가 기오르기 바리사쉬빌리Giorgi Barisashvili가 쓴 『크베브리 와인 양조: 독특한 조지아의 전통Making Wine in Qvevri: A Unique Georgian Tradition』(트빌리시, 생물학적농업협회 '엘카나Elkana', 2011)의 서문에서 한 말

39 볼시니는 수도 트빌리시에서 차로 약 한 시간 떨어져 있는 카르틀리 와인 지역에 위치해 있다.

한다고 시인하기까지 한다. "저 대단하다는 보르도의 와인들을 맛본 적은 없었어요." 그는 혼잣 말하듯 말한다. "하지만 테이스팅 노트들을 읽어보면 그것들이 이곳 볼시니에서 만든 우리의 '유럽 와인들'과 똑같은 맛이리라는 상상을 합니다."

구람의 바로 맞은편에 사는 키가 크고 늘씬한 바크탕 차겔리쉬빌리Vakhtang Chagelishvili는 볼누리Bolnuri라는 브랜드로 병입 와인을 생산한다. 그 역시 아브코파쉬빌리와 비슷한 사연을 갖고 있어서, 독일인 정착민들에 의해 만들어진 가족 와인 셀러를 크베브리 저장고로 사용하며 이제 달개집lean-to(본채 한쪽에 달아내어 지은 집-옮긴이)에 내놓은 신세가 된 오래된 나무통들은 마치 실추된 위신에 낙담하는 듯 보인다.

19세기 독일인 정착민들이 전부터 존재했던 조지아의 와인 문화를 약화시킨 건 분명하지만, 그 영향력은 뒤이어 발생한 소비에트 시대의 대규모 파괴에 비하면 미미했다. 항상 조지아의 질 좋은 와인들에 목말라하던 러시아는 1922년 스탈린이 이끄는 (조지아도 포함된) 소련이 탄생한 뒤부터 오로지 양에만 초점을 맞춘 와인 생산의 합리화와 산업화에 착수했다.

1929년에는 소련 정부의 주류 독점 회사인 삼트레스트Samtrest가 설립되어, 조지아의 모든 와이너리 및 관련 유통 업자들을 점차적으로 소유하기 시작했다. 그 이후 수십 년간은 새로 개발된 실용적 체계에 맞춰 와인의 개성이라는 개념은 모조리 짓밟혔다. 조지아의 포도 재배자들은 그들의 수확물을 수백 개의 '1차 와이너리'들 중 한 곳으로 보냈다. 이 발효 공장은 포도를 가공하여 소위 '와인 원료'(벌크와인)로 만들었다. 지극히 평범한 맛의 이 액체는 보통 트빌리시나 다른 대도시에 있는 지정된 '2차 와이너리'로 배달되었다. 이곳에서는 벌크와인이 숙성, 가공, 병입 및 라벨링되어 (역시 정부가 제공한 목록에 따라) 지정된 고객들에게 보내졌다.

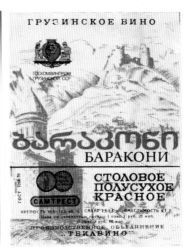

병입된 조지아 와인에는 모조리 삼트레스트 라벨이 붙었기 때문에, 와이너리의 이름은 병에서 찾아볼 수 없었다.[40] 차별화는 와인의 스타일이나 '아펠라시옹'에 따라 이뤄졌다. 킨즈마라울리 Kindzmarauli, 크반치카라Khvanchkara나 무쿠자니Mukuzani 등 이름난 지역 와인들은 각각 특징적인 스타일을 갖추어 마치 브랜드 와인처럼 보급되었다. (스탈린이 가장 좋아했다고 하는) 크반치카라는 자연적인 세미스위트 와인이며, 무쿠자니는 오크통에서 숙성되었고, 치난달리Tsinandali는 르카치텔리와 므츠바네의 드라이 블렌드 와인이었다.

이러한 균질화는 라벨링에서 끝나지 않았다. 1950년대부터는 정부 개혁에 의해 포도 품종의 수까지 단 16가지로 제한되었는데, 실제로는 두 가지(백포도인 르카치텔리와 적포도인 사페라비)만이 주로 재배되었다. 병충해에 강한 교배종들(비티스 비니페라Vitis vinifera(와인 양조에 주로 쓰이는 포도 품종-옮긴이)를 미국의 '비티스 루페스트리스V. rupestris'나 '비티스 라브루스카V. labrusca'종과 교배한 것들) 또한 당시 일상적으로 포도나무에 살포되던 살충제와 살균제를 다량 사용하지 않아도 되었기에 '비처리 포도밭non-treated vineyards'으로 알려지며 이 시기에 인기를 누렸다.

조지아는 예부터 토종 포도 품종이 굉장히 다양해, 알려진 바로는 525가지나 된다. 1930년대까지만 해도 그중 약 60가지가 상용되었으나, 20세기 말에는 겨우 6가지만 남았다. 문학평론가, 조

---

40 경험이 있는 사람들은 라벨에 있는 로트 번호나 알아보기 힘든 부호들을 보고 어떤 와이너리의 와인인지 추론하기도 했다.

지아 와인 전문가 겸 작가인 말카즈 카르베디아Malkhaz Kharbedia는 소련 개혁 전에는 사람들이 키디스타우리khidistauri, 아크메타 테트리akhmeta-tetri, 라출리 테트라rachuli tetra, 이칼토 야나누리ikalto jananuri, 츠킨발루리tskhinvaluri, 샤브카피토shavkapito, 크비시쿠리kvishkhuri, 나구트네울리nagutneuli, 촐리카우리 오브차tsolikauri obcha, 사페라비 사나바르도saperavi sanavardo, 크바렐리 나베가리kvareli nabegari, 카르다나키 차라피kardanakhi tsarapi, 아코에비 사페라비akhoebi saperavi, 크라쿠나 스비리krakhuna sviri, 루이스피리 므츠바네ruispiri mtsvane, 므츠바네 나삼크랄리mtsvane nasamkhrali, 아르그베툴리 사페레argvetuli sapere, 무크라눌리 사페라비mukhranuli saperavi, 알라다스투리aladasturi, 구나샤우리gunashauri 등을 맛볼 수 있었는데, 이 중 대다수가 역사 속으로 사라졌거나 더 이상 재배되지 않는다고 말했다.[41]

크베브리 전통 또한 소련 시대에 피해를 입었다는 사실은 그리 놀라운 일이 아니다. 조지아의 모든 농가는 전통적으로 작은 마라니marani(셀러)를 갖고 있거나 야외에 크베브리 몇 개를 묻어두었지만, 소련 정부가 이를 쓸데없는 농민의 관습으로 여기는 바람에 크베브리 와인 양조가 사회적

자자 레미 크빌라쉬빌리Zaza Remi Kbilashvili와 갓 구워 석회를 입힌 크베브리들

---

41 최근에는 조지아의 농업과학연구센터Scientific Research Centre of Agriculture가 보유하고 있던 조지아 토종 포도 품종 컬렉션을 가지고 트빌리시 인근의 연구용 포도밭에서 4백여 가지의 토종 품종을 개발·구제하고 있다.

알라베르디 수도원의 폐기된 크베브리들

으로 무시당하고 대부분 잊히게 되었다. 가정에서 와인을 만드는 건 허용되었으나 판매는 금지되었다. 농민들은 생계를 위해 그들의 포도를 와인 공장으로 가져갔고, 크베브리 와인 양조라는 옛 전통을 고수했던 사람은 극소수에 불과했다.

잘 만든 크베브리는 수백 년도 쓸 수 있지만, 크베브리 제조업자인 자자 크빌라쉬빌리는 매년 꾸준히 사용하지 않으면 위생적인 관리가 힘들어진다고 단언한다. 약 70년간 지속된 소련 시대에 얼마나 많은 테라코타 용기들이 버려지고 파괴되거나 쓸모없게 되었는지는 상상조차 하기 힘들지만, 그나마 뭘 좀 아는 건 카케티의 알라베르디 정교회 수도원 수도사들일 것이다. 현재의 수도원은 역사가 11세기로 거슬러 올라가며, 그곳의 와인 셀러는 그보다 앞선 9세기부터 존재했음이 증명되었다. 하지만 숨 막힐 듯 아름다운 코카서스 산맥을 배경으로 한 전망 좋은 이곳은 소련 시대와 제2차 세계대전을 거치는 동안 거의 다 파괴되고 사정없이 약탈당했다. 50개의 역사적인 크베브리들 중 일부는 볼셰비키들에 의해 휘발유 통으로 사용되었고, 대다수는 그냥 산산조각 나버렸다. 그 잔해들이 수도원 부지에 흩어져 있으며, 어떤 것들은 아직까지도 휘발유 냄새를 풍긴다.

전통적인 와인 양조 방식이 일상에서 사라져가면서, 그것을 보조하던 기반 시설도 점차 사라졌다. 크베브리 제조는 다른 오래된 지식과 마찬가지로 보통 아버지에게서 아들로 대물림되는 아주 특수한 도에 형태이다.[42] 1백여 년 전에는 거의 모든 마을에 크베브리 제조업자가 흔했지만, 소련이 몰락했을 때쯤에는 조지아 전체에 여섯 명 정도밖에 남지 않았다.

소련 정부는 조지아의 크베브리 전통만 망가뜨린 게 아니다. 앙상블 에르토바Ensemble Erthoba의 단원들은 다성합창과 대대로 전해지는 중요 구전 음악들 역시 큰 피해를 봤다고 한다. 이론적으로는 소련이 기독교와 명시적인 관련이 있지 않은 이상 민속 전통을 높이 평가했다고 하지만, 워낙 과장되고 거창한 대형 합창단과 앙상블을 선호했기에 격의 없는 사교 모임 위주로 이루어지는 조지아의 전통은 피해를 입을 수밖에 없었다. 전통 다성합창은 공식적인 표기법이 없어서, 그것들을 녹음 또는 기록하려던 몇몇 개인들의 노력에도 불구하고 지난 1백 년간 수천 곡이 사라지거나 잊힌 것으로 추산된다. 미분음(반음보다 좁은 음─옮긴이)적 요소들을 표현할 공식 음악 표기법 체계가 없기에 기록 자체도 쉽지 않다.

---

42 조지아는 여전히 매우 가부장적인 문화를 갖고 있으며, 아직까지 나는 여성 크베브리 제조업자를 본 적이 없다.

2017년 5월 트빌리시의 뉴 와인 페스티벌New Wine Festival에서 노래하는 사람들

크베브리들이 비어 있던 사이, (수도 트빌리시에 있는) 트빌비노Tbilvino 같은 와이너리들은 전성기 기준 와인들을 연 1천8백만 병이나 생산했다. 그러나 미하일 고르바초프Mikhail Gorbachev, 페레스트로이카Perestroika(고르바초프가 주도한 개혁 정책—옮긴이)와 함께 등장한 수많은 조치들은 주류의 판매 및 소비를 대폭 제한했다. 1985년부터 1987년까지 생산량이 급락하여 조지아의 와인 공장들은 난관에 봉착했다. 1991년 소련의 몰락과 조지아의 독립 이후, 한때 모든 걸 장악했던 삼트레스트의 부재로 판매 선도, 브랜드 정체성도 없어져버린 대형 와이너리들은 더 이상 주문이 들어오지 않자 급작스럽게 침묵에 빠졌다.

이렇게 암울했던 조지아 와인 산업이 다시 회복된 것은 모두 전통 와인 양조에 대한 관심의 급증 덕분이라고 말하고 싶지만, 그리 아름답지 않은 진실에 따르면 크베브리와는 전혀 관계가 없다. 소비에트식 생활 방식의 붕괴와 조지아의 경제적 몰락은 처음에는 열정적인 사업가와 생산 업자들에게 길을 터주었고 문화보다는 정치적 요소에 의해 이루어졌다. 현대 와인 산업은 소련의 붕

이라클리 '에코' 글론티Irakli 'Eko' Glonti 박사, 트빌리시에 있는 자신의 집에서

괴 이후 수년간의 내전과 모든 조지아 와인에 대한 러시아의 치명적인 금수 조치(2006년~2013년)라는 초토화 시나리오로부터 등장했던 것이다.[43]

2010년부터 2012년까지 슈크만Schuchmann 와이너리에서 일했던 조지아의 농무부 장관, 레반 다비타쉬빌리Levan Davitashvili[44]는 1991년 이후 공급망의 모든 부분이 절멸되었음을 회고한다. "무척 힘든 시기였습니다. 특히 농업 분야는 더요. 땅은 대부분 농부들에게 (재)분배되었죠. 사람들은 값싼 생계 유지 작물 재배로 전환해 동물들을 먹이는 데 급급했어요. 상업에는 아무도 신경을 쓰지 않았고, 그 때문에 가치 사슬이 끊어져버렸던 겁니다. 와인도 마찬가지였죠."[45]

이는 조지아의 포도밭이 그토록 심하게 파괴되었던 이유들 중 하나이다. 국립와인에이전시National Wine Agency(삼트레스트의 후임 기관)의 이라클리 촐로바르지아Irakli Cholobargia에 따르면, 소비에트 시대 때 조지아의 포도밭 면적은 총 15만 헥타르에 달했다. 2006년에는 3만6천 헥타르밖에 남지 않았다. "소비에트가 몰락한 뒤 많은 농부가 포도밭을 없애고 수박을 심었습니다. 시장경제에 따른 것이었죠." 촐로바르지아는 설명한다. 사실 포도밭도 희귀 포도 품종들도 모두 1920년대 이후로 사라지다시피 했다. 구리아Guria, 아브카지아Abkhazia, 아자라Adjara 등 조지아에서 가장 오래된 와인 생산지들 중 여러 곳이 밀이나 감자 재배지로 바뀌었다. 포도나무는 경우에 따라서는 영원히 재배되지 않게 되었다.

남은 포도밭들조차 대부분은 상태가 좋지 않았다고, '텔라비 와인 셀러Telavi Wine Celler('마라니Marani'라고도 한다)의 공동 창업자인 주라브 라마자쉬빌리Zurab Ramazashvili는 회고한다. "우리는 정부로부터 포도밭을 빌려 시작했는데, 그 포도밭은 내전 때문에 황폐화된 데다 나무들도 오래되고 격자 구조물은 제멋대로에 결주missing plant들도 있어서 대체로 형편없었습니다." 사페라비 밭이라고 하는데 뜬금없이 이사벨라(인기 있는 교배종)가 끼어 있을 가능성이 다분했음은 말할 것도 없다.

---

43 이 금수 조치는 대량의 가짜 조지아 와인이 러시아 시장에 들어온다는 것을 이유로 실시되었지만 사실 진짜 목적은 누가 봐도 정치적인 것이었는데, 1991년 이후로 러시아와 조지아 간에는 국경을 둘러싼 끊임없는 분쟁이 있었기 때문이다.

44 2017년 기준

45 2017년 7월 저자와의 전화 인터뷰에서 한 말

상황이 더 악화된 건 소비에트의 포도 재배 전문가들이 제초제와 살균제를 전반적으로 사용하는 것 외에 별다른 노력을 기울이지 않았기 때문이다. 의사였다가 와인 양조자로 전업해 지속 가능한 전통 포도 재배 챔피언까지 거머쥔 이라클리 '에코' 글론티는 다른 재배자들과 함께 화학물질에 의존하던 포도밭을 복원하는 일을 해왔다. 그는 흙에서 치밀화, 칼슘 부족을 비롯한 많은 문제점을 발견했다. "육안으로 보이는 생물이라고는 전혀 없습니다." 그는 카케티의 땅을 언급하며 말한다. "뿌리들이 미네랄을 이용하도록 돕는 생물이 없어, 비가 오면 물은 곧바로 흘러가버리죠."

소련의 몰락 이후, 망하고 파산한 와이너리들은 러시아가 여전히 조지아 와인에 욕심을 내고 있음을 깨달은 기업가들에 의해 민간 부문에 매수되었다. 1990년대 후반에는 GWS(조지아 와인 및 주류), 트빌비노, 텔라비 와인 셀러, 텔리아니 밸리Teliani Valley를 비롯한 여러 주식회사들이 세

크베브리 제조 기술

크베브리를 만드는 기술은 어떤 면에서는 코일링 기법으로 큰 도기를 빚는 것과 비슷하다. 이는 원하는 크기가 될 때까지 점토를 층층이 쌓아올려 도자기를 만드는 것이다. 완성까지는 2~3개월이 걸리며, 그렇게 만들어진 크베브리는 2~3주간 건조를 거쳐 거대한 야외 나무 가마에서 굽는다. 크베브리 제조업자인 자자 레미 크빌라쉬빌리는 크베브리의 용량은 어림잡은 것이라고 말한다. 다 본능으로 하는 일이라, 세상에 똑같은 크베브리란 존재하지 않는다는 것이다.

어떤 점토를 쓰느냐도 중요한데 이메레티산을 최고로 친다. 요슈코 그라브너는 이메레티산만큼 오염 물질이 적은 점토는 세계 어디에서도 찾아볼 수 없을 거라고 말하곤 했다.

(1천~1천3백 도에서 일주일 정도) 구운 크베브리는 며칠간 식힌다. 그런 다음 온기가 거의 가셨을 때 안쪽에 밀랍을 얇게 바른다. 크베브리 와인 양조 전문가이자 학자인 기오르기 바리사쉬빌리는 저서인 『크베브리 와인 양조: 독특한 조지아의 전통』(2011)에서, 이때 밀랍은 극소량만 사용해야 한다고 했다. 밀랍을 바르는 목적이 공기가 새지 않도록 하는 것이 아니라 단지 몇몇 큰 구멍을 채우는 것이기 때문이다. 와인이 점토와 맞닿지 못하는 크베브리에서는 미량 산소 주입micro-oxygenation도 이루어지지 않을뿐더러 개성 있는 와인을 만들 수도 없다.

크베브리 겉면에 회백색 석회 도료를 입히는 경우도 있으나, 크빌라쉬빌리에 따르면 내추럴 와인 생산자 대부분은 도료를 입히지 않는 것을 선호한다.

크베브리는 야외나 전용 셀러(마라니. 오늘날 더 흔한 방식)에서 항상 입구만 밖으로 나오도록 땅속에 묻어서 사용한다.

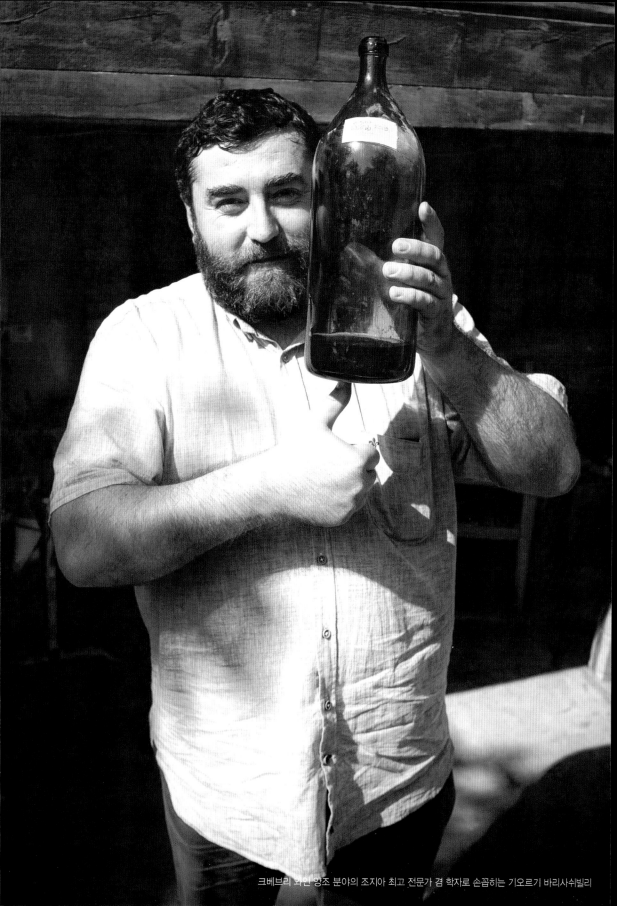
크베브리 와인 양조 분야의 조지아 최고 전문가 겸 학자로 손꼽히는 기오르기 바리사쉬빌리

위겼다. 비록 이름과 회사 구조는 바뀌었을지 모르나 생산품과 목표 시장은 크게 변하지 않았다. 정부 차원에까지 부패가 만연한 당시, 러시아가 불량 또는 가짜 와인이라고 비난했던 데에는 일말의 진실도 있었으며 이 문제를 뿌리 뽑는 데는 수십 년이 걸렸다.

러시아의 소비자들은 장인 정신이 깃든 크베브리 와인을 군이 요구하지도 않았다. 베스트셀러들은 알라자니 밸리Alazani Valley(생산자 이름처럼 보이지만 상표가 없는 와인이다)나 킨즈마라울리처럼 대량 생산된 세미스위트 와인들이었다. 이런 스타일은 현재 조지아의 총 와인 생산량의 절반을 차지하며, 러시아는 여전히 최대 고객이다.[46]

거즈로 덮어둔 카르틀리 볼누리 와이너리의 크베브리들

---

46 조지아 국립와인에이전시에 따르면 무게 기준 2017년 조지아 와인 수출량의 약 60퍼센트가 러시아로 수출되었다.

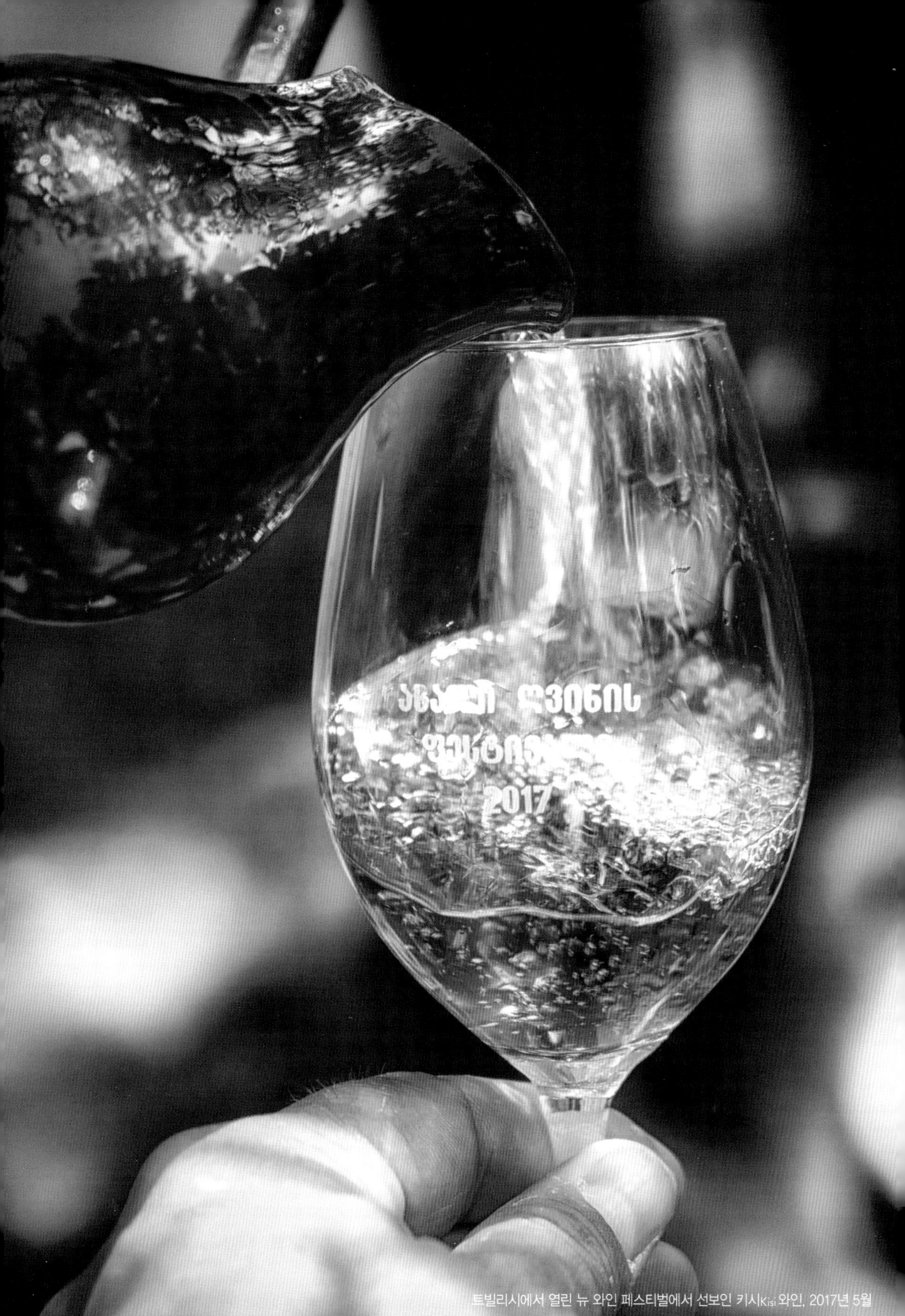

트빌리시에서 열린 뉴 와인 페스티벌에서 선보인 키시Kisi 와인, 2017년 5월

주라Zura와 기오르기 마르그벨라쉬빌리Giorgi Margvelashvili 형제는 1991년 독립 이후 트빌비노의 주주였다. 이들의 스토리는 전형적이다. 주라는 캘리포니아에서 와인 양조 인턴십을 마치고 돌아와 와인 사업을 할 준비가 되어 있었다. 두 형제는 1998년, 저축한 돈으로 주식을 매수해 트빌비노를 손에 넣었다. 이들은 매수 가격을 공개한 적이 없지만 싼값에 구매했던 것으로 추정된다. 기오르기는 이렇게 회고한다. "1998년에 트빌비노는 상태가 별로 좋지 않았습니다. 생산량이 제로나 다름없었죠. 이전 공급자들이나 고객들과의 접촉도 끊겼고요." 그러면 형제는 돈을 들여 무엇을 얻었을까? 트빌비노는 포도밭을 소유하진 않았지만 자랑할 만한 와이너리가 있었다. 트빌리시 내에 5헥타르 규모의 넓은 부지를 점유한 그 시설은, 설비는 구식이었지만 상태가 그리 나쁘지 않았다. 거기에는 보너스도 있었다. 그 와이너리의 셀러들에는 벌크와인 3백만 리터가 남아 있었던 것이다.

이 '와인 원료'를 감정하기 위해 국제 와인 전문가들이 소집되었다. 그들의 충고는 잔인했다. "이건 쓰레기예요. 병입할 가치도 없습니다." 그러나 그것은 갓 시작한 사업의 생명줄이나 다름없었다. "우리는 그 와인을 대량으로 팔아 빚을 일부 갚았습니다." 기오르기는 당시를 기억한다. "1999년에는 남은 현금을 가지고 카케티에서 포도를 사와서 우리의 첫 빈티지를 만들었어요."

이렇게 별 가망 없이 시작했던 두 형제는 소비에트 시대에 벌크와인을 무턱대고 입수해 병입했던 트빌비노를 근본적으로 다르게 바꾸어놓았다. 이들의 새로운 전략은 여러 다양한 포도 공급자들과 관계를 맺고 포도 수확과 와인의 질 향상에 적극적으로 참여하는 것이었다. 2006년, 이들의 회사는 러시아의 금수 조치 때문에 거래의 약 52퍼센트를 잃었다. 하지만 이것은 전화위복이 되었다. 이들은 자금 마련을 위해 트빌리시 부지의 대부분을 매각하고, 전보다 작지만 질적으로 최적화된 새 와이너리를 세웠다. 2008년, 트빌비노는 완전히 회복된 것은 물론이고 전보다 더 강해졌다. 오늘날 이 회사는 연간 4백만 병의 와인을 생산하여 30개국에 수출한다. 기오르기는 초기 10년간은 회사를 직감적으로 경영했음을 지극히 솔직하게 이야기한다. "우린 어렸고 경험도 별로 없었어요. 힘든 일이 있어도 다 그러려니 했죠. 엄청난 돈을 투자한 것도 아니니까 잃을 것도 별로 없었고요. 힘들긴 했지만 재미도 있었습니다."

많은 조지아의 주요 와인 생산자들에게 금수 조치가 중요한 전환점이었다는 사실은, 텔리아니 밸리 주식회사의 마케팅 담당자인 테아 키크바르제Tea Kikvadze의 말을 통해서도 확인할 수 있다. "러시아를 상대로는 무엇이든 팔 수 있었습니다. 하지만 유럽 및 기타 시장에 팔리려면 질 좋은 와인이어야 했죠. 금수 조치는 회사들한테는 안 좋은 일이었을지 모르지만, 와인 양조자들이 품질에 더 신경을 쓰게 되었다는 점에서 조지아의 와인 양조 업계에는 오히려 좋은 일이었어요. 정말 많은 것이 바뀌었으니까요." 금수 조치는 또한 생산자들이 중국, 폴란드, 영국 등 새로운 시장에 적극적으로 구애하도록 만들었다. 2013년 이후 러시아가 다시 여기에 가담했지만, 과거에 90퍼센트로 압도적이었던 조지아의 와인 수출량은 60퍼센트로 줄었다.

이 상황에서 빠진 것은 무엇일까? 신생 개인 회사들 중 어느 곳도 조지아의 전통 크베브리 스타일을 염두에 두지 않았다는 것이다. 이들은 백포도를 껍질 없이 신속하게 압착하여 향이 나는 인공 효모와 함께 발효시켜 모난 데 없는, 새하얀 색깔의 현대식 화이트 와인을 생산했다. 이것들은 오히려 헤르만 툼의 조상들과 함께 시작된 유럽의 와인 양조 선상에 있다고 해도 과언이 아니었다. 대부분의 회사는 심지어 최신 기술을 받아들이기 위해 유럽이나 미국의 와인 양조 컨설턴트를 고용하기도 했다. 또 자금만 있으면 구식 소비에트 시절 설비를 이탈리아에서 공수한 번쩍거리는 스테인리스스틸 탱크나 프랑스의 새 오크 바리크 등으로 교체하기에 바빴다.

크베브리 와인 양조가 얼마나 희귀해졌는지, 미국 작가 다라 골드스타인Darra Goldstein은 1993년에 요리책 『조지아의 연회: 조지아의 활기찬 문화와 맛있는 음식에 관하여The Georgian Feast: The Vibrant Culture and Savory Food of the Republic of Georgia』의 초판 출간 당시 다음과 같이 한탄했다. "당신이 맛볼 수 있는 진정한 카케티 와인은 가정에서 만든 것들밖에는 없습니다." 2000년 요슈코 그라브너가 돌아와서 얼마나 다행이었는지는 그라브너 본인도 상상하지 못했을 것이다.

8

농민과
그들의 항아리

2004년 오랜 친구를 저녁 식사에 초대한 라마즈 니콜라드제Ramaz Nikoladze는, 그 일이 조지아 와인 양조 업계에 큰 변화를 일으키는 시발점이 될 줄은 꿈에도 몰랐다. 그의 친구는 일본인 음식 작가인 나쓰 시마무라를 손님으로 데려왔다. 니콜라드제가 뒷마당의 크베브리에서 바로 따라온 와인과 요리에 매료된 시마무라는 그를 이탈리아의 슬로푸드협회에 추천했다. 슬로푸드에는 사라져가는 세계 음식 및 와인 전통을 보호하는 일을 하는 특수 재단이 있기 때문이다.

조지아 서부 이메레티 출신인 니콜라드제는 집 안에 셀러도 따로 없었지만 부모님이 하시던 와인 양조 활동을 적극적으로 계속해나갔다. 그는 크베브리들을 야외에 묻어두고, 필요시 여러 요소들로부터 와인을 보호하기 위해 낡은 비닐을 덮어두었다. 이는 DIY 펑크 문화를 연상시킨다. 공교롭게도 라마즈는 음악도 펑크를 가장 좋아해서 그걸 틀어놓고 고추를 통째로 우적우적 씹으며 직설적인, 유행을 타지 않는 그의 앰버 와인이 담긴 잔을 기울이며 사람들과 담소를 나누곤 한다.

자기 나라의 홍보대사가 되려는 의도가 전혀 없었던 니콜라드제는 토리노에서 열린 슬로푸드 행사 '테라 마드레Terra Madre'에 처음 갔을 때도 이탈리아어는 고사하고 영어도 못했기에 무척 고생을 했다. 그러나 그 행사의 참여자들은 전에 시마무라가 그랬듯 항아리에 와인을 만드는 이 조지아인에게 매료되어버렸다. 물론 크베브리 와인 양조는 슬로푸드 프레시디아Slow Food Presidia(슬로푸드협회가 엄격한 심사를 거쳐 식재료를 선정, 육성하는 프로젝트−옮긴이)에 등재되기에 충

그비노 언더그라운드Ghvino Underground. 라마즈 니콜라드제와 그의 친구들이 문을 연 트빌리시 최초의 내추럴 와인 바

분했지만, 그러려면 단독 생산자가 아니라 여럿이 벌이는 하나의 운동이라는 사실이 증명되어야 했다. 몇 년 뒤, 니콜라드제는 조지아에서 그와 거의 반대편에 사는 다른 베테랑 양조 장인을 만나게 되었다. 솔리코 차이쉬빌리Soliko Tsaishvili는 카케티 출신으로, 2003년 친구들과 함께 '프린스 마카쉬빌리 셀러Prince Makashvili Cellar'라는 회사를 설립했다. 이 회사는 후에 '츠베니 그비노 Chveni Gvino'로 이름을 바꾸었는데, 현재는 '아워 와인Our Wine'으로 더 잘 알려져 있다.

차이쉬빌리와 그의 친구들은 자기들이 마실 와인을 직접 만든다는 아주 단순한 이유로 와인 사업에 뛰어들었다. 이들은 당시 시장을 지배하던 현대 유럽식보다 전통 조지아식 크베브리 와인을 선호했지만, 트빌리시에서 그런 와인을 찾기란 거의 불가능했다. 시골에 포도밭이나 농가를 소유할 만큼 여유로운 사람들만이 좋은 크베브리 와인을 만들 수 있었다. 이에 이 다섯 친구들은 카케티에 자그마한 땅과 건물을 매입하여, 처음에는 포도를 사서 전통 방식에 따라 크베브리에서 양조했다.

솔리코를 보고 자기가 찾던 완벽한 파트너라고 생각한 라마즈는 2007년, 그와 함께 각자 사는 지역을 샅샅이 뒤져 유기농으로 포도를 재배하고 질 좋은 전통 크베브리 와인을 만드는 집들을 찾았다. 와인을 병에 담아 함께 판매할 양조자들을 몇 명만 더 구하면, 크베브리 전통을 슬로푸드 프레시디아에 등재시켜 구제불능에 가까워진 쇠락에서 벗어나게 할 수 있었다. 또 그들이 생산한 와인을 시판하는 데 필요한 자금도 생길 터였다. 몇몇 집이 그 운동에 참여하겠다는 의사를 밝혔고, 조지아의 크베브리 와인은 2008년 슬로푸드의 축복에 힘입어 사상 최초로 엄청난 홍보 효과를 보게 되었다.

조지아인이 아니라면, 이 전통을 지키는 것의 중요성을 과소평가하기 쉽다. 와인을 일종의 약이나 마취제로 여기는 앵글로색슨인들의 불행한 습관과는 달리, 조지아에서 와인은 단순한 음료가 아니다. 와인은 종교를 비롯한 조지아의 여러 문화적 측면과 떼려야 뗄 수 없는 상징성과 유산이 가득 담긴, 인생 그 자체이다. 크베브리는 이러한 전통에서 가장 중요한 위치를 차지하며, 요람에서 무덤까지 조지아인들과 말 그대로 동행한다. 아기가 태어나면 갓 만든 와인을 크베브리에 채워서 그 아기가 결혼하는 날까지 그대로 두는 의식은 여전히 널리 행해지고 있다. 조금은 으스스한 크베브리 관련 전통 하나도 역사에 잘 기록되어 있는데, 오래된 크베브리를 반으로 잘라 그 안에 시신을 넣어 땅에 묻는 일도 흔했다. 상징성은 두 가지로 적용된다. 와인이 크베브리에서 발효될 때 껍질, 줄기와 씨를 '마더'라고 하며, 어머니가 어린아이를 보호하는 것과 마찬가지로 이 '마더'는 단순한 포도즙이 변화해가는 첫 몇 달 동안 (산화와 반갑지 않은 박테리아 등으로부터 보호해주는) 페놀성 화합물을 제공함으로써 와인을 보호하니까 말이다. 에코 글론티 박사는 조지아어에서는 어원학적으로 "와인은 만들어지는 것이 아니라, 태어나는 것이다. 우리는 여신처럼 점토로 자궁을 만들어 흙에 묻는다"라고 설명한다.

'치누리 마스터The Chinuri Master'로 알려진 이아고 비타리쉬빌리Iago Bitarishvili는 고된 일을 마다하는 사람이 아니다.[47] 그는 마른 체형으로, 2003년경(그가 크베브리 발효 치누리의 첫 빈티지를 만든 해)에는 거한 식사를 다 마치려면 한참을 앉아 있었을 것처럼 보인다. 당시 그는 대대로 물려받은 포도원을 이미 5년째 유기농으로 운영하고 있었다. 그로부터 단 2년 뒤 그는 조지아에서 최초로 공식 유기농 인증을 받았다. "전쟁 때문에 시골 땅들이 많이 오염된 상태였어요." 그는 말한다. "게다가 2003년에는 판매용 와인을 만드는 곳이 전부 큰 회사들뿐이라 전혀 도움이 안 됐죠." 정작 비타리쉬빌리의 아버지는 껍질 없이 현대적 스타일로 치누리 와인을 만들었지만, 비타리쉬빌리 본인은 물려받은 크베브리에 완전히 매료되어 있었다. 마침내 2008년, 그는 수확한 치누리 전량을 껍질과 함께 2~3백 년 된 그의 집 안 크베브리에서 발효하기로 마음먹었다. 그의 아버지는 펄쩍 뛰었지만 가족의 한 지인은 그를 한쪽으로 불러 응원하듯 말했다. "네 할아버지도 이렇게 와인을 만들었다니까!"

비타리쉬빌리는 지나칠 정도로 겸손하다. 2009년 그는 크베브리 와인 양조 장인들을 모두 모아 대규모 시음회를 열기로 결심했다. 그들은 꼭 다섯 명이었다. "물론 저는 빼고요." 그는 어깨를 으쓱했다. "제가 주최하는 시음회에 제 와인을 포함시킬 수는 없었죠." 그 다섯은 알라베르디 수도원, 페전츠 티얼스Pheasant's Tears, 비노테라Vinoterra(슈크만), 아워 와인, 라마즈 니콜라드제였다. 그 시음회는 비타리쉬빌리의 주최하에 2010년부터 매년 5월에 열리는 '뉴 와인 페스티벌'의 전신이 되었다. 이 행사는 오늘날 트빌리시의 므사츠민다Msatsminda 공원에서 열리며, 1만여 명의 방문객과 1백여 명의 생산자들, 즉 전통 크베브리 와인 양조자 거의 전부가 참여한다. 이제는 비타리쉬빌리도 본인을 시음회에 포함시킨다.

---

47 치누리는 카르틀리 지역의 토종 백포도 품종이다.

크베브리 셀러에 서 있는 이아고 비타리쉬빌리

페전츠 티얼스의 본래 셀러(시그나기)

이렇게 전통 와인 양조 문화가 갑자기 폭발적인 관심을 받고 부활하도록 불을 지폈던 건 조지아인들뿐만은 아니다. 요슈코 그라브너 같은 서양인들의 관심 역시 조지아와 조지아 와인의 '자궁'이 주목을 받는 데 중대한 역할을 담당했다. 1995년에 조지아에 온 미국인 화가 한 명도 빼놓을 수 없다.

꼭 말총머리를 한 노르만족 왕처럼 생긴 존 워드먼John Wurdeman은 본래 미국 뉴멕시코 주 출신으로, 모스크바 수리코프미술대학 대학원생이던 시절 조지아를 방문했다. 그는 오래지 않아 조지아와 사랑에 빠졌고, 1997년에는 카케티 중심에 있는 시그나기의 산골 마을에 집을 샀다. 전통적인 다성합창에 푹 빠져 있던 그는 어느 날 밤 창밖에서 누군가 노래하는 소리를 듣고 넋을 잃고 말았다. 조지아의 로맨스와 휴머니티가 잘 녹아 있는 이 이야기에서 워드먼은 그 천상의 목소리를 따라가 케테반 민도라쉬빌리Ketevan Mindorashvili를 만났고, 2년 후 그녀는 그의 아내가 되었다.

워드먼은 화가 일도 계속하면서 민도라쉬빌리와 함께 전통 노래와 춤을 알리는 일을 했고, 둘은 부모가 되었다. 그러나 인근 마을에 살던 한 친구는 이 부부의 미래에 또 다른 비전을 갖고 있었다. 2016년 앨리스 페링Alice Feiring의 책 『사랑하는 와인: 나의 세계 최고最古 와인 문화 오디세이 For the Love of Wine: My Odyssey through the World's Most Ancient Wine Culture』에 아름답고도 시적으로 묘사된 전설에 가까운 이야기에 따르면, 워드먼은 2007년 그의 집 근처 포도밭에서 그 지역 와인 생산자인 겔라 파탈리쉬빌리Gela Patalishvili와 우연히 만났다. 파탈리쉬빌리는 '의논할 일'이 있다며 그날 밤 워드먼을 자기 집에 초대했다.

엄청난 양의 앰버 와인이 곁들여진 감성 충만한 밤이었다. 그 젊은 조지아인은 자기 나라의 문화를 알리는 워드먼의 일을 칭찬했지만, 조지아의 진정한 와인 전통이야말로 위기에 빠져 있다고 지적했다. "왜 당신은 우리나라의 맥박, 심장이나 다름없는 와인은 등한시합니까?" 그는 눈물을 글썽이며 따졌다. 그는 조지아 와인 업계의 신생 거물이 전부 유럽 스타일을 흉내 내는 데 급급하여 옛 지식이 사라지고 있다는 사실에 절망하던 터였다. 파탈리쉬빌리는 돈이나 마케팅 수완은 부족했지만 8대째 이어져 온 와인 양조 전통을 보유하고 있었으며 좋은 포도밭 부지도 봐둔 참이었다. 워드먼은 그를 도와주었을까?

워드먼은 파탈리쉬빌리가 포도를 실은 트럭을 타고 그의 집 앞에 막무가내로 찾아오는 바람에, 반강제로 그해 수확물을 양조하는 일을 돕게 되었다. 워드먼은 자신의 운명을 정중하게 받아들

시그나기에 있는 페전츠 티얼스 와이너리의 양조자, 겔라 파탈리쉬빌리

였고, 곧 두 사람은 페전츠 티얼스 와이너리를 설립했다. 처음에는 소규모였던 것이 이제는 조지 아 전역에서 와인을 생산하고 시그나기와 트빌리시에 레스토랑까지 운영하는 작은 제국으로 성 장했다. 이들의 와인은 세계 곳곳에서 만날 수 있으며 아마도 많은 사람에게 앰버 와인을 처음 맛보는 경험을 제공했을 것이다.

워드먼(그의 제2의 조국에서는 애칭 드조니Djoni로 불린다)은 그 이후로 널리 사랑과 존경을 받는 홍보 대사가 되어 방문객을 맞이하고 세계를 여행하며 페전츠 티얼스는 물론 조지아 문화를 널리 알 리게 되었다. 2012년 런던에서 열린 '더 리얼 와인 페어The Real Wine Fair'의 손님들은 키가 큰 워 드먼이 수도복을 갖춰 입고 영어는 한 마디도 못 하는 알라베르디 수도원의 수도사 겸 와인 양조 자 게라심Gerasim 곁에서 환담을 나누는 다소 비현실적인 광경을 볼 수 있었다. (저자 본인을 포함 해) 페어에 참석한 많은 손님에게 그 장면은 크베브리 스타일의 첫 감동을 선사했다. 게라심도 그 의 와인들도 말을 할 수 없으니, 드조니의 유창한 번역은 정말 귀중한 것이었다.

게라심 수도사, 2012년

알라베르디 수도원과 그곳의 역사적인 마라니(셀러)는 2005~2006년에 재건되었으며, 지도자였던 다비드David 주교는 다시 전처럼 최대한 자급자족할 수 있는 시도 즉 꿀, 요거트, 와인 등을 생산할 필요를 느꼈다. 현재 수도원에서는 다섯 명의 수도사들이 일하며, 게라심은 와인 양조자이다.[48] 제멋대로 자란 긴 수염과 상대방을 꿰뚫어보는 듯한 눈빛을 지닌 게라심은 런던의 와인 페어에서보다는 수도원의 셀러에 있을 때 훨씬 더 편안해 보였다. 사실 하느님께 인생을 바치느라 크베브리와 와인 양조에 대한 열정을 저버렸던 이 겸손한 수도사에게 와인 양조는 꿈의 직업이었다. 다비드 주교가 사람 볼 줄 아는 눈이 있는 건지 아니면 그저 게라심이 운이 좋았던 건지는 몰라도, 주교가 게라심에게 새로 재건된 셀러에서 와인 양조 일을 해보면 어떻겠느냐고 물었던 건 정말 뜻밖의 우연이 아닐 수 없다.

48 게라심은 조지아 최대 와이너리들 중 하나인 바다고니Badagoni 출신의 양조 컨설턴트와 함께 일한다. 알라베르디 수도원 와인을, (구매한 포도로 만들어 수도원이 아닌 바다고니가 판매하는) 비교적 저렴한 '알라베르디 트래디션Alaverdi tradition' 라인과 혼동해서는 안 된다.

게라심 수도사, 2012년

알라베르디 수도원 안을 살피는 수도사

수도원에서 생산하는 와인은 가능한 한 가장 전통적인 카케티의 방식대로 백포도를 껍질, 줄기와 함께 6~9개월간 침용하기를 고수한다. 게라심 수도사에게 황이나 다른 첨가물을 넣느냐 마느냐 하는 것은 선택의 문제가 아니다. 규칙은 간단하다. 최종 생산물에 불순물이 들어 있었다가는 하느님이 보시기에 무가치한 것이 되고 만다. 즉 수도원의 종교의식에는 레드 와인만 사용되므로, 화이트 와인의 경우에는 소량의 보존용 황을 첨가하기도 한다.

발효에 최적화된 용기

크베브리는 부피가 크고 전통적으로 땅에 묻어서 쓰기 때문에 발효 시에는 냉각이 되고, 또 계절이 변해도 온도가 일정하게 유지되는 뛰어난 온도 제어 효과를 지닌다.

크베브리가 클수록 발효 온도도 높아지므로, 양조자가 서로 다른 크기의 크베브리들을 배치한다면 또다른 미묘한 제어 요소가 작용하게 된다. 대체적으로 숙성보다 발효에 사용되는 크베브리들은 용량이 5백~1천5백 리터 사이이다.

크베브리(그리고 대부분의 암포라)의 달걀 형태는 발효 과정에서 내부 온도가 변할 때 대류를 일으킨다고 한다. 이것이 죽은 효모들lee을 부드럽게 자극해, 양조자가 개입할 필요 없이 일종의 바토나주battonage* 를 일으킨다.

크베브리의 뾰족한 밑바닥에는 죽은 효모들, 껍질과 다른 고형물들(줄기 등)이 서서히 가라앉아 모인다. 이 고형물과 와인의 접촉면이 작으므로 환원적 화합물들로 인한 문제가 생길 가능성은 매우 낮다.

와인이 아무런 방해도 받지 않은 채 수개월이 지나는 동안 타닌과 폴리페놀 성분이 느리고 부드럽게 추출되며, 이는 와인의 안정성에 좋은 영향을 미친다.

긴 껍질 접촉과 크베브리의 조합은 양조자의 개입이 거의 없고 어떤 첨가물도 필요 없는 와인 양조 방식을 가능하게 한다.

★ 죽은 효모들을 와인과 접촉시켜 질감과 안정성을 더하기 위해 젓는 과정

수도원은 배움과 연구의 장소라는 부수적인 기능도 수행하므로, 약 104가지의 조지아 포도 품종을 기르는 실험용 포도밭을 운영하며 크베브리 와인 국제 학술토론회의 첫 2회(2011년과 2013년)를 주최하기도 했다. 이곳은 강력하고도 감동적인 곳인데, 인상적인 예배당이 완전히 정비되고 난 지금은 더욱 그렇다. 수도사들 대신 전문 가이드의 안내를 받아야 하는 경우가 많은 요즘은 아무래도 전보다는 좀 더 관광에 치우쳐 있지만, 이는 조지아 와인의 가장 정통적인 생산지들 중 하나인 이곳으로 세계 각지의 여행자들이 많이 모여들고 있음을 증명하는 것이다.

기오르기 '고기' 다키쉬빌리Giorgi 'Gogi' Dakishvili는 카케티 텔라비의 와인 양조 가문 3세대이다. 그의 전통 크베브리 와인 양조는 어느 모로 보나 다른 동료들에 비해서 선구자적이었다. 그러나 그는 택한 노선이 달랐는데, 우선 서양식 와인 양조 기술을 완벽하게 습득했다. 다키쉬빌리는 1997년에 민영화된 대형 상업적 와이너리, 텔리아니 밸리 주식회사의 양조자로 첫 경력을 쌓았다. 그의 아버지는 소비에트 시대에 그 회사의 전신에서 일했다. 다키쉬빌리는 텔리아니의 주류 스타일에 머물러 있을 생각이 없었다. 2002년부터 그는 포도밭으로 쓸 땅을 조금씩 사들여 작은 와이너리를 만들었는데, 이곳이 2005년에 비노테라가 되었다. 본업과는 달리 그의 목표는 바로 전통 크베브리 와인을 만드는 것이었다.

슈크만 와이너리의 밀봉된 크베브리들(카케티)

오르고Orgo/텔레다Teleda 와이너리의 크베브리 셀러(카케티)

다키쉬빌리는 첫 빈티지 판매가 매우 힘들었다고 회고한다. "2003년에는 앰버 와인 분류 체계가 없었습니다. 그래서 그냥 라벨에 '화이트 와인'이라고 썼죠. 하지만 조지아인이 아닌 고객들은 그걸 거의 이해하지 못했습니다." 그런데도 2004년 그는 소량의 와인을 미국에까지 수출하기 시작했다. 현대 와인 양조 지식을 조지아 전통에 대한 깊은 사랑과 접목한 그의 천재성이 인정을 받은 것이다. 비노테라의 와인은 접근하기 쉽고 일관적인데, 아주 정통적이지만 다키쉬빌리의 상업적 이해도에 의해 미묘한 세련미 또한 풍긴다.

2008년, 독일의 기업가인 부르크하르트 슈크만Burkhard Schuchmann이 비노테라 와이너리에 투자하기로 한 이후 비노테라는 그야말로 대인기를 누렸다. 슈크만은 사업체를 사들이고 다키쉬빌리를 파트너로 삼았다. 슈크만 와인스Schuchmann Wines(그 사업체의 새 이름)는 현재 유럽 스타일에 집중하고 있지만, 크베브리 와인 생산량(여기에는 여전히 비노테라 라벨이 붙는다)도 연간 30만 병으로 늘렸다. 총 87개의 크베브리들이 있는 세 개의 셀러를 자랑하는 슈크만은 현재 조지아의 최대 크베브리 와인 생산자이며, 30만 병 중 대부분이 백포도 품종들(르카치텔리, 키시, 므츠바네)로 만들어지므로 세계 최대 오렌지 와인 생산자인 것도 틀림없다.

조지아의 대량 생산자들 대부분도 선례를 따라 그들의 기존 와인들에 부티크 크베브리 라인을 더했는데, 국민적 자부심 때문도 있으나 성장하는 시장을 의식했기 때문이기도 했다. 여기서 '부티크'란 소규모 가족 생산자의 생산량이 위축되어 보일 정도로 많은 양을 의미할 수도 있으며, 실제로도 그러하다. 마라니Marani는 크베브리 라인(사트라페조Satrapezo)을 2004년에 출시했지만,[49] 주라브 라마자쉬빌리의 설명에 따르면 크베브리 스타일을 생산한 역사는 훨씬 오래되었다. "우리 와이너리는 소비에트 시대에 크베브리 와인 생산을 전문으로 했습니다. 반지하 셀러에 0.5헥타르 이상 되는 면적이 크베브리들로 차 있었지만, 1980년대에 정부는 크베브리 생산에 돈이 너무 많이 든다며 대부분의 크베브리를 팔아 없애기로 결정했어요. 우리가 왔을 때 크베브리 40개가 남아 있었지만 쓸 만한 흙이 남아 있지 않았죠!" 그는 현재 사트라페조 라인의 수요가 너무 많아서 자주 품절되는 바람에 생산량을 연간 10만 병으로 늘릴 계획이라며 자랑스러워한다.

---

49 처음에는 사페라비만 크베브리에서 양조했다. 2007년부터는 르카치텔리 사트라페조도 출시되었다.

카케티의 크베브리 와인 양조 방식

카케티 동부 지방은 예전부터 백포도 양조에 초점을 맞추어왔으며, 현대에는 르카치텔리, 키시, 므츠바네라는 강력한 3종이 대권을 장악하고 있다. 여기는 가장 강렬하고 구조적인 크베브리 와인이 만들어지는 곳이다. 전통의 정점으로 여겨지는 이곳의 방식은 단순 그 자체이다.

▶ 건강한 포도를 수확하여 사츠나켈리satsnakheli(길쭉한 나무통)에 넣고 발로 밟는다. 이는 라가레스lagares(넓고 얕은 화강암 컨테이너—옮긴이)에서 만들어지는 포트와인의 전통과 비슷하다.

▶ 포도(껍질, 줄기 포함)를 크베브리로 옮긴다.

▶ 포도의 천연 효모 덕분에 발효가 저절로 시작된다. 껍질은 정기적으로(하루에 3~5회) 내리쳐서 마르지 않게 한다.

▶ 약 2주 뒤 또는 발효가 끝났을 때 크베브리를 돌이나 나무 뚜껑으로 덮고 그 위에 흙을 쌓아 밀봉한다.

▶ 6개월 정도(경우에 따라서는 그 이상) 지난 후 크베브리를 열면 아주 멋진 짙은 색의 투명한 액체가 들어 있을 것이다. 이는 병입하거나 다른 깨끗한 크베브리로 옮겨 담아 저장/숙성한다.

반면 이메레티 서부는 전통적으로 줄기는 사용하지 않으며, 껍질 접촉 기간이 훨씬 짧다(최대 3개월 정도).

알라베르디에서 포도를 밟을 때 쓰는 통(사츠나켈리)

연간 약 4백만 병을 생산하는[50] 트빌리시의 와이너리, 트빌비노가 크베브리 와인을 생산하기로 결심한 2010년에 생산량이 순식간에 7만5천 병으로 늘어나자 회사는 이듬해에는 그 두 배를 생산하기로 계획했다. 트빌비노와 마라니는 둘 다 전통적인 방식을 적용, 질 좋은 크베브리 와인 라인을 생산한다. 이러한 크베브리 와인의 대량 생산 현상은 정말 대단한 일인데, 세계 어디에서도 전례를 찾아볼 수 없기 때문이다.[51] 조지아 밖에서는 '오렌지 와인'이라 부를 수 있는 와인을 가장 많이 생산하는 곳이라고 해봤자 연간 5만 병 정도를 만들 뿐이며, 이는 소규모의 장인적·독립적 범주에 포함시키는 것이 더 어울린다.

물론 (백포도를 침용해 짙은 호박색 와인을 만든다는 유일무이한 유산을 포함한) 조지아 크베브리 전통의 열정적인 지지자, 운동가 및 우연적인 홍보 대사들이 소규모 생산자였다는 점은 분명히 해야 한다. 라마즈 니콜라드제, 솔리코 차이쉬빌리, 이아고 비타리쉬빌리, 겔라 파탈리쉬빌리, 기오르기 다키쉬빌리, 존 워드먼의 노력이 없었다면 여기에 기록할 유산도 별로 없었을 것이다. 지난 10년 (2008~2018년)간은 이들이 본격적으로 팔을 걷어붙이고 통 크게 조지아 와인 신생 업체를 설립, 제대로 분발하여 실로 큰 파장을 일으킬 준비를 한 시기였다.

그 모든 전문적 홍보와 광고에도 불구하고 사람들은 여전히 크베브리 와인이 조지아의 총 와인 생산량(2017년 수출 시장 기준 7,670만 병) 중 극히 일부에 불과할 뿐이라고 생각한다. 하지만 전통 크베브리 와인 부문은 소비에트 지배 당시 같은 암울했던 구제불능 상황은 완전히 뒤로하고, 이제 주류 와인들과 적어도 거의 비슷한 정도로 확대되고 있는 듯 보인다. 이는 굉장히 중요하고 상징적인 전환이 아닐 수 없는데 하나의 아이콘이나 다름없는 이 항아리와 그 안에서 양조된 강력한 호박색 액체는 조지아의 문화적 패러다임은 물론 삶 그 자체와도 떼려야 뗄 수 없는 것이기 때문이다.[52]

---

50 2017년 기준

51 알렌테주Alentejo의 생산자들 일부는 상당량의 와인을 탈랴스talhas(포르투갈식 암포라)에서 발효시킨다.

52 레드 와인도 물론 크베브리에서 만들지만 이 책에서는 백포도와 소위 앰버 와인들에만 초점을 맞추었다.

자자 레미 크빌라쉬빌리의 작업장 내 오븐에서 갓 구워낸 크베브리

크베브리 위생

조지아 밖의 와인 양조자들이 가장 많이 불평하는 문제는 바로 크베브리의 세척이 힘들다는 것이다. 물론 여러 개의 문과 뚜껑이 달린 현대식 스테인리스스틸 탱크만큼 쉽진 않지만 차분한 태도로 임한 다면 충분히 할 수 있다.

예부터 크베브리는 석회나 재를 푼 물을 바른 다음 뜨거운 물로 헹궈내는데, 대형 크베브리 같은 경우 몇 시간이 걸리는 과정이다. 세척 도구로는 세인트존스워트St.John's wort로 만든 브러시나 벚나무 껍질로 만든 스펀지가 달린 긴 막대가 사용되는데, 두 가지 모두 살균 효과가 있다.

크베브리 세척 후에는 추가적인 항균 효과를 위해 황을 넣어 태우기도 한다.

크베브리 세척은 와인 양조자들이 해야 할 가장 중요한 일로 꼽는다. 기오르기 바리사쉬빌리의 말처럼, "씻지 않은 크베브리에 와인을 담는 것은 용인될 수 없는 일이다!"

크베브리가 깨끗한지 확인하는 전통적인 방법은 크베브리를 헹군 물을 마셔보는 것이다. 그 맛이 좋으면, 세척이 끝난 것이다!

자자 레미 크빌라쉬빌리의 작업장에서 제조 중인 크베브리들

솔리코 차이쉬빌리는 2년간 췌장암으로 투병하다가 2018년 4월에 세상을 떠났다. 이로써 조지아는 현대 크베브리 르네상스를 일으킨 주요 챔피언 겸 선구자 중 한 명을 영원히 떠나보냈다.

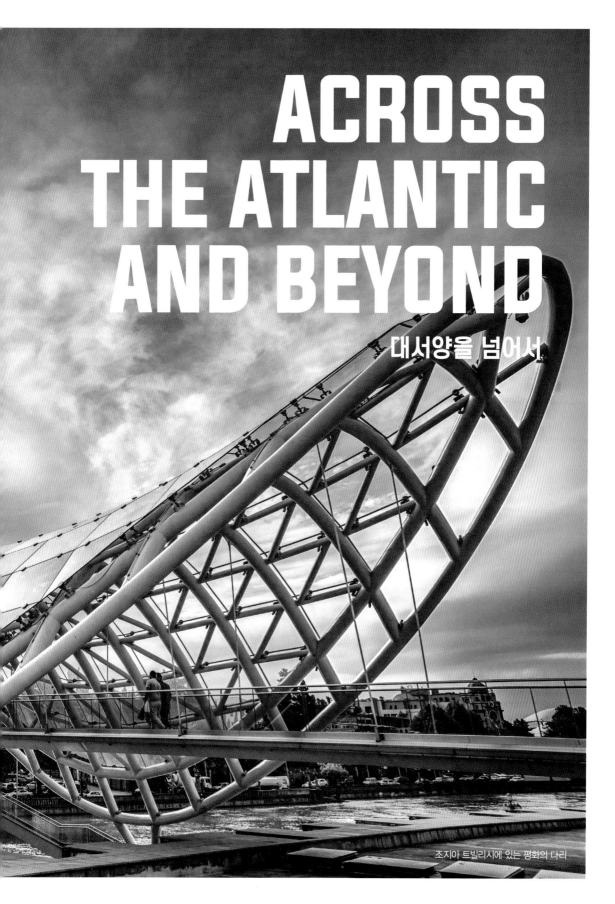

ACROSS
THE ATLANTIC
AND BEYOND

대서양을 넘어서

조지아 트빌리시에 있는 평화의 다리

2009년 5월

2009년 5월 2일 토요일, 요슈코 그라브너는 예측불허의 사건을 당했다. 아들 미하가 오토바이 사고로 다쳤다는 전화를 받은 그는 당장 차를 타고 4시간을 달려 병원으로 갔다. 그러나 아무 소용없는 여정이었다. 미하는 내출혈로 구급차 안에서 사망했고, 요슈코는 살아 있는 아들의 모습을 다시는 보지 못했다.

요슈코는 이미 다른 동네 와인 양조자들과의 교류를 끊고 수년간 이탈리아 평론가들로부터 타격을 입었지만, 아들이 죽은 이후의 외로움은 무엇과도 비교할 수 없는 다른 차원의 것이었다. 미하는 몇 년 동안 아버지와 함께 일하며 후에 가업을 물려받을 준비를 하고 있었다. 그는 포도밭에 바이오다이내믹 농법을 단계적으로 적용해 나갔다. 요슈코는 아들 없이 그러한 탐구를 계속하고 싶은 마음이 없었기에, 슈타이너Rudolf Steiner(바이오다이내믹 개념의 창시자–옮긴이)의 가르침을 적용하는 일은 5년 뒤 그의 딸 야나Jana가 어렵게 그 주제를 다시 언급했을 때에야 재개될 수 있었다.

그 이후 요슈코는 포도밭과 와인 만들기에만 전념했고, 방문객을 받는 일에는 전보다 소홀해졌다. '감베로 로소'나 다른 매체들이 그의 와인에 부정적 리뷰를 쓰든 말든 개의치 않았다. 이 시기에 했던 인터뷰들에서 그는 거의 주문처럼 이런 말을 했다. "난 나 자신을 위해 와인을 만들며, 남은 것은 판다." 이는 대재앙 같은 개인적 사건에 자연스레 뒤따르는 내향성과 자기성찰을 고스란히 보여주는 행동이었다.

조금씩, 요슈코의 딸들이 그 빈자리를 채워갔다. 아버지와 똑같이 강렬한 열정을 지닌 야나는 셀러와 포도밭에서 아버지의 일을 돕기 시작했고, 활달하고 잘 웃는 마테야Mateja는 알토 아디제에서 돌아와 와이너리의 손님 접대라는 중요한 역할을 맡아 2014년부터는 그라브너 와이너리의 얼굴이 되었다.

요슈코도 가만히 있지는 않았다. 그가 크베브리와 침용된 와인으로 완전히 전환한 일을 두고 너무 극단적이고 엄격하다고 생각했던 사람들은 곧 더 큰 충격을 받게 되었다. 요슈코는 전부터 (적응력이 뛰어나고, 그 지역에서 최소 5백 년 전부터 재배했으며, 껍질이 두껍고 풍미가 좋아 수개월간 껍질 접촉을 해야만 진가를 발휘하는) 리볼라 지알라 품종을 가장 좋아했다. 그의 '모 아니면 도' 논리는 간단했다. '리볼라 지알라가 최고의 포도라면 왜 다른 포도에 시간을 낭비하지?' 결국 그는 포도밭에서 모든 국제적 백포도 품종을 파내고 그 땅은 그대로 두거나, 비옥한 곳에는 리볼라를 더 심었다. 이 과정은 2012년에 마무리되었고 그해 가을 요슈코는 '브레그'(샤르도네, 피노 그리지오, 소비뇽 블랑과 벨쉬리슬링을 블렌딩한 화이트 와인으로 약 20년간 그라브너 와이너리의 주요 생산품이었다)의 마지막 빈티지를 만들었다.[53]

그리고 요슈코가 이러한 환원주의적 윤리를 적용해 그의 와인을 가장 순수한 형태로 압축하는 동안, 세상 사람들은 점차 와인을 즐기는 법을 배워갔다.

마테야 그라브너, 2017년 10월

---

53 2012년산 브레그는 2020년에 출시된다.

9

나는
진기한
오렌지

바비 스터키Bobby Stuckey는 새 밀레니엄의 시작과 함께 실로 승승장구했다. 애리조나 출신의 직설적이고 부지런한 소믈리에인 그는 당시 콜로라도 애스펀Aspen의 '더 리틀 넬The Little Nell' 레스토랑에서 와인 담당자로 5년간 일하고 난 후였다. 《와인 스펙테이터Wine Spectator》(미국의 와인 월간지-옮긴이)부터 제임스 비어드 재단James Beard Foundation(미국의 요리사 겸 작가인 제임스 앤드루스 비어드를 기리기 위해 설립된 재단-옮긴이) 등으로부터 상도 여러 개 받았다. 2000년부터는 더 명망 있는 직책을 맡았는데, 바로 캘리포니아 나파 밸리 내 욘트빌Yountville에 있는 토머스 켈러의 '프렌치 런드리French Laundry' 와인 담당자가 된 것이다.

2004년 스터키는 누구나 탐내는 전 세계에 249명뿐인 마스터 소믈리에 자격을 소유하게 되었는데,[54] 이는 수년간 공부하고 경험해야 할 뿐 아니라 어렵기로 악명이 높은 여러 번의 시험과 블라인드 테이스팅도 통과해야 얻을 수 있는 자격이다. 그는 또한 프리울리 와인의 대단한 팬이다.

스터키는 1990년대 초부터 콜리오의 최고 와인을 구매해왔으며, 요슈코 그라브너의 오크통 발효 퀴베들이 가장 큰 찬사를 받았다. 프렌치 런드리에서 스터키의 임무는 나파 와인 일색이던 와인 리스트를 부르고뉴부터 토스카나, 또 그 밖의 모든 주요 산지에서 생산된 유럽 클래식들을 포함한 좀 더 포괄적인 리스트로 탈바꿈하는 것이었다. 그라브너의 갓 출시된 1997년산은 와이너리에서 순식간에 품절될 정도였으니, 그러한 와인을 주문하는 것은 아주 쉬운 결정이었다.

---

54 2018년 2월 기준

그라브너 와인 병

스터키는 심지어 그라브너의 새로운 와인을 자기가 구매한 것 중에서가 아니라 그 빈티지를 이제 막 리스트에 올린 인근 레스토랑에서 처음 맛보았고, 그 경험은 엄청난 충격에 가까웠다. "내 첫 번째 직감은 '이건 산화되었다'였어요." 그는 잔에 담긴 약간 뿌연 적갈색 액체를 보았던 그 순간을 회고한다. "두 번째 직감은 '수입업자한테 연락해야겠다!'였죠."

그는 생각을 집중하고, 소믈리에적 시각으로 그 와인을 관찰했다. 향으로 보나 맛으로 보나 부패하거나 산화된 와인이 아니었다. 전혀, 절대로 결함이 없었다. 분명 뭔가 다른 게 있었다. 스터키는 자기 신념을 따라야 함을 알았지만, 그러기에는 아는 게 너무 없었다. 2000년에는 와인 블로그들도 없었고, 요슈코 그라브너 같은 생산자들은 이메일로 연락할 수도 없었기 때문이다. 그러나 다행히 그에게는 와일드카드가 있었다.

하버드 비즈니스 스쿨을 졸업한 조지 베어 주니어George Vare Jr는 1972년부터 1990년대 중반까지 나파 밸리의 와인 업계를 이끈 거물들 중 하나였다. 1996년 그는 '루나Luna' 와이너리를 세우고 나파에서 이탈리아 포도 품종을 집중적으로 재배했다. 1990년대 후반 은퇴를 앞둔 베어는 이탈리아의 전통과 소규모 가족 와이너리에 대한 심취에서 한 걸음 더 나아가 프리울리와, 친구인 요슈코 그라브너에 점점 빠져들었다. 베어는 그라브너에게서 선물받은 귀중한 리볼라 지알라 포도나무들을 미국으로 몰래 들여와 작은 포도밭을 조성했다. 바비 스터키는 베어가 자신과 그라브너 사이에 다리를 놓아줄 거라 생각했고, 결국 그의 생각대로 되었다.

물론 그가 그라브너의 완전한 전향에 대해 잘 알고 있었음에도 불구하고, 그라브너의 와인은 팔기가 쉽지 않았다. "당시 그라브너는 그야말로 프리울리 와인들 중 최고의 히트작들로 평가받고 있었습니다." 스터키는 기억한다. "'감베로 로소로부터 매년 '트레 비케리tre biccheri'를 받고 있었으니까요.[55] 그의 전향은 정말, 정말로 극적인 사건이었어요." 예상대로 그라브너의 '리볼라 지알라'나 1997년산 '브레그'는 프렌치 런드리에서 장시간에 걸친 소믈리에의 구애 없이는 단 한 병도 팔리지 않았다.

스터키의 도전에는 장르의 부재라는 점도 있었다. 그 와인들은 기존의 음식 궁합을 망쳤을 뿐만 아니라("전에는 이 메뉴에는 이 그라브너 와인이 어울리겠다, 하는 게 있었는데 이제는 안 그렇다") 레드, 로제, 화이트 중 어디에도 속하지 않았기 때문이다.

2004년 영국의 한 젊은 와인 수입업자가 급진적인 벨기에 출신 양조자 프랑크 코넬리센Frank Cornelissen의 '셀러 랫cellar rat'[56]으로 일하기 위해 시칠리아의 에트나 산으로 왔다. 그의 이름은 데이비드 A. 하비였고, 그 역시 스터키와 같은 문제로 씨름하게 되었지만 다른 각도에서 접근했다. 코넬리센은 금융업자이자 등산가, 와인 브로커로 살다가 2001년에는 산으로 이주해 와인을 만들기 시작했다. 그의 목표는 '아무것도 첨가하지 않은 좋은 와인 만들기' 즉 선별된 효모나 산acids, 심지어는 이산화황도 없이 포도만으로 와인을 만드는 것이었다.

---

55 트레 비케리('세 잔'이라는 뜻)는 이탈리아 와인 가이드 '감베로 로소'가 해마다 최고의 와인에 수여하는 상이다.
56 셀러에서 햇빛을 못 보고 (쥐처럼) 일하는 사람

프리모식 와인의 침용된 빛깔

코넬리센은 곧 그의 와인을 좋아하느냐, 좋아하지 않느냐에 따라 미치광이 또는 천재로 인정받았다. 이른 병입은 좀처럼 예측불가라 때로는 병 속에서 2차 발효가 일어나기도 하고 때로는 너무 빨리 산화가 되기도 하지만 때로는 매혹적인 와인이 되기도 한다. 코넬리센이 생산하는 화이트 와인은 '문제벨 비앙코Munjebel Bianco' 단 하나로,[57] 껍질 접촉법의 단순함을 좋아하는 그가 30일간 껍질째 발효시켜 만든 와인이다. 그라브너처럼 코넬리센도 (우연히) 2000년에 조지아를 방문했으며 크베브리가 완벽한 발효 용기라고 여겼지만, 암포라에 대한 그의 사랑은 일시적인 것에 그치고 말았다.

오렌지 와인 숙성하기

콜리오나 브르다의 스킨 콘택트 방식으로 생산된 훌륭한 화이트 와인들은 병 속에 어느 정도 담겨 있은 후에야 진가를 발휘한다. 레비 돌턴Levi Dalton은 "사람들이 이 병들을 바롤로Barolo(이탈리아 피에몬테 지방에서 생산되는 최고급 DOCG 와인으로 장기 숙성에 적합하다–옮긴이)처럼 다룰수록 행복해지는 경향이 있다"고 말했는데, 이는 아주 좋은 비유가 된다. 아무도 3년 된 바롤로가 1백 퍼센트 열리기를 기대하지 않듯이, 긴 침용 기간을 거친 리볼라 지알라나 다른 품종도 마찬가지이다.

안타깝게도 생산과 저장의 경제성 때문에 많은 생산자가 자신들의 와인을 지나치게 이른 시기에 출시한다. 특히 재고 보유나 재정적 안정성이 아직 확립되지 않은 신생 와이너리들은 더 그렇다.

10년까지도 와인을 숙성시켰다가 출시하는 라디콘, 그라브너, 영크JNK, 조르얀 같은 생산자들을 나는 한없이 존경한다. 그들은 자신의 이익보다 고객의 즐거움을 우선시하며, 이는 쉬운 일이 아니다.

대대수의 생산자들은 1~2년 정도 된 와인들을 출시한다. 원하는 와인이 있으면 최소 2병 이상 구매하여, 한 병은 따서 마시더라도 다른 한 병은 시원하고 어두운 장소에 1~2년 정도 보관해두자. 병 숙성은 와인의 균형, 복합미와 목 넘김에서 굉장한 차이를 만들어낼 수 있다.

간혹 황 무첨가 와인이 숙성을 견딜 수 있는가 하는 문제가 제기되곤 한다. 잘 만든 와인의 경우 이는 전혀 문제가 되지 않지만, 현명한 방법은 온도 제어에 주의하는 것이다. 와인은 빛이 없고 온도가 16~18도 이상 올라가지 않도록 일정하게 유지되는 곳에 두는 것이 좋다. 어떤 병이든 코르크가 약점이지만, 와인을 옆으로 눕혀두고 저장실의 습도를 높게(80~90퍼센트가 적당) 해놓으면 코르크 보존에 도움이 된다. 이러한 모든 요인은 황 무첨가 와인인 경우 더욱 중요하게 작용한다.

---

57 최근에는 '문제벨 VAVigne Alte(오래된 포도나무)'도 추가되었는데 이것 역시 침용된 와인이다. 코넬리센은 침용 기간을 1~2주로 줄였다.

하비와 코넬리센은 잘 어울렸다. 둘 다 의지가 강하고 아주 지적이면서 괴짜이고 술 마시는 것만큼이나 대화 나누기도 좋아하는(둘 다면 더 좋고) 사람들이었으니까. "문제벨 비앙코를 만들 포도를 수확하고 선별하며 우리는 그라브너, 라디콘, 보도피베크에 관해 대화하고 그들의 와인을 마셨는데, 그러던 중 난제가 생겼습니다. 이 떠오르는 장르에 이름이 없다는 것이었죠." 하비는 회고한다.

하비는 소거법을 통해 '오렌지 와인'이라는 용어를 만들어냈다. 수년이 지난 2011년, 그는 《월드 오프 파인 와인World of Fine Wine》 잡지에서 이렇게 설명했다. "이름 후보들로는 '침용된'(기술적), '앰버'(모호함), '옐로'(이미 사용[58]), '골드'(허세 부리는 느낌), '오렌지'가 있었는데, 반갑게도 오렌지라는 단어는 영어, 프랑스어, 독일어에 다 있더군요." 그는 이어서 맞는 용어를 탐색하는 과정을 "그 와인들이 화이트로 불리는 문제를 해결하기 위한 진지한 이론적 활동"으로 묘사하며, "색 또는 기술의 이름을 사용할 수 없게 만드는 모든 선택지와 모든 현존하는 와인 종류들 또는 등급들을 고려했다. 예를 들면 뱅 존이나 리브잘트 앙브레Rivesaltes Ambre 같은 것들"이라고 말했다.

하비가 영업용 뉴스레터와 기타 글에서 오렌지 와인이라는 용어를 처음 사용하자, 와인 업계와 고객들도 그 이름을 점차 사용하게 되었다. 하비는 또한 잰시스 로빈슨과 마스터 오브 와인인 로즈 머리 브라운Rose Murray Brown을 초대해 시음회를 열기도 했는데, 이들 역시 2007년 신문 기사에서 그 용어를 사용했다.

오랜 경력을 자랑하는 《뉴욕 타임스》의 와인 비평가, 에릭 아시모프는 2005년에 그라브너와 그가 크베브리로 전환한 것에 대한 글을 썼다. 그 역시 모든 점을 아우르는 마땅한 용어를 찾지 못했다. 2007년에는 라디콘과 보도피베크를 집중 조명했지만, 이번에도 그 와인들을 분류할 만한 쉬운 용어를 찾지 못해 '흐릿한 분홍, 사과주와 비슷한hazy pink, almost cidery' 색 같은 묘사들과 '생동성aliveness'이라는 개념에 의지했다. 그러나 2009년, 또 한 번 그 주제를 다루게 된 아시모프는 "콘비비오Convivio의 소믈리에인 레비 돌턴이 말하는 오렌지 와인이라는 말은 갓 으깬 포도를 긴 기간 동안 껍질과 접촉시키는 기술과 관계된, 이질적인 화이트 와인들을 일컫기에 좋은 용어로 보인다"라며 기뻐했다. 힘들게 그 정의를 요약한 아시모프의 시도는 짧고 기억에 남을 만한 이름이 꼭 필요함을 뚜렷이 증명한다.

---

58 하비는 여기서 쥐라Jura 지역에서 사바냥을 고의적으로 산화시켜 만든 와인, 뱅 존Vin Jaune을 말하고 있다.

레비 돌턴은 2000년대에 미국 동부 지역에서 활동하던 영리하고 창의적인 소믈리에들 중 한 명이었다.[59] 최고의 레스토랑들 세 곳, 마사Masa, 콘비비오, 앨토Alto에서 일했던 그는 손님들이 요리 및 요리의 순서를 직접 선택하는 경우(콘비비오의 정식 메뉴는 이것이 가능했다) 와인 페어링이 매우 어려워진다는 걸 깨달았다. 이에 그가 고안해낸 해결책은 비교적 잘 알려지지 않은 이탈리아 포도 품종과 스타일들로 그 간극을 메우는 것이었다. 돌턴의 손님들은 앙트레를 먹으며 프라파토, 알리아니코aglianico나 말바시아 디 칸디아에 관한 교육을 받곤 했다.

돌턴은 손님들에게 자신이 열정을 쏟고 있던 또 다른 분야, 즉 오렌지 와인을 제공하기도 했다. 2002년인가 2003년에 그는 와인 유통업에 종사하는 그의 동료 칩 코엔Chip Coen이 주최한 전문가 시음회에서 그라브너의 '리볼라 지알라'를 한 잔 맛보게 되었다.[60] 첫눈에 사랑에 빠졌다기보다는 매혹되었다는 표현이 맞다고 그는 회고한다. "순간 하늘 문이 열리고, 땅으로 뚝 떨어진 난 그 계시에 경외심을 느끼며 정신이 혼미해졌습니다. 실제로는 정말 당혹스러웠죠. 시간이 지나면서 난 바로 그 점이 내 흥미를 불러일으켰음을 알게 되었습니다. 라벨도 멋졌어요. 그것도 도움이 되었죠. 어쨌든 난 홀딱 반해버렸습니다. 발톱을 날카롭게 세운 히포그리프(독수리 머리와 날개를 가진 상상 속의 말—옮긴이) 같은 이 와인을 어떻게 하면 더 얻고 더 배울 수 있을까? 생각했죠."

돌턴은 지체 없이 당시 자신이 일하던 보스턴의 레스토랑 와인 리스트에 그 와인을 올렸지만, 아니나 다를까 잘 팔리지 않았다. 그가 애정을 품은 그라브너와 라디콘의 와인을 더 많은 사람에게 소개할 수 있게 된 건 콘비비오에서 일할 때였다(2008~2009년). 그는 그 와인을 일종의 '면책특권'으로 여겨, 같은 테이블의 손님이 완전히 상반된 조합의 메인 메뉴를 시키거나 성게, 아스파라거스 같은 까다로운 재료들이 메뉴에 오르는 경우에 활용했다. 돌턴의 이 새로운 관심사는 맨해튼의 와인 업계에 급속도로 퍼져나갔고, 특히 2009년 5월에 그가 37가지 오렌지 와인을 가지고 마라톤 시음회 디너를 개최한 이후부터는 더욱 그랬다. 그 디너에는 아시모프와 와인 평론가 겸 블로거인 ('닥터 비노Dr. Vino'라고도 하는) 타일러 콜먼Tyler Colman, 소르 아이버슨Thor Iverson도 참석했으며 다들 이 행사와 관련한 많은 글을 썼다. 이렇게 오렌지 와인은 만천하에 드러났다. 좀 괴짜 같긴 하지만 이름도 있고, 유력한 팬들도 확보하게 된 것이다.

---

59 그는 이후 소믈리에라는 직업 대신 팟캐스트 '아이 윌 드링크 투 댓I'll drink to that'의 진행자 겸 제작자가 되었다. www.illdrinktothatpod.com에서 무료로 들을 수 있다.

60 돌턴은 2002년 말이었는지 2003년 초중반이었는지 기억하지 못하지만 2003년 11월 이전이었던 건 확실하다고 한다. 그는 자신의 블로그(www.soyouwantobeasommelier.blogspot.com)에 그 와인이 2000년 빈티지였다고 썼으나, 이는 2000년 '리볼라 지알라'를 2004년에 병입했다는 그라브너 측의 말에 따르면 불가능한 일이다.

2009년 5월 콘비비오에서 열린 중대한 오렌지 와인 디너에서 소개된 와인들

카사 코스테 피아네Casa Coste Piane – '트란퀼로' 프로세코'Tranquillo' Prosecco 2006
코넬리센 – 문제벨 4 비앙코
데 콘칠리스De Conciliis – 안테체Antece 2004
모나스테로 수오레 치스테르첸시Monastero Suore Cistercensi – 코에노비움Coenobium 2007
모나스테로 수오레 치스테르첸시 – 코에노비움 루스티쿰Rusticum 2007
모나스테로 수오레 치스테르첸시 – 코에노비움 2006
파올로 베아Paolo Bea – 아르보레우스Arboreus 2004
마사 베키아Massa Vecchia – 비앙코 2005
카 데 노치Cà de Noci – 노테 디 루나Notte di Luna 2007
카 데 노치 – 노테 디 루나 2006
카 데 노치 – 리세르바 디 프라텔리Riserva dei Fratelli 2005
라 스토파La Stoppa – 아제노Ageno 2004
카스텔로 디 리스피다Castello di Lispida – 암포라 2002
카스텔로 디 리스피다 – 테랄바Terralba 2002
라 비앙카라La Biancara – 타이바네Taibane 1996
칸테Kante – 소비뇽 2006
다미안 포드베르식 – 카플라Kaplja 2003
다미안 포드베르식 – 카플라 2004
라디콘 – 야콧 2003
라디콘 – 리볼라 지알라 리세르바 1997
라디콘 – 리볼라 지알라 2001
그라브너 – 리볼라 지알라 1997
그라브너 – 리볼라 지알라 안포라 2001
그라브너 – 리볼라 지알라 2000
그라브너 – 브레그 안포라 2001
지다리치Zidarich – 비토브스카 2005
지다리치 – 말바시아 2005
보도피베크 – 비토브스카 2003
보도피베크 – 비토브스카 2004
보도피베크 – 솔로 MM4
조르지오 클라이Giorgio Clai – 스베티 야코브Sveti Jakov 2007
모비아Movia – 루나르Lunar 2007
비노테라Vinoterra – 키시 2006
윈드 갭Wind Gap – 피노 그리 2007
스콜리움 프로젝트Scholium Project – 산 플로리아노 델 콜리오San Floriano Del Collio 2006

오렌지 와인 고르기

오렌지 와인의 종류는 화이트, 레드나 로제 와인들만큼이나 다양하다. 자신이 선호하는 스타일을 구별하여 고르는 몇 가지 팁을 제시한다.

가벼운, 좀 더 향긋하고 산뜻한 오렌지 와인

껍질 접촉을 약하게 혹은 짧게 하는 세미아로마틱semi-aromatic 품종들(소비뇽 블랑이나 프리울라노 등)을 찾아보자. 침용 시간을 짧게 한 비토브스카 역시 이런 스타일이 된다.

이 와인들은 보통 색이 연하고 직접 마셔보기 전까지는 '오렌지 와인다움'을 거의 드러내지 않는다.

호주, 뉴질랜드, 남아프리카공화국의 젊은 와이너리들 중에 이러한 스타일을 완벽하게 내는 곳이 많다. 이들 와인의 경우 침용이 중심적인 단계는 아니지만 과일 향과 씹히는 듯한 질감을 살짝 더 하여 더욱 복합미 있는 와인으로 만들어준다.

강렬한 아로마를 느낄 수 있는 오렌지 와인

뮈스카나 게뷔르츠트라미너(그리고 세미아로마틱 트라미너들) 같은 아로마틱 품종은 스킨 콘택트를 일주일만 시켜도 본래 지니고 있는 강력한 부케가 크게 강화된다. 덕분에 섬세한 꽃 향이나 압도적인 향기가 더해진다. 오렌지 와인들 중 가장 개성이 강하므로 놓치면 아까운 와인인데, 호불호가 극명히 갈릴 수 있어서 장미꽃잎이나 리치 향을 좋아하지 않는 사람은 싫어할 수도 있다.

부드러운 질감의 미디엄 바디 오렌지 와인

2~3주간의 껍질 접촉을 거친, 하지만 부드럽게 추출한 와인들로 풍부한 아로마와 맛을 선사하는 반면 질감은 여전히 화이트 와인과 비슷하다. 개중에 가장 다재다능한 와인이라 단독으로 마셔도 좋고 음식에 곁들이기에도 좋다.

카멜레온 같은 샤르도네가 이 스타일과 잘 맞는 경우가 많으며 이탈리아 중부 대부분 지역(라치오, 움브리아, 토스카나)에서 생산되는, 트레비아노를 기본으로 하는 오렌지 와인들 역시 마찬가지이다.

타닌감이 있는, 오래 숙성시켜 마시기에 좋은 풀 바디 오렌지 와인

리볼라 지알라, 코르테제cortese, 므츠바네처럼 껍질이 두꺼운 품종을 한 달 이상 침용시켜 만든 와인은 극도의 오렌지 와인 경험을 선사한다. 이들은 주로 병에서 수년간 숙성해야 한다. 구조적인 레드 와인들과도 겨룰 수 있을 정도이며 보관 방법 역시 비슷하다(실온에 두고 마시며 공기와 접촉하도록 한다).

그라브너, 프린치치와 라디콘의 '리볼라 지알라', 또 카케티의 크베브리 와인들을 이 스타일의 기준으로 볼 수 있다.

우아함과 복합미가 있는 섬세한 질감의 와인

암포라나 크베브리, 콘크리트 에그 등을 제대로 사용하면 아주 부드러운 추출이 가능하며, 동시에 (달걀형 용기 내의 대류 작용에 의해) 효모 찌꺼기를 부드럽게 자극할 수 있다. 포라도리, 이아고 비타 리쉬빌리나 보도피베크의 와인은 6개월 이상 스킨 콘택트를 거쳤음에도 미묘한, 실크처럼 매끈한 아름다움을 드러낸다.

분홍색 껍질과 충격적인 색깔들

흔히 백포도로 분류되는 품종 중 일부는 사실 껍질이 분홍색이다(주목할 만한 예로는 피노 그리지오와 그르나슈 그리가 있다). 이들을 껍질과 함께 발효시키면 외관상 로제 와인과 구별이 안 되거나 심지어는 밝은 레드에 가까운 색이 난다. 특히 피노 그리지오는 침용한 지 며칠만 지나도 충격적인 분홍색을 띤다.

오렌지 버블 와인

오렌지색 버블 와인이 없으리란 법은 없다. 프로세코나 에밀리아 로마냐 지역의 일부 생산자들도 달리 생각하진 않을 것이다. 뜻밖의 사실은 스파클링 와인이라고 해서 강한 산성 물질이나 레몬 셔벗 같은 톡 쏘는 맛이 나지는 않을 수도 있다는 것이다. 일반 오렌지 와인의 깊이와 풀 향이 느껴지는 복합미에 기포들이 더해져 즐거움마저 준다. 크로치Croci의 기분 좋은 타닌감이 느껴지는 와인들과 코스타딜라Costadilà의 펑키한, 흙냄새 나는 콜 폰도col fondo(내추럴 스파클링 프로세코)들을 기준으로 본다.

10

싫어하는 사람은 언제나 있는 법

2000년대 후반, 대서양 양쪽의 와인 평론가와 전문가들이 그라브너, 라디콘과 그 제자들의 장르 파괴적 생산물만 가지고 씨름했던 건 아니다. 빠르게 성장 중인 내추럴 와인 업계를 어떻게 봐야 할지도 이들이 머리를 긁적이며 고민했던 문제였다. 소규모 장인 생산자들과 그들의 팬이 일군 민초적 하위문화는 족히 10여 년 전부터 크게 부흥할 조짐을 보였는데, 새 밀레니엄이 진행되면서 점점 더 큰 목소리를 내며 뚜렷해졌다.

이상적인 것으로 간주된 내추럴 와인은 와인 업계의 비교적 저명한 인물들 대다수를 격분시켰는데, 내추럴 와인이 '내추럴하지 않은' 와인들(즉 대량 생산된 주류 와인들)에 대한 반항적 외침으로 자리 잡은 것도 한 가지 이유였다. 또 다른 문제는 내추럴 와인을 하나의 범주로 보기에는 본질적으로 못 미덥다는 것이었다. 유기농과 바이오다이내믹 재배자들은 인증 제도와 그에 따른 법적 의무에 의지할 수 있다(비록 소규모 이탈리아 생산자들이 자주 그러하듯, 어떤 재배자들은 이런 형식적인 제도에 얽매이지 않는 편을 선택하기도 하지만). 하지만 내추럴 와인과 관련해서는 그 어떤 명확한 정의도, 규제도, 엄중한 규칙도 존재하지 않는다. 이는 펑크 운동과 비교되곤 했지만 오히려 신흥 예술 양식들에 비유하는 편이 더 나았을 것이다. 바실리 칸딘스키Wassily Kandinsky와 피에트 몬드리안Piet Mondrian은 20세기 초에 활동한 추상화계의 두 거장이었으나, 생전에 만나거나 서로 아이디어를 교환한 적은 한 번도 없었다. 이들이 창조해낸 양식은 회고적 관점에서만 정의될 수 있을 뿐이다.

내추럴 와인 역시 이와 비슷하게 역사 속에서 회고될 만한 것이다. INAO[61]가 그 규제에 관해 언급한 바 있으며 다수의 와인 페어에서 혹은 개별 생산자들이 성명서를 내는 횟수가 늘고 있긴 하지만, 무엇이 내추럴 와인을 구성하는가에 관한 공식적인 정의는 아직 내려지지 않은 상태이다. 일반적으로는 지속 가능성, 전통의 고수, 포도밭과 셀러 모두에서 가능한 한 최소한의 개입을 주요 골자로 한다. 여기에는 주로 아래와 같은 내용이 포함된다.

▶ 포도밭은 인증을 받았는지 여부와 관계없이 유기농 또는 바이오다이내믹 농법으로 경작된다.
▶ 수확은 손으로 한다.
▶ 발효는 토종(야생) 효모에 의해 자발적으로 진행된다.
▶ 어떤 단계에서도 효소, 다른 첨가물을 사용하거나 인위적 조정을 하지 않는다(즉 산성화나 탈산성화를 하지 않으며, 타닌이나 착색제를 첨가하지 않는다).
▶ 일부 지지자들은 발효 온도를 인위적으로 조절하지 않고, 화이트 와인의 경우에도 젖산 발효 malolactic fermentation[62]를 막아서는 안 된다는 점도 추가한다.
▶ 이산화황은 병입(이 단계가 가장 뜨거운 논쟁이 되고 있다)을 포함한 와인 양조 과정의 어떤 단계에서도 최소한으로 혹은 아예 첨가하지 않는다.
▶ 청징과 여과를 하지 않는다.
▶ (역삼투reverse osmosis(와인 성분들을 분리 또는 제거할 수 있는 장치-옮긴이), 크리오엑스트랙션 cryoextraction(포도 속의 수분을 얼려 착즙 시 결정이 걸러지도록 하는 것-옮긴이), 빠른 피니싱, 자외선 C 조사와 같은) 다른 심한 조작을 하지 않는다.
▶ 새 오크를 비롯해 와인에 강한 향을 남기는 통들을 사용하는 것은 본질적으로 내추럴하지 않다고 주장하는 사람들도 일부 있다.

2008년, 내추럴 와인의 가장 열정적인 지지자들 중 한 사람이 등장해 세간의 이목을 끌었다. 불타는 듯한 빨간색 머리에 키가 150센티미터 정도밖에 안 되는 앨리스 페링은 대담하고, 말이 빠르고, 지독히도 지적인 전형적인 뉴요커이다. 페링은 2008년 출간된 저서 『와인과 사랑을 위한 전쟁: 나는 어떻게 '파커화'되어가는 세상을 구했는가The Battle for Wine and Love: Or How I Saved the World from Parkerization』에서, 장인 정신이 깃든 와인의 구원자로서의 입지를 분명히 굳혔다.

---

61 '원산지와 품질에 대한 국립연구소(엥스티튀 나시오날 드 로리진 에 드 라 칼리테Institut National de l'Origine et de la Qualité) 는 프랑스 내의 와인과 포도 재배에 관한 모든 규제를 감독하는 기관이다.
62 생산자가 개입하거나 막지만 않으면 모든 와인에서 저절로 일어나는 2차 발효이다. 톡 쏘는 맛의 말산malic acids이 비교적 부드러운 신맛의 젖산lactic acids으로 바뀌는 과정이다.

그녀는 와인 양조의 균질화, 또 강화되고 알코올 도수가 높은 퀴베들에 상을 주는 점수 매기기식 문화에 강력히 반대함으로써 곧 내추럴 와인 업계의 총아로 떠오르며 최고의 내추럴 와인 생산자들을 알고 있는 정보통이 되었다.

페링은 처음에는 거의 프랑스 와인에만 초점을 맞추었으며, 첫 두 권의 저서에서는 오렌지 와인이라는 개념에 대한 언급은 전혀 없었다. 그러나 조지아와 그곳의 와인 문화에 대한 그녀의 공공연한 러브레터 『사랑하는 와인For the Love of Wine』(2016)에서 페링은 화이트와 레드 와인 모두의 스킨 콘택트에 대해 복음을 전파하다시피 했다.[63] 그럼에도 불구하고 페링은 긴 스킨 콘택트에 대해서는 신중한 지지를 표하며, 사람들은 그녀가 항상 그 방식을 좋아하지는 않음을 감지했는데 2017년 2월 그녀의 사이트에 게재된 아래 글이 그것을 증명한다.

> 2006년경 스킨 콘택트 방식이 처음으로 우리나라에 상륙, 시행되기 시작했다. 성공하는 경우는 많지 않았다. 일부에서는 말린, 딱딱한 과일 향과 공격적인 타닌감이 났다. 그러나 지난 10년간 껍질이 첨가물 없이 와인을 만드는 방법으로 받아들여지고, 발효 시 항아리 사용이 전파되어(토스트에는 버터가 제격이듯이 항아리에는 포도즙이 제격이다) 와인 양조자들이 개입을 덜 하는 법을 배우게 되자 훌륭한 '오렌지' 와인이 급증했다. 그것이 하나의 스타일이었기 때문이 아니라, 목적이 있었기 때문이다.

2011년 여름, 마스터 오브 와인인 이자벨 르쥬롱(현재 프랑스의 유일한 여성 마스터 오브 와인이다)은 영국의 내추럴 와인 최대 수입업체인 '레 카브 드 피렌'과 협력하여 영국 런던에서 첫 내추럴 와인 페어를 개최했다. 역사적인 버러 마켓Borough Market의 아치 지붕 밑에서 사흘간 열린 이 행사는 수천 명의 열정적인 와인 애호가들과 전문가들로 인산인해를 이루었고, 온라인과 오프라인을 막론하고 상당량의 언론 보도가 이루어졌다. 이 행사는 와인 업계의 평론가들을 극명하게 갈라놓는 중요한 기점이 되었다. 마스터 오브 와인인 팀 앳킨Tim Atkin, 로버트 조셉Robert Joseph, 톰 와크Tom Wark를 비롯한 일부는 그러한 운동이 결함 있고 잘못 만들어진 와인들에 대한 변명일 뿐이라며(마치 '벌거벗은 임금님' 같다며) 회의적이거나, 더 나아가서는 대놓고 내추럴 와인에 반대하는 입장을 취했다. 반면에 잰시스 로빈슨, 제이미 구드Jamie Goode, 에릭 아시모프를 포함한 다른 이들은 내추럴 와인의 다양성과 대담함에 흥분을 감추지 못했다.

---

63 2014년 (조지아 국립 와인 협회National Wine Association와의 협력으로) 팸플릿 형태로 처음 출간되었을 당시 이 책의 제목은 '껍질 접촉Skin Contact'이었다.

스케르크의 병들

내추럴 와인 페어의 동업자 관계는 계속 이어지지 못해. 2012년 런던 사람들은 레 카브의 리얼 와인 페어Real Wine Fair와 르쥬롱의 로 와인 페어Raw Wine Fair라는 두 경쟁적인 행사 중 어디를 갈지 골라야 했다. 둘 모두 대성공을 거두었는데, 이는 사업적 성공이었을 뿐만 아니라 점차 많은 와인 소비자들이 내추럴 와인 운동을 지속 가능하고 흥미진진한 음주 문화로 가는 길로 여겨 가담하는 계기가 되었다.

페링과 달리 르쥬롱은 화이트 와인의 스킨 콘택트 방식을 아주 당당하게 지지한다. 2011년에 그녀는 직업을 바꾸기로 결심한 조지아의 에코 글론티 박사와 협력하여 크베브리 발효 앰버 와인을 만들었다. 그 결과물인 라그비나리Lagvinari 르카치텔리는 2013년 로 와인 페어 마스터클래스에서 공개되었으며, 이것으로 글론티는 조지아 최고 와인 양조자들 중 하나로 데뷔하게 되었다.

오렌지 와인은 여러 모로 주류 화이트 와인과 비교할 때 가장 극단적인 차이의 발현으로 여겨지기 때문에 내추럴 와인 업계의 비평가들이 가장 좋아하는 터치포인트가 되었다. 표면상으로는 화이트 와인인데 경우에 따라 뾰족한 타닌감이 느껴질 수 있다는 것은 일부 전통주의자들로서는 거의 이해할 수 없는 부분이었다. 많은 저명한 작가와 전문가들은 색깔부터 그냥 넘기지 못했다. "오렌지 와인이라고? 그건 그냥 산화된 거야." 적어도 전문가 집단들에서는 호박색, 적갈색, 금색이나 주황색은 상한 화이트 와인이라는 생각이 고정화된 듯 보였다.

프레데릭 브로셰Frédéric Brochet는 이러한 시각적 단서에 기반을 둔 선입견을 확실히 파악했다. 이 프랑스인 교수는 2001년 52명의 와인 양조학 학생들을 대상으로 연구를 진행했다. 그는 학생들에게 화이트 와인 하나, 레드 와인 하나를 시음하도록 했다. 학생들은 화이트 와인에 대해서는 '꽃 향' '복숭아' '꿀 맛' 같은 단어들을 제시했으며, 그들의 잔에 들어 있던 와인이 보르도산 세미용Semillon/소비뇽 블렌드였으니 충분히 타당한 제시였다. 다음으로 레드 와인을 마신 학생들은 '라즈베리' '체리' '담배' 같은 다른 단어들을 제시했다. 여기서 반전은? 브로셰는 같은 화이트 와인에 무미, 무취의 적색 색소를 넣어 레드 와인으로 만든 것이었다.

브로셰 본인도 인정한 이 엉큼한 실험은 미적인 요소가 와인의 인식에 얼마나 영향을 미치는가를 입증해 보였다. 바비 스터키가 2000년 처음 오렌지 와인을 맛보았을 때 흠칫했던 것처럼, 와인 애호가와 전문가들 역시 라디콘의 오슬라브나 지다리치의 비토브스카를 처음 만났을 때 혼란에 빠졌다. 이들 중 일부는 선입견을 떨쳐냈지만, 다른 일부는 그러지 못했다.

런던의 신망 있는 와인 무역 업체 파 빈트너스Farr Vintners의 수장인 스티븐 브로잇Stephen Browett과 노골적인 언사로 유명하며 '수퍼플롱크Superplonk'[64]로 유명세를 떨치다 이제는 은퇴한 영국의 와인 평론가 말콤 글루크Malcolm Gluck는 선입견을 떨쳐내지 못한 일부에 속했다. 2016년 6월 세이저 앤드 와일드Sager+Wilde 와인 바에서 열린 파리의 심판[65] 40주년 기념 특별 시음회에서 글루크, 브로잇, 스티븐 스퍼리어Stephen Spurrier, 마스터 오브 와인인 줄리아 하딩Julia Harding과 본 저자를 포함한 와인 전문가들은 여섯 차례의 블라인드 테이스팅을 하게 되었다.

매 차례마다 두 가지 와인이 제공되었다. 하나는 캘리포니아산, 하나는 프랑스산. 전문가들이 중

---

64 《가디언The Guardian》에 매주 연재된 말콤 글루크의 슈퍼마켓 와인 평론으로 1980년대에 큰 인기를 끌었으며 2000년대에 이르러서는 동일한 제목의 책들이 수 권 출간되었다.

65 이제는 전설이 된 1976년 캘리포니아에서 스티븐 스퍼리어가 주최한 캘리포니아와 프랑스 와인의 블라인드 테이스팅 행사로, 캘리포니아 와인들이 그보다 훨씬 더 유명한 프랑스 보르도산 경쟁 와인들을 이기는 바람에 당시 많은 이들이 분개했다. 이와 관련하여 2008년 앨런 릭먼Alan Rickman이 스퍼리어 역을 맡은 영화 〈와인 미라클Bottle Shock〉이 제작되기도 했다.

간층에서 신중히 시음하는 동안 아래층을 가득 메운 50명의 젊고 열정적인 내추럴 와인 애호가들도 같은 와인들을 시음했다.

세 번째 시음은 본래의 1976년 파리의 심판을 훨씬 넘어설 정도의 충격을 불러일으켰다. 역동적이며 긍정적인 기운이 넘치는 마이클 세이저Michael Sager는 두 호박색 와인, 스콜리움의 '프린스 인 히스 케이브스Prince in his Caves 2014'와 세바스티앙 히포Sébastien Riffault의 '솔레타Sauletas 2010'을 선택했다.[66] 글루크는 혐오감을 거의 억누르지 못하며 농담조로 말했다. "이런 와인들을 장례식장에서 내가 싫어하는 사람한테 주진 않을 겁니다." 아마도 솔레타의 타닌감이나 색깔, 숙성 향 같은 요소들이 그의 기호에 맞지 않았기 때문이리라. 브로잇은 동의를 표했고, 글루크 옆자리에 앉은 마이클 슈스터Michael Schuster도 마찬가지였다. 그들의 지지에 기분이 좋아진 글루크는 불쌍한 세이저가 그에게 다가올 때까지 기다렸다가 수사적 표현으로 공격했다. "여기서 이런 와인을 진짜로 즐기고 있는 사람이 나뿐이라고 생각할 수는 없을 텐데요!"

세이저는 좀처럼 당황하는 법이 없지만, 그 순간에는 글로 옮길 만한 대답을 하지 못했다. 그는 흐느적거리며 사람들로 붐비는 아래층으로 향했고, 그 이후 전문가 테이블에 함께 앉아 있던 젊은 소믈리에 두 명도 두 손을 들고 말았다. 물론 글루크의 경력 자체가 자극적인 표현을 서슴지 않고 와인 업계를 화나게 함으로써 완성된 것이며, 이는 2008년 그의 마지막 저서 『와인 대사기극The Great Wine Swindle』 출간으로 정점을 찍었다. 하지만 그의 논평과 사람들의 아무 의심 없는 지지는, 와인 업계의 비교적 고착화된 계층이 여전히 오렌지 와인(또는 기존에 확립된 주류와 크게 다른 것들)을 이해하기 힘들어한다는 것을 분명히 입증했다. 바비 스터키나 마이클 세이저 같은 열린 마음의 지지자가 한 명 있다면, 와인을 마시는 대중에게 오렌지 와인은 좀 까다롭고 결함이 있거나 잘못된, 그냥 싫은 것이라는 메시지를 의식적으로든 무의식적으로든 퍼뜨리는 편협한 전문가들이 열 명은 더 있다. 사람들이 말하듯, 싫어하는 사람은 언제나 있는 법이다.

---

66 히포의 와인은 짙은 호박색이지만 이는 스킨 콘택트가 아니라 고의적 산화를 통해 난 색이다. 히포는 2013년에 첫 스킨 콘택트 와인 '옥시니Auksinis(껍질 접촉Skin Contact)'를 만들었다. '프린스 인 히스 케이브스'는 껍질과 함께 발효시킨 소비뇽 블랑이다.

로버트 파커가 오렌지 와인을 보는 관점은 어디에도 특별히 기록된 바 없지만 2014년 '와인 애드버컷Wine Advocate' 웹사이트에 게재되었던 유명한 '가치가 있는 글Article of Merit'에서 그가 성을 냈던 걸 고려할 때, 칭찬하는 관점은 아니었을 것이다. 파커는 내추럴 와인 '전사들'이 보르도나 부르고뉴의 최고급 와인 대부분을 공장 와인, 조작된 와인으로 교묘하게 암시하고 있다며 신랄하게 욕했다. 그는 모든 내추럴 와인을 한데 모아 은유적인 침 뱉는 통에다 넣으며, '산화된, 상한, [냄새는] 대변 같고 [보기에는] 오렌지주스나 녹슨 아이스티 같다'고 비난했다. 그의 폭언은 불만 많고 적대적인 말투였긴 하나, 다수가 그의 응원층이었던 그의 세대를 대변하는 것이었다.

파커와 맞먹는 영국 최고의 와인 평론가는 대체로 좀 더 열린 마음을 가졌다. 잰시스 로빈슨과 그녀의 동료인 마스터 오브 와인 줄리아 하딩은 항상 오렌지 와인에 공정한 기회를 주었으며 와인의 스타일, 색깔이나 자신의 신념에 관계없이 보통은 공평하고 타당한 비평을 내놓았다. 로빈슨은 2008년에 쓴 긴 글에서 다수의 슬로베니아 와인을 평가했다. 그녀는 "일부 생산자들의 진짜 다른 점은 어린 와인을 포도 껍질과 접촉시키는 이들의 특이한 기호이다"라고 언급했으나, 그런 와인들 중 어떤 것을 진심으로 추천하지는 않았다. 바티치의 '자리아Zaria'와 모비아의 '레불라' 같은 클래식들이 칭찬받긴 했으나, 다른 것들은 그녀의 흥미를 그다지 끌지 못했다.[67]

로빈슨의 이 굉장한 수준의 경험과 포용적인 입맛을 능가할 만한 사람이 있다면 바로 휴 존슨Hugh Johnson일 것이다. 잰시스보다 열한 살 많은 존슨은 1960년 12월에 (무려 영국판 《보그》지에) 와인 관련 글을 쓰기 시작했으며 항상 유행에 구애받지 않는 입장을 유지, 어떤 것에든 넓고 포용적인 태도를 보여주었다. 그러나 2016년 《워싱턴 포스트》지와의 인터뷰에서 그는 내추럴 와인과 오렌지 와인이라는 떠오르는 장르에 대한 짜증을 공개적으로 드러냈다. "오렌지 와인은 부차적인 것이며 시간 낭비입니다." 그는 말했다. "실험을 왜 합니까? 정말 좋은 와인을 만드는 법을 이미 알고 있잖아요. 왜 굳이 그 공식을 버리고 다른 걸 하려 듭니까?"

---

67 로빈슨은 이 글 어디에서도 '오렌지 와인'이라는 용어를 쓰지 않았다. 2008년 《파이낸셜 타임스Financial Times》에 게재되었던 이 글은 현재 www.jancisrobinson.com/articles/slovenia-land-of-extreme-winemaking에서 볼 수 있다.

역사적으로 아주 흥미롭다고 할 수 있는 이런 스타일의 와인을 그토록 무시하는 태도를 갖게 된 이유를 알고 싶었던 나는 존슨에게 대화를 요구했다. 만남은 우리 둘 다 아는 친구(다분히 사교적인 마스터 오브 와인, 저스틴 하워드 스네이드Justin Howard-Sneyd)를 통해 런던의 '67 팔 몰 클럽67 Pall Mall Club'에서 이루어졌다. 나는 함께 시음할 여덟 가지 와인을 골랐고, 그 시음을 통해 화이트 와인의 긴 스킨 콘택트 방식이 매우 광범위하며 그것이 결코 부차적인 것이 아니라 현대 와인 업계의 중요한 화두임을 보여주고 싶었다.

와인에 대한 우리의 견해는 전반적으로 많이 달랐지만, 그보다 더 흥미로웠던 건 오렌지 와인이라는 용어에 대한 대화였다. 알고 보니 존슨은 그 용어의 의미를 잘 모르고 그 자리에 나온 것이었다. 《워싱턴 포스트》지에 실린 그의 인터뷰를 진행한 데이브 맥킨타이어Dave MacIntyre는 내추럴 와인이라는 곤란한 주제를 언급했다. 존슨은 당장에 발끈하며, 긴 껍질 침용 방식이라는 자체가 거슬렸던 게 아닌데도 오렌지 와인을 공격하며 깎아내렸다. 그는 요슈코 그라브너의 와인들에 대해 꽤 잘 알고 있었고, 그라브너의 '리볼라 지알라 2007'은 그날 시음의 하이라이트가 되었다. 우리는 친구가 되었으며, 존슨은 침용의 하위 장르를 더 깊이 파고드는 기회를 갖게 된 데 진심으로 고마워하는 것 같았다.

휴 존슨이 그라브너의 '리볼라 지알라 2007'이 담긴 잔을 바라보고 있다

와인 글쟁이들은 모든 오렌지 와인에 찬성 또는 반대의 뜻을 분명히 밝혀야 한다고 생각했던 반면, 대중지와 블로그들은 그런 고민이 없었다. 2015년경에는 핫한 와인 바들을 휩쓸고 있는 새로운 와인 트렌드에 관한 명쾌한 글이 세계 곳곳에서 온라인, 오프라인을 막론하고 점차 더 많이 쏟아져 나오기 시작했다. 잘못된 사실을 써놓은 엉터리 연구 글도 많았지만, 2015년 여름 《보그》지는 '화이트, 레드, 로제는 그만 - 이번 가을에는 오렌지를 마셔라'라는 권유의 글에서 일곱 가지 와인의 이름을 언급하며 마스터 소믈리에인 파스칼린 르펠티에Pascaline Lepeltier의 말을 인용했다. 시대가 확실히 변했다.

2000년대에 오렌지 와인을 알아가기 시작한 건 비단 평론가들만이 아니었다. 슬로베니아가 관광지로 인기를 끌기 시작하고 저가항공사들이 류블랴나 직항 노선을 추가하면서, 점차 많은 유럽의 와인 및 음식 애호가들이 슬로베니아의 장인 생산자들의 셀러로 찾아가 침용된 레불라나 말바시아 와인과 사랑에 빠졌다. 이러한 현상을 잘 파악한 『러프 가이드Rough Guide』는 2014년 고리슈카 브르다의 오렌지 와인 전통에 관한 글을 내놓았다(비록 최신판 가이드북에서는 따로 언급하지 않았지만). 다소 놀랍게도, 침용된 와인이 가장 늦게 인기를 끈 곳은 다름 아닌 슬로베니아였다. 슬로베니아의 와인 음주가들 대부분은 그런 스타일의 와인을 세련된 유럽인들이라면 마시지 않을 구시대적인 것, 녹슨 수집품쯤으로 여겨 그다지 환영하지 않는다. 슬로베니아의 침용된 와인 생산자들 거의 대다수가 슬로베니아에서는 자신들의 와인이 거의 팔리지 않는다며 한탄한다. 1991년이 되어서야 공산주의의 족쇄에서 벗어난 사람들이라서인지 아직은 오렌지 와인 양조 문화에 내재된 '뿌리로 돌아가자' 윤리에 열광하기보다는 현대적 혁신을 좋아하는 듯하다.

인접한 이탈리아와 오스트리아와는 달리, 슬로베니아에는 와인과 와인 생산자들을 홍보하는 기관이 따로 없고 슬로베니아 관광청Slovenian Tourist Board이 맡고 있다. 슬로베니아 관광청은 국외의 내추럴 와인, 오렌지 와인 팬들 사이에서 자국의 장인 생산자들이 인기를 끌고 있음을 점차 인식하고 있지만, 생산자들은 여전히 자신들의 이름이 언급되는 것을 부끄러워한다. 관광청의 마케팅부는 '프리모르스카의 강하고 드라이한 와인들'('침용된'을 돌려 말한 게 분명하다)이라고는 말하지만 오렌지 와인이라는 용어를 사용하기는 꺼린다.

이렇게 가장 전통적인 와인 스타일에 냉담한 슬로베니아에서는 몇몇 고급 레스토랑이 예외적으로 자국의 최고 장인 생산자들을 열심히 홍보한다. 사람들의 칭송을 받는 '히사 프랑코Hiša Franko'(이곳의 셰프 아나 로스Ana Roš는 2017년 세계 최고 여성 셰프 상을 받았다[68])와 '히사 덴크Hiša Denk' 같은 곳들은 자국의 최고 침용 방식 와인들을 다양하게 선보이며, 이들이 복잡한 음식과의 페어링에 얼마나 잘 어울리는지 소개한다. '오렌지 와인 페스티벌Orange Wine Festival'을 주도하는 보리스Boris와 미리암 노바크Miriam Novak 역시 언급할 만한 인물인데, 이 인기 있고 활기 넘치는 시음회 겸 축제는 이졸라Izola(이스트라반도 중 슬로베니아에 속하는 지역)와 빈에서 일 년에 두 번 열린다. 보통 슬로베니아와 인근 국가들의 와인 양조자들 60여 명이 참가한다.

콜리오, 브르다와 조지아의 생산자들은 21세기 들어 예기치 못했던 시장을 발견했다. 비교적 달지 않은, 감칠맛마저 느껴지는 많은 침용된 화이트 와인이 일본인들의 입맛에 완벽히 맞아떨어졌는지 아시아 시장 전반이 누구도 예상 못했던 오렌지 와인에 대한 열정을 보였다. 일본 요리는 대부분의 서양 요리들에 비해 광범위한 쓴맛과 감칠맛을 담고 있는데, 이러한 맛이 오렌지 와인과 완벽히 어울리는 경우가 많았다. 북유럽 국가들(특히 덴마크, 스웨덴과 노르웨이)의 내추럴 와인 애호가들 역시 2000년대 중후반에 오렌지 와인을 열심히 구하기 시작했다. 심지어 덴마크의 어느 수입업자는 자기 고객들의 요구를 만족시키기 위해 한 거래처에 오렌지 와인을 생산해달라고 요구하기도 했다. 다뉴브강 근처에 있는 오스트리아의 캄프탈Kamptal 지역에 거주하는 젊은 마르틴 아른도르퍼Martin Arndorfer와 그의 아내 안나Anna는 실험에 개방적이긴 했어도, 그 갑작스런 요구가 없었다면 스킨 콘택트 화이트 와인이라는 새로운 라인을 만들어낼 결심까지는 못했을 것이다. 오렌지 와인에 대한 수요는 물론 존재했으며, 그것도 아주 많았다!

더 많은 오렌지 와인을 요구하는 목소리는 덴마크에서만 나온 게 아니었다. 보다 젊은 밀레니얼 세대가 와인이 흥미롭고, 나아가 반항적일 수 있음을 깨닫기 시작하면서, 오렌지 와인은 전 세계의 신생 내추럴 와인 바와 레스토랑들의 리스트에 오르기 시작했다. 뉴욕의 라신Racines과 더 포호스맨The Four Horsemen, 런던의 테루아Terroirs, 더 레메디The Remedy나 세이저 앤드 와일드처럼 이제는 확실히 자리를 잡은 곳들은 군이 오렌지 와인으로 전환할 필요도 없었다. 그곳을 설립하거나 그곳에서 일하는 젊은 기업가들, 와인 광들과 소믈리에들은 그들의 화이트 와인이 실은 앰버 또는 오렌지 와인일 수도 있다는 데에 그 어떤 콤플렉스도 없었으니까(그들의 고객들 대부분도 마찬가지였다).

---

68 윌리엄 리드 미디어William Reed Media가 주관하는 '월드 베스트 레스토랑 50The World's 50 Best Restaurants'에 의거해 수여된 상이다. 여성만을 위한 상을 따로 둔다는 게 구식이며 심지어는 모욕적이라는 말이 많았지만, 그래도 여전히 아주 명망 있는 상이다.

오해들

"오렌지 와인은 산화되었다"

많은 와인 전문가들이 침용된 화이트 와인을 단지 색깔만 보고 산화되었다고 단정 짓는 것은 꽤나 놀랍다. 시각적 단서는 떨쳐버리기가 힘들지만 선입견이 아닌 혀로 직접 맛본 사람들은 콜리오, 브르다나 조지아의 잘 만든 오렌지 와인이 복합미와 균형을 이루는 발랄한 상큼함을 지녔다는 사실을 깨달을 것이다.

프랑스, 그리스나 포르투갈의 일부 생산자들은 오렌지 와인을 일부러 산화된 스타일로 만들어왔지만, 이는 백포도를 침용하는 유서 깊은 전통이 있는 나라들에서는 전혀 찾아볼 수 없는 일이다.

"오렌지 와인은 내추럴 와인이다"

'오렌지 와인'이라는 용어는 하나의 과정, 하나의 와인 양조 기술을 묘사할 뿐이다. '내추럴 와인'은 철학적으로 훨씬 더 넓은 의미를 지닌다. 비록 오렌지 와인 생산자들 대다수가 '내추럴'로 분류되기는 하지만 다 그런 건 아니다. 비교적 주류에 속하는 와이너리들 중 일부는 관습적인 와인 양조(선별된 효모, 온도 제어, 청징과 여과) 내에서 스킨 콘택트를 실험해왔다. 이것이 진정한 오렌지 와인인지 아닌지는 개인이 결정할 문제이다.

"오렌지 와인은 암포라에서 만든다"

그런 것도 있고 아닌 것도 있다. 오렌지 와인은 스테인리스스틸 탱크, 바리크, 큰 오크통, 시멘트 탱크, 플라스틱 통과 각종 점토 용기들에서 만들 수 있으며, 그렇게 만들어왔다.

"오렌지 와인은 테루아를 표현할 수 없다"

오렌지 와인을 싫어하는 사람들이 자주 하는 무시 발언 중 하나는, 백포도를 침용하면 그 포도 품종의 재배지나 특징을 알 수 없게 되어버린다는 것이다. 레드 와인에 적용되는 양조 기술도 이와 똑같은데, 그럼 그들은 레드 와인들 역시 원산지의 특징을 드러내지 못한다고 느끼는 것인가?

"오렌지 와인은 다 똑같은 맛이다"

이것은 "힙합은 다 똑같은 소리가 난다", "발리우드 영화는 줄거리가 다 똑같다" 혹은 "모든 와인은 다 똑같은 맛이다"와 비슷한 말이다. 모든 스타일과 다양한 하위 장르들의 깊이와 단계적 차이를 분명히 알기 위해서는 탐구가 좀 필요하다.

오렌지 와인의 난제와 결함

오렌지 와인을 싫어하는 사람들은 모든 오렌지 와인은 결함이 있고, 산화되었으며, 휘발성 냄새가 난다고들 말한다. 이는 어불성설이나, 이 무간섭주의 와인 양조와 관련한 난제들은 분명 존재하며 그 결과로 만들어진 모든 와인에 결함이 없다고 할 수는 없다.

휘발성 산 Volatile acidity

오렌지 와인 양조에서 가장 큰 난제는 휘발성 산이 너무 강해지는 걸 막는 것이다. 휘발성 산(본래는 아세트산)은 식초나 네일 리무버 같은 아로마를 낸다. 껍질이 발효조 위에 떠서 마르고 산소에 노출될 경우 휘발성 산이 발생할 위험이 있다. 이를 방지하려면 규칙적으로 펀치다운을 하거나 기타 캡 관리 기술이 필수적이다.

그렇지만 어느 정도의 휘발성 산은 와인에 기분 좋은 매력을 더한다. 이것은 다 균형의 문제이다. 고전적인 레바논산 '샤토 무사르Chateau Musar'의 올드 빈티지들은 휘발성 산도가 비교적 높은 것으로 유명하다. 라디콘의 와인들은 산뜻함과 짜릿함을 주는 주요 요소인 휘발성 산을 적절히 활용한다. 이처럼 적당한 비율인 경우에는 기적 같은 효과를 낼 수 있다.

브레타노미세스 Brettanomyces

야생 효모 발효 시 원치 않게 발생할 수 있는 밉상 효모이다. 이는 배양 효모를 사용할 때는 잘 안 생기는데, 배양 효모는 야생 효모보다 강하고 예측이 가능하여 모든 장애 요소들을 제치고 발효를 훨씬 빨리 완성할 수 있기 때문이다.

대부분의 오렌지 와인은 자발적으로 발효되므로 브레타노미세스가 문제시될 수 있다. 이는 오크통 구멍 속에도 살 수 있는데, 이렇게 통이 오염되면 버리는 것 말고는 별 방법이 없다.

브레타노미세스는 정도가 심하지 않을 때는 정향이나 반창고 냄새로 자신을 드러낸다. 심한 경우에는 농가 마당이나 거름 냄새가 나며, 와인에서 풍기는 모든 과일의 풍미를 파괴하거나 가려버리기도 한다.

마우지니스 Mousiness

마우지니스는 락토바실러스균이 존재하는 환경에서 발생할 수 있는 오염이나, 이 락토바실러스균이 한 와인 속에서 (데케라dekkera라고도 하는) 브레타노미세스와 함께 자랄 수도 있어서 많은 이들이 마우지니스를 브레타노미세스와 혼동하기도 한다.

마우지니스는 pH가 높고(주로 산도가 낮음을 의미), 충분한 온기와 산소가 있을 때 생기기 쉽다. 극소량의 황으로도 방지할 수 있기에, 황을 첨가하지 않은 와인들에서만 문제가 되는 경향이 있다.

와인의 표준 pH상에서는 휘발성을 띠지 않으므로 냄새로 감지할 수는 없다. 와인을 맛본 사람들이 '쥐 냄새mousy가 난다'고 말할 때는 주로 알게 모르게 브레타노미세스를 묘사하는 것이다. 마우지니스에 오염된 와인은 마시는 사람의 침과 섞이면서 pH가 올라가면 '개의 입 냄새'나 '오래된 팝콘' 같은 역겨운 맛을 낸다. 이런 느낌은 보통 마신 지 10~20초 정도 후에 입안에 남는다. 이는 여러 와인을 연달아 시음하는 바람에 주범을 찾아내기 힘든 경우 특히 더 놀랍고 충격적인 경험이다.

게다가 마우지니스에 대한 민감성은 사람마다 차이가 크다. 와인 양조자의 약 30퍼센트는 그 정도가 심한 경우에도 감지하지 못한다.

주의해야 할 점은 이 문제들 중 어느 것도 오렌지 와인에만 해당하는 것은 아니라는 것이다. 하지만 개입을 최소화하고 황 성분을 적게 첨가하거나 아예 첨가하지 않은 와인들일수록 이런 문제가 더 자주 발생하기는 한다.

11

이것은
화이트 와인이
아니다

오렌지 와인의 난제에는 전통적인 와인 산업 낙후 지역들에 받아들여지는 것뿐만 아니라 계속되는 정체성 위기도 포함된다. 이 짙은 색 음료는 소매 업계와 레스토랑들에서 흔히 화이트 와인과 혼동되는 일을 겪은 데 더해, 이제는 오렌지 와인이라는 용어가 내추럴 와인과 동의어인 것처럼 여겨지기까지 한다. 왜 이 둘은 하나의 모호한 범주로 싸잡히곤 하는 걸까?

정확히 말하자면 '내추럴 와인'이란 와인과 관련된 하나의 운동 또는 철학을 뜻하며 내추럴 와인 생산자들도 레드, 화이트, 로제, 오렌지, 스파클링 와인을 만든다. 적어도 본 저자의 관점에서 '오렌지 와인'은 껍질째 발효된 백포도로 만든 와인을 말한다. 이러한 스타일은 전통에 뿌리를 내리고 있으며 주요 주창자들 대부분이 내추럴 와인에 거의 들어맞긴 하지만, 이렇게 구미가 당기는 단순한 그림을 흐려놓는 예외들도 여럿 존재한다 실제로 오렌지 와인이라는 범주는 내추럴 와인과 많은 부분이 겹치는 부분집합이나, 그 안에 완전히 포함되지는 않는다.

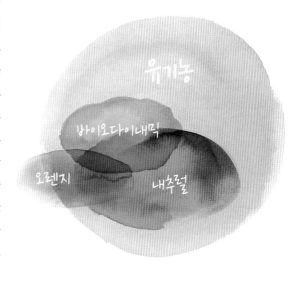

토니 밀라노프스키Tony Milanowski는 이러한 혼란을 통감한다. 그는 경험 좀 있는 사람 특유의 무뚝뚝하고 간단명료한 성격을 지니고 있다. 하디스Hardys(호주)와 파르네세Farnese(이탈리아)에서 정통 와인 양조 일을 했던 그는 현재 영국 서섹스 주에 있는 플럼튼 대학Plumpton College 와인 양조 학부의 프로그램 매니저 겸 강사이다. 밀라노프스키는 의외로 오렌지 와인 주창자이지만, 기술과 이념 간에 명확한 선을 그은 몇 안 되는 사람들 중 하나이다. 그는 프리울리의 사샤 라디콘 와이너리를 방문해 그 가문의 와인 양조 방식을 배웠으며, 2013년 '로 와인 런던 페어'에서는 오렌지 와인 마스터클래스를 듣기도 했다. 하지만 그는 그 결과에 만족하지 못했다. "다들 껍질 접촉의 한 가지 방식(극단적으로 내추럴한 저개입 방식)만을 지지하는 것 같아 한편으로는 좀 언짢았습니다. 내추럴 버전만이 유일한 건 아닌데 말이에요. 그래서 나는 학생들에게 껍질 접촉을 가르쳐야겠다고 생각했습니다."

밀라노프스키는 그의 말대로 백포도의 스킨 콘택트 방식 발효를 커리큘럼에 추가했고 현재까지 그 대학의 이름으로 두 빈티지의 오렌지 와인(2015년과 2016년) 생산을 주창했는데 이는 인공 효모 사용, 온도 제어, 무균 여과를 통한 아주 깨끗하고 현대적인 방식으로 만들어진 것들이다.[69] 이 와인들은 매력적이긴 하나 그 정도는 약한데, 긴 껍질 침용이 하나의 기술일 뿐임을 입증하면서도 동시에 와인을 보다 과학적이고 분석적인 방식으로 다루면 낭만과 활력의 많은 부분을 잃게 된다는 것도 드러났기 때문이다.

와인 양조자인 조시 도나게이 스파이어Josh Donaghay-Spire는 밀라노프스키의 제자로 현재 영국에서 가장 크고 성공한 와이너리에 드는 채플 다운Chapel Down에서 일한다. 그는 침용된 화이트 와인 스타일에 대한 경험에서 영감을 받아 2014년 '채플 다운 오렌지 바커스Chapel Down Orange Bacchus'를 만들었다(이것은 영국의 첫 시판 오렌지 와인이 되었다). 이 오렌지 바커스 역시, 보다 개입주의적인 관행이 결합되는 경우에는 발효 시 긴 껍질 침용의 특징을 거의 느낄 수 없음을 보여준다. 도나게이 스파이어는 열흘만 스킨 콘택트를 해도 와인에 톡 쏘는 듯한 맛이 생긴다고 고민하다가, 결국 프리런 즙free-run juice[70]만 받아 오크통에서 9개월간 숙성하기로 결정했다. 그 이후에는 벤토나이트를 이용한 청징과 여과가 이어진다.[71] 그의 와인은 전혀 거슬리는 느낌은 없지만, 오

---

69 이 대학은 2018년 이후 조지아산 크베브리 몇 개를 설치하여 보다 '내추럴한' 스타일의 와인 양조 실험도 하고 있다.

70 파쇄기나 발효조에 든 포도에서 압착 없이 저절로 흘러나온 즙

71 둘 다 대량 생산된 주류 와인들에 아주 일반적으로 적용되는 과정들이나 이탈리아. 슬로베니아나 조지아의 전통 오렌지 와인 생산자들은 거의 시행하지 않는다.

슬라비아산 침용된 리볼라 지알라의 범접하기 힘든 풍미와 카르소산 스킨 콘택트 비토브스카의 마법 같은 우아함을 즐기던 사람들이라면 이 오렌지 바커스를 그 이름에 걸맞게 진탕 마시기에는 뭔가 부족하다고 느낄 수도 있다. 채플 다운의 2015년과 2016년 오렌지 바커스는 모두 압착즙을 사용하고 보다 긴 침용(각각 15일, 21일)을 거치긴 했지만, 도나게이 스파이어는 첫 빈티지가 적어도 그 자신에게 지평을 넓혔다는 자신감을 주었다고 말한다.

어디서 살까

생산 규모가 작은, 장인의 와인들 같은 경우(오렌지 와인의 99퍼센트가 여기에 해당된다) 슈퍼마켓에서는 거의 찾아보기 힘들다. 물론 가능하다면 힘들게 번 돈을 지역 산업에 쓰는 편이 좋을 것이다.

이때에는 특히 내추럴, 유기농, 바이오다이내믹 생산자들과 주로 거래하는 와인 판매상들을 찾아가는 게 좋다. 자주 찾아 친분을 쌓으며 혹시 구매 전에 맛을 볼 수 있는 시음 기회가 있는지 문의한다.

세계 여러 곳(미국이나 주류 독점 기관이 있는 나라들 제외)의 소규모 와인 수입업자나 유통 업자들은 개인에게 직접 판매할 수 있고, 또 보통은 그러고 싶어한다. 좋아하는 와인이 있다면, 누가 당신이 사는 지역으로 그 와인을 수입해오는지 알아내기란 그리 어렵지 않다(잘 모르겠다면 와이너리에 연락해 문의해보자). 그러니 수입업자에게 연락해 구매 가능 여부를 물어보자.

내추럴 와인 바와 레스토랑들 중에도 와인을 판매하는 곳들이 많다. 구입만 할 경우에는 안에서 마시는 가격에 비해 소폭 할인을 기대해볼 수도 있다. 안에서 잔으로 마시고 병으로 사갈 수 있는 에노테카enoteca 방식을 채택하는 곳들이 점차 늘어나고 있으며, 이것이 최선이다.

온라인 구매 역시 이 책에서 언급한 비교적 귀한 와인들과 생산자들을 만나는 방법 중 하나다. 검색 엔진이나 특정 사이트들(wine-searcher.com, Vivino 등)을 이용해 공급처를 찾아보자. 특히 EU 국가들 간에는 와인 몇 병 정도는 그리 비싸지 않은 가격으로 배송받을 수 있다.

바티치 와인들

수많은 평론가들이 밀라노프스키나 도나게이 스파이어 같은 사람들의 노력은 오렌지 와인에 입문하는 기회를 제공하는 데 꼭 필요했던 것이라고 말한다. 반면에 오렌지 와인이라는 콘셉트 자체가, 셀러 안에서의 개입을 최소화하는 전통적 방식으로 만들어진 내추럴 와인의 콘셉트와 같다고 말하는 반대 의견도 존재한다. 그리고 어쩌면, 정말 어쩌면, 일반 대중에게 오렌지 와인을 이해시키려고 일부러 질을 낮출 필요는 없을지도 모른다. 2015년 영국의 슈퍼마켓 마크스 앤드 스펜서Marks and Spencer는 여과 없이 조지아산 크베브리에서 만든 와인을 처음으로 판매하기 시작했다.[72] 마크스 앤드 스펜서 측은 이 와인이 "놀랄 만큼 잘" 팔린다고 말했고, 수년이 지난 지

---

72 이 와인은 트빌비노의 '크베브리스 르카치텔리'를 마크스 앤드 스펜서 상표를 붙여 병입한 것이었다. 트빌비노 와이너리는 그 내용물이 트빌비노 상표 버전과 동일하다고 했다.

금도 여전히 판매되고 있다. 오스트리아의 알디Aldi(오스트리아에서는 호퍼Hofer로 불린다) 체인 고객들은 2017년 12월, 소규모로 생산된 '오렌지' 소비뇽 블랑을 구매할 수 있게 되었다(비록 계산대 직원들이 상품을 입력할 때 그 살짝 뿌연, 적갈색이 섞인 오렌지색 내용물을 의심스럽게 쳐다보긴 했지만).[73]

이들의 성공 비결은 (적어도 슈퍼마켓의 일반 고객층을 고려했을 때) 흔히 볼 수 없는 분명한 표시 때문이었을 것이다. 밝은색 라벨에 '오렌지'라는 글씨가 굵게 쓰인 호퍼의 오렌지 소비뇽 블랑을 고객들이 실수로 구매할 리는 없었다. 보다 더 냉소적인 목격자라면 그것의 기준 소매가가 9.99유로로 호퍼에서 가장 비싼 와인들 중 하나라는 점도 지적했을 것이다.

안타깝게도 대부분의 소매 업장과 레스토랑에서는 여전히 그런 분명한 표시가 잘 안 되어 있는 경우가 많다. 내추럴 와인을 전문으로 다루는 고급 레스토랑들이 크게 늘면서 파리, 런던, 뉴욕을 비롯한 세계 각지에서 '오렌지 와인들'을 리스트에 올리는 곳을 많이 볼 수 있다. 문제는 이들이 항상 그 이름 그대로 분류되어 있지 않다는 것이다. 2004년 이후로는 편리한 이름(오렌지 와인)이 생겨 사용하기 시작했지만, 오래된 습관은 버리기 힘들다는 말처럼 화이트, 레드와 로제 사이에 오렌지 항목을 따로 추가하는 곳은 아직 별로 없다.

사샤 라디콘은 전부터 개별 분류 체계의 필요성을 확고하게 지지해왔다. "오렌지 와인이 완벽한 이름은 아닐지도 몰라요." 그는 말한다. "하지만 중요한 것은 이 와인들을 따로 묶는 것입니다. 누군가가 화이트 와인 항목에서 우리 와인을 보고 주문했다가 낯선 색깔의 와인을 받아보면 놀라거나 실망할 테니까요." 이에 대한 반론은, 오렌지 와인은 항상 전문 소믈리에나 와인 판매업자의 설명과 큐레이션이 있어야 하는 아주 미미한 틈새라 부주의한 소비자들이 실수로 구매할 일은 결코 없다는 것이다.

---

73 부르겐란트의 바인구트 발트헤어Weingut Waldherr에서 만들었다.

양쪽 주장 모두 문제의 핵심을 흐리고 있다. 핵심은 바로 원산지 명칭 통제나 그에 상응하는 다른 나라의 제도를 관리하는 기관들이 지극히 퇴보적인 경우가 많다는 것이다. 이탈리아가 현대 오렌지 와인에 대한 권리를 주장할 자격이 충분하다는 것을 고려하면 이탈리아의 고품질 와인 분류법은 오렌지 와인 생산자들에 관한 선택지를 포함하리라 생각하기 쉽지만, 침용된 화이트 와인들은 이탈리아 내 거의 모든 DOC와 DOCG[74]에서 전과 변함없이 퇴짜를 맞고 있다. 많은 이탈리아 생산자들에게 유일하게 남은 선택지는 그들의 오렌지 와인을 그냥 비노 비앙코로 병입하는 것이다. 라 비앙카라La Biancara의 '피코Pico'나 보도피베크의 '솔로'(둘 다 비교적 밝은색을 띤다) 같은 와인들은 겨우 심사를 통과하는 수준이겠지만, 라디콘이나 프린치치의 짙은 적갈색 '리볼라 지알라'나 라 스토파La Stoppa의 빛나는 구릿빛 '아제노Ageno'는 전혀 가망이 없다.

색깔과 흐릿함은 많은 고품질 와인 선정 기관들이 문제를 삼는 이유이며, 결국 오렌지 와인들 대부분은 하찮은 테이블 와인들로 병입된다. 스탄코 라디콘과 다미안 포드베르식의 반복적인 요청 끝에 콘소르치오 콜리오는 마침내 2005년 빈티지부터 침용된 화이트 와인을 DOC 콜리오 와인으로 판매할 수 있도록 규정을 바꾸었다. '와인은 우아한 담황색을 띠어야 한다'는 모호한 규정을 덧붙여서. 하지만 긴 침용을 거쳐 만들어진 와인임을 라벨에 드러낼 수 있는 합법적인 방법은 여전히 없다. 어쨌든 2005년에는 오슬라비아의 최고 생산자들 다수가 콘소르치오에 대해 더 이상 참을 수 없게 되었다. 지금까지도 그라브너, 라디콘[75]과 프린치치는 모든 와인을 보다 포괄적이고 이론적으로 명성이 덜한 '베네치아 줄리아 IGT' 등급으로 병입하는데, 이 경우는 와인이 지나치게 강렬한 빛깔을 띤다고 해서 불이익을 주지는 않는다.

---

74 데노미나지오네 디 오리지네 콘트롤라타Denominazione di Origine Controllata와 데노미나지오네 디 오리지네 콘트롤라타 에 가란티타Denominazione di Origine Controllata e Garantita는 이탈리아의 와인 분류상 최고 등급으로, 정해진 지역에서 특정한 스타일로 만들어진 와인들에 사용되는 말이다.

75 라디콘의 와인들이 과거부터 현재까지 콜리오 DOC로 지정되지 못한 이유는 색깔 때문이라고 여겨졌으나, 휘발성 산도가 비교적 높다는 점도 추가적인 문제로 작용했다는 말이 있다. 그러나 콘소르치오 콜리오는 휘발성 산에 대해서는 EU 법상의 한계치(1리터당 18밀리그램당량(18mEq/L))를 적용할 뿐이라고 주장한다.

2017년 빈티지부터 프리울리의 생산자들이 '델레 베네지에 DOCDelle Venezie DOC'로 새롭게 분류되면서, 그나마 있던 선택지는 한층 더 까다로워졌다. 이로써 이탈리아 북동부의 거의 모든 지역에서 만든 피노 그리지오[76] 와인들은 DOC 등급으로 승격되지만, 동시에 이 지역에서는 비교적 질 낮은 IGT 피노 그리지오로의 지정이 불가능하게 된다. 그리하여 DOC 자격을 얻지 못한 라디콘의 피노 그리지오는 이제 '시비Sivi'[77]라는 다소 공상적인 이름의 테이블 와인(비노 비앙코)이 될 수밖에 없다. 사샤 라디콘은 기존에 이탈리아 상공회의소와 콘소르치오가 요구했던 끙끙댈 정도로 많은 서류 작업에 또 한 무더기를 더했을 뿐인 이 일에 분명 실망했지만 냉철함을 잃지 않았다. 이 모든 일로 최종 소비자가 득을 볼 건 거의 없다. 내가 좋아하는 와인이 왜 갑자기 이름을 바꿨는지 궁금해하긴 하겠지만.

슬로베니아의 와인 라벨링 법도 이상적인 해결책을 제시하지는 못한다. 와인은 화이트, 레드 또는 로제여야 한다. 침용된 화이트 와인을 만드는 생산자들이 급증하고 있는데도 오렌지나 앰버라는 선택지는 없다. 조지아 농무부는 최근에 크베브리 와인에 대한 공식 라벨링 제도를 소개했지만 이것이 껍질 침용을 강요하는 것은 아니어서, 백포도로 만든 와인이면 이론적으로 껍질 접촉이 전혀 없어도 자격이 될 수 있다. 그래도 라벨에 크베브리 기호가 있는 카케티의 르카치텔리, 므츠바네, 키시 와인들은 기대했던 앰버 와인의 경험을 제공해줄 가능성이 높다.[78]

이 책을 쓰는 시점에 오렌지 와인에 대한 공식 라벨링 제도가 있는 곳은 전 세계에 단 두 곳, 캐나다 온타리오Ontario 주와 남아프리카공화국뿐이다. 둘 다 최근에 그러한 제도를 도입했으며, 이로써 적어도 일부 등급 관리 기구들은 회원들의 말에 귀를 기울이며 그에 따라 행동한다는 사실이 입증되었다. 테스탈롱가Testalonga 와이너리의 크레이그 호킨스Craig Hawkins, 인텔레고Intellego의 유르겐 가우스Jurgen Gouws 등이 만든 이 새로운 스타일의 와인을 어떻게 해야 할지 몰랐던 남아프리카공화국의 '와인 및 주류 위원회Wine & Spirits Board, WSB'는 2010년과 2015년 사이에 빛깔이 흐릿한, 확실히 침용되었거나 젖산 발효를 모두 마친 화이트 와인들에 대한 수출

---

76 다수의 품종이 델레 베네지에 DOC 규정에 포함되었으나, 프로세코 다음으로 베네토와 프리울리의 가장 큰 수입원인 피노 그리지오에 압도적으로 초점이 맞춰졌다.

77 시비 피노는 피노 그리지오의 슬로베니아 이름이다. 테이블 와인은 라벨에 포도 품종이나 지역, 빈티지를 명시할 수 없다.

78 조지아의 기타 지역들, 특히 서쪽 지역들은 전통적으로 카케티보다 껍질 접촉 정도가 덜하다.

허가를 내주지 않았다. 호킨스의 2011년산 코르테즈Cortez가 주목할 만한 예로, 이 와인은 많은 유럽 수입업자들로부터 미리 주문을 받았는데도 국외로의 반출이 거부되었다.

호킨스는 스워틀랜드Swartland의 다른 대안 양조자들(가우스, 에벤 사디Eben Sadie, 크리스Chris와 안드레아 멀리뉴Andrea Mullineux, 캘리 라우Callie Louw, 아디 바덴호스트Adi Badenhorst)과 힘을 합쳐 위원회의 기존 제도에 몇 가지 새로운 범주들을 추가해줄 것을 제안했다. 여기에는 스킨 콘택트 화이트 와인, 전통 방식methode ancesrtale과 대안 화이트/레드 와인이 포함되었는데, 이는 곧 황이 최소한으로 첨가되고 완전한 젖산 발효가 허용된 내추럴 와인을 의미한다.

2015년 후반에 WSB의 규정에 정식으로 기입된 스킨 콘택트 화이트에 대한 정의는 다음과 같다.

1. 최소 96시간(4일) 동안 껍질과 함께 발효 및 침용되어야 한다.
2. 젖산 발효를 완전히 마쳐야 한다.
3. 이산화황 함량은 1리터당 40.0밀리그램을 초과해서는 안 된다.
4. 잔당 함량은 1리터당 4.0밀리그램을 초과해서는 안 된다.
5. 밝은 금색부터 짙은 오렌지색 사이에 속하는 색이어야 한다.

온타리오 주는 아직 부르고뉴나 나파 밸리만큼 유명하지는 않지만, 규제 기관만큼은 분명 유명 산지들의 굼뜬 기관들보다 훨씬 열려 있고 발이 빠르다. 이 지역에는 또한 오렌지 와인을 생산하는 와이너리가 최소 여섯 군데나 된다. 그중 하나는 '사우스브룩 빈야즈Southbrook Vineyards'로, 그곳의 수석 양조자인 앤 스펄링Ann Sperling은 온타리오 주의 와인 생산자 품질 연합Vintners Quality Alliance, VQA에 자신의 '스킨 콘택트 방식으로 발효된 비달Skin fermented Vidal'을 위한 분류법을 도입해줄 것을 청원했다. 이에 2017년 7월 1일, VQA는 허용되는 스타일 목록에 '스킨 콘택트 방식으로 발효된 화이트' 범주를 추가한 새로운 규정을 통과시켰다. VQA가 내놓은 그 와인에 수반되는 조건은 다음과 같다.

▶ 대부분은 일반적인 와인으로, 보통 드라이나 미디엄드라이이다. 백포도 또는 분홍색 포도 품종으로 만들며, 최소 10일간 포도 껍질과 접촉된 상태로 발효된다. 이러한 껍질 접촉 발효를 거친 와인들에는 타닌감, 절제된 과일 맛과 마치 차 같은 허브의 느낌이 더해진다. 이런 와인들에는 '스킨 콘택트 방식으로 발효된 화이트Skin Fermented White'라는 라벨이 붙는다.

라벨링 조항의 일부만 보아도 와인 분류 및 규정의 영역이 얼마나 규칙에 얽매이는지를 아주 잘 엿볼 수 있다.

▶ 'Skin Fermented White'는 주요 정보 표시면principal display panel에 최소 품종 표기와 같은 크기로 표기되어야 하며 가장 작은 글자를 기준으로 2밀리미터 이상 작아서는 안 된다.
▶ 포도 품종명과 'Skin Fermented White' 사이에는 아무것도 쓰면 안 된다.
▶ 주요 정보 표시면에 포도 품종명이 표기되지 않는 경우에는, 'Skin Fermented White'가 가장 작은 글자를 기준으로 3.2밀리미터보다 크게 표기되어야 한다.
▶ 'Amber Wine' 'Orange Wine' 'Vin Orange' 같은 용어들은 생산자의 재량에 따라 표기할 수 있다.

그래도 이 두 분류법은 관계 생산자들에게는 필수적인 것이며, 자신이 구매한 와인에 대해 더 잘 알고자 하는 와인 음주가들에게 훨씬 더 큰 투명성을 제공한다. 둘 다 그리 대단한 성과로 볼 수는 없지만, 이러한 분류법들이 하나의 전환점을 제시했다고는 할 수 있다. 오렌지 와인은 명확한 정의와 시장이 존재하는 하나의 것, 하나의 유효한 범주임을 알리는 전환점 말이다.

앞으로는 어떻게 될까? 오렌지 와인은 이제 세계의 모든 와인 양조 국가들에서, 일부는 단지 실험적으로라도 만들어지고 있다. 2017년에 시판 오렌지 와인을 한 가지 이상 만든 생산자의 수를 다 헤아릴 수는 없지만 수천 명에 달한다는 것만은 분명하다. 이 와인들의 대부분은 소량으로 만들어지며 비교적 높은 가격에 판매된다. 오렌지 와인은 슈퍼마켓에서 헐값에 판매되는 보통 와인이 되는 대신 서서히 그러나 분명히 셰리, 잉글리시 스파클링 와인, 에트나 로소 같은 다른 틈새 상품들 곁에 자리를 잡게 될 것이다. 물론 틈새 상품이 아닌 네 번째 와인 색으로 간주된다면 더욱 이상적이겠지만. 오렌지 와인의 색조, 아로마와 맛의 다양성은 레드, 화이트나 로제만큼이나 폭넓으며 테이블에서의 다재다능함 역시 비할 데가 없다. 긴 침용이라는 오래된 기술이 세계의 와인 양조자들 사이에서 새로이 인기를 끌면서, 그 지지자들은 정확히 두 부류로 나뉘기 시작했다. 그냥 한번 해보는 사람과 그 스타일에 진정으로 푹 빠지는 사람. 전자를 보면 비교적 큰 주류 와이너리들 중 다수가 양조 직원들에게 오렌지 와인 기술을 실험하고 여러 가지로 시도해볼 기회를 제공함으로써 실험적 퀴베들을 소개하곤 했다. 그 결과물은 천차만별이었지만 주로 일회성, 또는 극소량 양조라 시판될 가능성은 희박했다. 오스트리아의 최대 생산자들 중 하나이자 바하우 지역에서는 가장 큰 와이너리인 '도매네 바하우Domäne Wachau'는 지난 몇 년간 질 좋은 스킨 콘택트 리슬링을 생산해왔지만, 생산량이 너무 적고 스타일도 이제껏 그 와이너리에서 생산한 다른 와인들과 크게 달라 그들이 거래하는 유통 업체에 넘겨줄 수조차 없을 정도이다. 와이너리를 직접 방문하면 매년 1천5백 병 정도 생산되는 이 와인을 한 병 구매할 수 있다.

다음으로 보다 '자연적인' 면을 추구하는 진정한 개종자들이 있다. 이들은 주로 황을 비롯한 다른 첨가물을 넣지 않는 경우에는 백포도 발효 시 껍질을 포함시킴으로써 훨씬 더 큰 자유를 누릴 수 있음을 깨달은 생산자들이다. 뉴질랜드 '더 허밋 램The Hermit Ram'의 테오 콜스Theo Coles, 앞서 언급한 크레이그 호킨스, 파소 로블스에 있는 '앰비스AmByth'의 필립 하트Philip Hart 같은 생산자들은 그들의 와인에 큰 비중으로 스킨 콘택트 방식을 적용하는데, 이는 그들이 정말로 그 질감, 맛과 포도밭 특성의 표현력을 좋아하기 때문이다. 이런 양조자들이야말로 콜리오, 브르다나 조지아의 오래된 전통을 제대로 물려받아 실천하는 사람들이다.

(특히 젊은, 새롭게 등장한 고객들을 대상으로) 내추럴 와인에 대한 관심과 소비가 꾸준히 늘고 있는 추세라, 오렌지 와인은 그에 편승한 것처럼 보일 수도 있다. 이들을 어떻게 분류해야 하며 뭐라고 불러야 하는지에 대한 논쟁은 아마도 와인이 건강에 좋은가 나쁜가에 대한 논의처럼 앞으로도 계속될 것이다. 보르도의 와이너리 등급 체계에서 벗어나지 못하는 사람들 또는 속 빈 찬사("흥미롭긴 한데 두 잔은 못 마실 것 같아요")로 간접적인 비판을 하는 신중한 평론가들은 의심할 여지 없이 앞으로도 오렌지 와인에 대한 강력한 어조의 비판을 멈추지 않을 것이다. 한편 내추럴 와인 바와 페어를 가득 메우는 열정적인 음주가들은 점차 이런 반대론자들의 말을 한 귀로 듣고 흘려보내게 되었다. 이전 세대와 달리 감정의 응어리나 과다하게 인식된 와인 관련 지식이 없는 이들에게 오렌지 와인은 그저 또 다른 새로운 장르일 뿐 두려워하거나 비웃을 만한 것이 아니다. 1990년대 후반, 요슈코 그라브너와 스탄코 라디콘이 선구자라기보다는 미치광이로 간주되었던 때와는 상황이 완전히 달라졌다.

그라브너는 과연 침용된 화이트 와인이 꽤나 유명해진 것을 보며 놀랐을까? "물론이다, 왜냐하면 사람들이 처음에 그토록 반감을 가졌다는 사실 때문에!" 그러나 혁명의 속성은 본래 모두를 이미 확립된 쾌적한 범위 밖으로 몰아내는 것이다. 앰버 와인 혁명(앰버 레볼루션)은 생산자들, 음주가들, 입법자들과 상인들에게는 도전이었지만 와인의 스펙트럼을 영구적으로 넓혔다. 그것은 역사책에서뿐만 아니라 우리의 잔 속에서도 한층 더 열렬히 환영받게 될 것이다.

슬로베니아 메다나에 있는 클리네츠 인Klinec Inn의 간판

서빙 방법과 어울리는 음식

오렌지 와인은 화이트와 레드 와인의 정 가운데에 자리 잡고 있다. 활기 넘치는 산미와 과일 향은 주로 화이트 와인을 떠올리게 하지만, 질감과 구조 면에서는 레드에 더 가까운 느낌이다. 그래서 오렌지 와인은 음식과 페어링할 때 아주 다양하게 쓰인다. 원한다면 전체 메뉴를 먹는 동안 오렌지 와인들만 마셔도 될 정도이다.

이상적인 서빙 온도는 질감이 가볍고 부드러운 것부터 보다 무겁고 타닌감이 강한 것까지, 각 와인이 지닌 특별한 스타일에 따라 다르다. 비교적 가벼운 스타일이라면 10~12도 정도로 차게 한 다음, 너무 약한 느낌이 들면 살짝 온도를 올려보자. 무겁고 보다 구조적인 와인의 경우는 14~16도에서 모든 맛이 열릴 가능성이 높다. 서빙 온도가 너무 낮으면 타닌이 너무 뾰족하고 거슬리게 느껴질 수 있다.

숙성 기간이 짧은 와인들은 디캔팅이나 캐러핑을 통해 신속히 산소를 공급하고 그냥 잔에 따르는 것보다 좀 더 빨리 맛이 열리도록 할 수 있다. 또 많은 생산자들은 침전물이나 효모 찌꺼기가 와인에 잘 섞이게 하려면 병을 따기 전에 흔들거나 거꾸로 들기를 추천한다. 이는 개인 취향에 따른 문제이므로, 만약 덜 흐릿한 걸 선호한다면 서빙하기 몇 시간 전에 병을 똑바로 세워두도록 한다.

개인적 취향은 잔을 고를 때에도 반영된다. 흔히 피노 누아를 마실 때 사용되는 넓은 볼 형태의 유리잔은 무거운 느낌의 보다 복합미 있는 오렌지 와인이 가장 잘 표현되도록 한다. 그라브너와 모비아를 비롯한 프리울리와 슬로베니아의 일부 양조자들은 자기만의 와인 잔을 따로 제작하기도 한다.

여기 미뢰를 자극할 만한 와인과 음식의 조합을 몇 가지 제안한다. 의심스럽다면, 그냥 좋아하는 와인을 따서 식사와 함께 즐기자! 때로는 전문가들의 도움 없이도 가장 황홀한 조합이 만들어지는 뜻밖의 우연이 생기기도 하니까.

다양한 치즈와 카차푸리khachapuri(치즈를 넣어 만든 조지아 전통 빵–옮긴이)를 비롯한 조지아 수프라 축제 음식들

▶ 생굴이나 성게

짭짤하고 감칠맛이 있는 미네랄감이 터져 나오는 이 생물들은 가벼운 오렌지 와인과도, 또 묵직한 오렌지 와인과도 잘 어울린다. 니노 바라코Nino Barraco의 '카타라토Catarrato'가 안성맞춤이며, 엘리자베타 포라도리 Elisabetta Foradori의 '노지올라Nosiola', 사토Sato의 와인들도 제격이다.

▶ 샤르퀴트리Charcuterie(육가공식품-옮긴이)나 리예트rillette(고기로 만든 스프레드-옮긴이)

오렌지 버블 와인보다 더 좋은 식전주가 또 어디 있을까? 크로치의 '데 캄페델로De Campedello'나 토마츠Tomac 의 '암포라 브루트Amphora Brut'는 산미와 단단한 타닌감이 훌륭한 조합을 이루어, 살라미나 프로슈토 등을 먹는 사이사이에 미뢰를 상쾌하게 하기에 딱 좋다.

▶ 커민, 카피르 라임잎, 판단처럼 향이 있는 허브나 향료가 들어간 인도 · 태국 · 인도네시아 요리

게뷔르츠트라미너나 뮈스카 같은 아로마틱 품종으로 만든 오렌지 와인은 향신료가 들어간 요리와 아주 잘 어울리며, 특히 단맛(기술적으로 말하면, 완전히 발효되지 않고 남은 소량의 잔당)이 살짝 있는 와인의 경우에는 더욱 그렇다. 단맛과 아로마가 입안의 향신료 맛을 누그러뜨림과 동시에 와인 본연의 맛을 잃지 않게 해준다.

▶ 진한 치즈 소스의 뇨키와 파스타

라 스토파의 '아제노', 비노 델 포지오Vino del Poggio의 '비앙코Bianco', 라 콜롬바이아La Colombaia의 '비앙코 Bianco'를 비롯한 토스카나나 에밀리아 로마냐의 묵직한 오렌지 와인을 곁들여보자.

▶ 토마토 소스의 뇨키와 파스타 또는 마르게리타 피자

다리오 프린치의 와인들은 신선한 산미와 붉은색 과일의 풍미가 풍부해 토마토와 완벽하게 어울린다. 크레이그 호킨스의 '만갈리자 파트 2Mangaliza Part 2'도 이런 음식들에 제격인데, 특히 어느 정도 병 숙성이 된 것이면 더욱 좋다.

▶ 돼지고기와 조개 또는 기름기 많은 돼지고기로 만든 캐서롤이나 스튜

돼지고기 요리의 느끼함을 날려버리기에 날카롭고 새콤한 뒷맛이 특징인 라디콘의 야콧보다 좋은 건 없다. 톰 쇼브룩Tom Shobrook의 '지알로Giallo'나 인텔레고의 '엘레멘티스Elementis'도 추천할 만하다.

▶ 비트나 당근으로 만든 많이 달지 않은 디저트

에센치아 루랄Esencia Rural의 '솔 라 솔 아이렌Sol a Sol Airen'의 몇몇 빈티지들에는 잔당이 상당량 있다. 이를 디저트에 곁들이면 그 훌륭한 어울림에 깜짝 놀랄 것이다. 이 탁월한 페어링을 알게 된 건 암스테르담에 있는 슈 Choux 레스토랑의 피고 오나Figo Onna 덕분이다.

▶ 치즈 플레이트

거의 모든 와인이 가능하다. 구조감과 타닌감이 특징인 오렌지 와인들은 향이 강하고 오래 숙성된 경성 치즈들(콩테, 레메커, 페코리노 등)과 아주 잘 어울린다. 연성 치즈, 냄새가 심한 것이나 블루치즈 같은 경우에는 보다 풍부한 과일 맛과 향들이 느껴지는 와인을 곁들이면 좋은데, 일 투피엘로Il Tufiello의 '피아노Fiano'나 앰비스의 '프리스쿠스Priscus'가 제격이다.

후기

오렌지 와인에 대한 글을 쓰는 건 오렌지 와인을 만드는 것과는 꽤 다른 일이다. 판단력보다는 운 덕분에, 나는 이 책을 계획하고 쓰는 동안 오렌지 와인을 만들어보는 두 번의 기회를 얻었다. 시작은 2016년 7월, 언제나 매력적인 포르투갈의 와인 양조자 오스카 케베도Oscar Quevedo의 겉보기에는 순수한 질문이었다. "사이먼, 오렌지 와인을 어떻게 만드는지 알아?" 오스카는 바보가 아니니, 내가 그 주제에 대해 할 말이 있으리란 걸 아주 잘 알았다.

우리는 그 7월의 전형적인 찌는 듯 더운 날에, 도루 밸리Douro Valley의 시마 코르구Cima Corgo 지역에서 포트와인과 일반 와인을 생산하는 케베도의 시음실에 앉아 있었다. 그 질문은 정말 난데없는 것이었다. "음, 이론적으로는 알지. 만들어본 적은 없지만 생산자들을 1백 명쯤은 찾아가 대화를 나누었거든."

그로부터 한 시간 동안 나는 라디콘이나 그라브너 같은 권위자들의 주옥같은 말을 재탕한 것이 대부분인, 내가 생각해낼 수 있는 모든 것을 그냥 다 말해버렸다. 오스카는 와이너리의 새로운 시도를 위해 그해의 부차적 프로젝트로 오렌지 와인을 만들 의사가 있음을 드러냈다. 그리하여 나는 다소 미심쩍은 방문 상담 서비스를 제안했다.

두 달 뒤 상 주앙 다 페스케이라S. João da Pesqueira로 돌아온 나는 약 열흘간 케베도의 양조 팀과 협업하여 그들의 첫(아마도 도루 전체에서 최초로[79]) 스킨 콘택트 화이트 와인을 만들었다. 목표는 1천 병. 마케팅 계획 같은 것도 없이 일단 어떤 와인이 만들어질지 보자는 생각이었다.

나 같은 기자나 작가, 블로거들은 와인 생산에 대해 좀 안다고 생각한다. 젖산 발효나 바토나주에 관해 잘 아는 듯한 말들을 함으로써 양조자들에게 우리의 기술적 능력이 확고하다는 인상을 주려 한다. 하지만 우리는 정말로 우리가 무슨 말을 하는지 알고 있나? 아니, 그렇지 않다. 내가 알게 된 바에 따르면 와인 양조는 모든 일련의 결정들, 실행 계획들과 그 밖의 요인들이 얽혀 있는 일이며, 이는 대다수 외부인들의 머릿속에는 결코 입력될 수 없는 것들이다(내 생각에는 아무리 노련한 와인 평론가라 할지라도 말이다).

첫 번째 도전은 어떤 포도들의 조합을 사용할지 결정하는 것이었다. 우리는 우리의 도루 '오렌지'가 그 지역의 특징을 드러내주기를 바랐고, 따라서 그것은 가장 전통적인 도루 와인들과 마찬가지로 토종 품종들의 조합이어야 했다. 많은 고민 끝에 우리는 라비가토rabigato의 향들이 비오지뉴viosinho(산미가 좋다)와 잘 어울릴 것이라는 결정을 내렸다. 또 껍질이 두꺼운 품종을 찾던 우리는 (코데가codega, 호페이루roupeiro 등 다양한 이름으로 불리는) 시리아siria를 선택했다.

그런데 첫 번째 문제가 발생했다. 케베도는 백포도 대부분을 사서 쓰는데, 라비가토가 예상했던 시기에 아직 나오지 않았던 것이다. 우리는 서로 다른 두 재배자로부터 같은 날 수확했지만 매우 다른(하나는 산미가 좋고 다른 하나는 살짝 밋밋한 맛이 나는) 시리아를 구매했고 (이제 겨우 익었지만 산미가 훌륭한) 비오지뉴도 많았지만, 라비가토는 없었다. 오스카는 해결책을 찾았다. 갓 수확한 고우베이우Gouveio도 있어서, 우리가 생각했던 조합을 시리아 50, 비오지뉴 25, 그리고 고우베이우 25로 급히 바꾸었던 것이다.

다음 결정은 포도줄기 제거destem 여부였다. 시리아의 줄기를 살짝 맛본 우리는 반드시 제거해야겠다고 생각하게 되었는데, 포도는 맛이 좋았지만 줄기는 쓰고 덜 익은 맛이 났기 때문이다. 작은 줄기제거기가 있긴 했으나 자동으로 적재할 방법이 없었다. 케베도에 있는 줄기제거기는 그 작업을 하기에는 너무 컸을 뿐 아니라 또 너무 거칠었다. 우리는 최대한 많은 포도를 손상되지 않은 상태로 유지하고 싶었으니까(결국 우리는 전체 고우베이우의 10퍼센트가량은 줄기를 남겼는데, 그 맛이 좋았기 때문이다).

---

79 현재 내가 아는 바로는 이 '최초' 타이틀은 바구 드 토리가Bago de Touriga의 '고비야스 브란쿠 앰바르Gouvyas Branco Âmbar 2010'가 갖는 게 맞다.

케베도 와이너리의 포도 선별 작업

30분 뒤, 우리는 임시방편으로 작은 줄기제거기를 나무 팰릿들 위에 놓고는 손으로 여덟 상자 분량의 포도를 줄기제거기의 깔때기 모양 통 안에 집어넣는 지루하고 오래 걸리는 작업을 시작했다. 다섯 시간이나 걸린 이 고투의 여러 시점에 힘을 보태주었던 마리오Mario와 그의 동료(와이너리의 조수들), 여러 명의 학생들, 테레사Teresa와 라이언 오파즈에게 감사를 전한다.

케베도의 양조자인 테레사는 이 시점에 머스트must(발효되지 않은 포도즙-옮긴이)에 이산화황을 넣기를 원했다. 나는 그 생각이 별로 마음에 들지 않았다. 그녀가 그랬던 이유는 우리의 포도가 오픈톱 용기에 들어 있어서 발효가 시작되기 전까지 산화될 위험이 있다는 생각에서였다. 그녀는 이산화황이 발효 과정에서 전부 소모된다는 점을 지적하며 나를 설득했고, 결국 우리는 각 탱크에 소량(포도 750킬로그램당 농도 6퍼센트 용액 5백 밀리리터)을 첨가했다.

오후 10시경, 마침내 포도 1,880킬로그램이 1천 리터들이 스테인리스스틸 오픈 용기 두 개에 담겼고, 그 모습은 꼭 이상한 올리브색 죽 같았다. 피자를 사온 오스카가 때맞춰 도착했다. 나는 테레사가 와이너리의 깊숙한 곳 어딘가에서 발견한 훌륭한 목제 도구를 이용해 늦은 밤의 (스킨 콘택트 와인의 경우 매우 중요한) 펀치다운 의식을 마무리했다. 그 도구는 수십 년 동안 그저 골동품으로 여겨졌던 게 분명하다.

다음 날 발효가 시작될 기미가 보이지 않자, 오스카와 나는 (발을 깨끗이 닦고) 통 안에 들어가 도루 방식으로 포도를 밟았다. 발밑에서 느껴지는 온도차와 포도가 부드럽게 으깨지는 느낌은 꽤 기이했다. 하지만 그 방법으로도 달라진 건 없었고, 발효는 끈질길 정도로 시작되기를 거부했다. 이어진 엿새 동안 클라우디아 케베도와 테레사로부터 끊임없이 안심하라는 말을 들었음에도 나는 그 결과물이 이도 저도 아닌 산화된 건더기가 되어버릴까 봐 너무나 두려웠다.

도루에서 보낼 수 있는 시간이 48시간밖에 남지 않았을 때까지도 정말 아무 일도 일어나지 않았다. 그날 밤, 오스카와 나는 저녁을 먹으러 나갔다. 자정이 가까운 시각에 우리가 헤어질 때 밝은 보름달이 빛을 비추었다. 나는 하늘을 보았다. "오늘은 될 거야, 확실해!" 그리고 정말로, 그 다음 날 아침 탱크 두 개는 아주 그득하게 차 있었다. 이산화탄소와 속에서부터 신나게 부글거리며 나온 거품들 때문에 껍질들은 맨 위까지 올라왔다. 나는 그날 세 시간마다 양조 탱크를 펀치다운하고, 드디어 한낱 보조가 아니라 그 이상이 된 것 같은 기분을 느끼며 즐거운 하루를 보냈다.

마지막 날 밤에는 한 시간 거리에 있는 다른 양조자 친구네를 방문하기로 되어 있었다. 발효의 향 때문에 머리가 어떻게 됐는지, 나는 와이너리에서 몇 미터 떨어지지 않은 길에서 오스카가 빌려준 차를 박고 말았다. 아무도 다치지는 않았지만 차는 거의 수리할 가치도 없을 정도로 부서졌고 이웃집 벽이 움푹 들어갔다. 한 주를 마감하기에 좋은 일은 아니었으나 적어도 우리가 산화된 포도즙이 아닌 와인을 만들었음은 분명했다.

남은 양조 과정은 거의 나 없이 이루어졌는데, 다만 수많은 이메일과 전화 통화가 오갔다. 발효는 잘 완성되었고 알코올 도수 12퍼센트에 잔당이 거의 없는 우리의 와인은 21일간 스킨 콘택트를 거쳤다. 타닌감이 꽤 강했기에 중고 오크통에 잠시 담아놓는 게 확실한 선택이었다. 케베도는 바쁜 와이너리라 여분의 통이 없어서, 전에 아과르디엔테aguardiente(스페인어권에서 주로 통용되는 도수가 높은 증류주–옮긴이) 저장용으로 사용되었던 중고 피파pipa(6백 리터들이 포트와인 통) 두 개를 사서 세척했다. 우리의 와인은 그 통에서 거의 일 년이라는 시간을 보낸 뒤, 마침내 2017년 12월에 (극소량의 황 첨가 후) 병입되었다. 이렇게 말하는 순간까지도 그것은 여전히 좀 덜 무르익은 느낌이다. 비록 입안에서는 표현력을 발휘하긴 하지만.

이듬해에는 또 다른 갑작스러운 요청이 있었다. 암스테르담의 와인 수입업자인 내 친구 마르닉스 롬바우트Marnix Rombaut가 네덜란드 남부에 있는 작은 유기농 인증 와이너리에서 오렌지 와인을 만들려고 하는데 도와줄 수 있냐고 물어온 것이다. 나는 그러고 싶다는(그것도 아주 많이) 뜻을 확실히 밝혔다.

론 랑에펠트Ron Langeveld는 세계에서는 아니더라도 네덜란드에서만큼은 독특하다고 할 수 있는 몇 헥타르의 포도밭을 갖고 있다. 그는 질병에 강한 교배종 포도들(소위 PIWI들(독일어로 곰팡이에 저항성이 있다는 말인 'Pilzwiderstandsfähig'의 줄임말—옮긴이))에만 집중해, 유기농법을 시행함은 물론 구리나 황 성분 살포 없이 농사를 짓는다. 10년이 넘는 기간에 걸쳐 론은 그 어떤 처리 없이도 네덜란드의 기후에 대처할 수 있는 품종들만을 선별해왔다. 그가 하는 일이라고는 가지치기가 전부였고, 그래도 그의 포도나무들은 내가 이제껏 본 것들 중에 가장 아름다웠다. 바이오다이내믹 포도밭들에서조차 황 살포 후에 흔히 볼 수 있는 흰 분말 코팅은 찾아볼 수 없다.

론의 포도는 가능한 한 다 벗은 모습이라고 할 수 있는 반면, 그가 다세무스Dassemus 와이너리에서 만드는 와인은 현대적이고도 아주 기술적인 방식으로 양조된다(선별된 효모, 필요시에는 보당 chaptalisation[80], 여과 등). 우리의 임무는 이와는 정반대로 보당 없이, 자발적으로 발효된, 어떤 첨가물도 들어가지 않은 와인을 만드는 것이었다. 우리는 실험용으로 수비니어 그리souvignier gris를 선택했다. 수비니어 그리는 카베르네 소비뇽과 솔라리스solaris(이 역시 교배종이다)의 교배종이다. 표면적으로는 백포도 품종이나 껍질 색깔은 무척 아름다운 로즈핑크이며, 산미가 강하고 껍질이 꽤 두껍다. 틀림없이 완벽할 거야, 우리는 생각했다.

그 포도는 늦게 익는 품종이어서 우리는 수확일을 10월 15일로 정했다. 날씨는 더할 나위 없이 좋았고, 친구들과 가족들이 모인 소규모 수확 팀은 포도밭으로 나갔다. 수비니어 그리의 첫 구획은 아침에 수확했는데, 뜻밖의 문제가 발생했다. 분석 결과 포도의 알코올 도수가 10.5퍼센트밖에 안 되었던 것이다. 론이 이에 불만을 가졌던 가장 큰 이유는 우리는 절대로 보당을 하지 않을 것이었기 때문이다. 하지만 그에게는 해결책이 있었고, 그것은 바로 수확을 기다리고 있던 더 오래된 구획의 수비니어 그리였다. 확실히 좀 더 오래된 나무들일수록 농도가 높아서, 우리는 알코올 농도를 어디 내놔도 당당한 11퍼센트 이상까지 끌어올릴 수 있었다.

---

80 와인의 알코올 도수를 높이기 위해 발효 시 설탕을 첨가하는 것. 비록 내추럴 와인 양조자들은 피하는 방법이지만, 포도가 잘 안 익는 경우가 있는 유럽 북부의 여러 지역에서는 흔히 사용되는 방식이다.

우리는 포도의 줄기를 제거하고 살짝 으깨서 작은 금속 통에 넣었다. 포르투갈에서 경험했던 것과는 다르게, 이번 것은 거의 론이 와이너리에서 나와 저녁을 먹으러 갔을 때부터 부글대기 시작했다. 2주 뒤에는 발효가 완전히 끝났다. 우리는 그것을 론과 마르닉스가 초조해하기 시작할 때까지 사흘간 더 껍질과 접촉시켰다. 그러고는 와인을 래킹하여 숙성할 통에 담았다.

지금은 2018년 3월이다. 우리의 와인은 분명 10대에 해당하는 단계에 있을 것이다. 좀 덜되고 신경질이나 과일 향과 산미, 또 살아남는 데 필요한 모든 좋은 것들이 풍부한 상태. 그것이 어떻게 되어갈지는 지켜봐야 할 것이다. 하지만 론이 여분의 통을 마련했으면 하는 바람이 있는데, 우리의 분홍빛 오렌지색 즙을 좀 더 늘려야 할 것 같다는 왠지 모를 느낌이 들기 때문이다.

이 실험들 중 어느 쪽도 진짜 성공이라고 말하기에는 아직 너무 이르지만, 둘 다 진정한 배움의 경험이었다. 내가 생각하는 요점은 비록 포도 재배는 연중무휴인 일이지만 와인 양조는 일 년에 한 번뿐이며, 다해서 몇 시간 또는 며칠이라는 기간으로 압축될 정도로 놀랄 만큼 많은 결정이 얽혀 있다는 것이다. 잘못된 결정으로 식초를 만들어놓지는 않겠지만, 그 술이 최고냐 최악이냐의 차이가 발생할 수는 있다.

위험은 가는 길마다 도사리고 있다. 와인이 잘 만들어지지 않으면 어쩌지? 고객들이 좋아하지 않으면 어쩌지? 작년 것과 너무 다르지는 않을까? 그나마 우리가 느끼는 위험은 통 한두 개에 한정된 것이었다. 스탄코 라디콘이나 요슈코 그라브너 같은 생산자들이 초기에 그들의 와인을 재구매하는 사람이 있기나 할까 궁금해하며 겪었을 불안, 이아고 비타리쉬빌나 라마즈 니콜라드제가 시달렸를 끊임없는 의심은 상상하기조차 힘들다. 다른 이웃들처럼 수박과 감자를 심었다면 이들의 삶은 좀 더 쉽지 않았을까? 아마도 브란코 초타르나 요슈코 렌첼도 간혹 전통을 버리고 보다 현대적인 방식을 따라야 하나 고민했을 것이다(그러지 않으면 한 병도 못 팔 위기가 있었으니까).

이렇게 고집, 무모함, 그리고 극도로 확고한 비전을 가진 모든 외골수 괴짜들에게, 나는 경의를 표한다.

론 랑에펠트와 함께한 다세무스의 수확

RECOMMENDED PRODUCERS

추천할 만한 생산자들

콜리오/브르다 국경의 일몰

추천할 만한
생산자들

오늘날 전 세계적으로 오렌지 와인을 만들어본 경험이 있는 와이너리의 수는, 일회성 실험의 형태까지 포함하면 쉽게 네 자릿수에 달한다. 따라서 여기에서 소개하는 생산자들 목록은 결코 완전한 것이 아니라, 정평이 난 양조 마스터들과 곧 크게 될 신인 양조자들을 염치 불고하고 개인적으로 선별한 것이다.

나는 양조자들을 선별하는 데 다음과 같은 몇 가지 기준을 채택했다.

▶ 오렌지 와인 양조 실적(다수의 빈티지, 일관적인 품질)
▶ 백포도 전량 또는 최소 상당한 분량에 침용 기법 적용. 만약 어떤 와이너리에서 화이트 와인을 단 한 가지만 만드는데 그것이 침용 방식으로 만든 경이로운 와인이라면 자격이 된다.
▶ 전통 기법의 성실한 적용 – 야생 효모 / 자발적 발효, 발효 시 온도 제어 금지, 청징 금지, 여과 금지 또는 가벼운 여과, 이산화황 최소량 사용(이 방식을 전적으로 시행하지는 않는 소수의 생산자들도 포함되었다. 특별한 예외 사항은 본문에 따로 표기했다).
▶ 유기농이나 바이오다이내믹 인증을 받은 포도 재배를 강하게 선호하나, 비인증 유기농 관행 / 포도밭에서의 화학 살충제, 항균제나 제초제 사용 금지 역시 용인된다. 알다시피 오렌지 와인은 껍질과 함께 발효되니까!
▶ 나는 개인적으로 그 와인을 즐기며 그것들이 해당 지역 내에서 완성되었다고 생각한다.
▶ 나는 그 장소에 방문했거나 그곳의 생산자와 대화를 나누었고, 아니면 적어도 그 와인을 여러 번 맛보았다.

이런 규칙을 세워두다 보니, 그걸 깰 수밖에 없는 상황도 발생했다. 와인 문화가 막 발달 중인 어떤 나라들은 훌륭한 오렌지 와인을 생산하지만 실적이 거의 또는 전혀 없다. 나는 이들을 그냥 무시해버리는 대신, 계속 지켜볼 만한 혁신가들과 신참자들 몇 명을 목록에 포함시켰다.

이 책은 침용된 화이트 와인 생산 문화가 가장 오래되고 가장 잘 확립된 나라들에 주로 집중해서 정리했으므로, 추천할 만한 생산자들의 수가 이탈리아, 슬로베니아와 조지아에 불균형적으로 많다. 이런 편향에 대해서는 사과하지 않겠다. 이 세 나라의 양조자들은 보통 그 기법과 관련하여 가장 기량이 뛰어나고 능숙하다. 이들에게는 긴 침용에 대한 무언의 집단적 자신감 같은 것이 있다. 이들을 비롯해 총 20개국의 생산자들이 포함되었지만, 다수의 중요한 와인 양조 국가들이 빠졌다. 빠진 국가들 중 좀 더 주목할 만한 국가들에 관해 몇 자 적겠다.

세르비아는 오렌지 와인을 실험하는 내추럴 와인 양조자들의 성장 중심지이지만, 이 책을 쓰는 시점에는 시중에서 구할 수 있는 세르비아산 오렌지 와인은 거의 없다시피 했다. 즉 그 와인들이나 유망한 야심가들에 대해 발표하기에는 아직 너무 이르다. 동유럽의 다른 여러 나라들도 비슷한 상황이다. 루마니아, 헝가리, 몰도바에서도 분명 흥미로운 실험들이 진행 중이나, 인접한 아드리아해 연안 국가들과 비교하면 눈에 띄지도 않는 수준이다.

그리스, 터키와 사이프러스의 생산자들이 테크놀로지 시대 이전에 백포도를 침용했었음은 거의 의심할 여지가 없지만, 이런 전통은 꾸준한 진보에 의해 사실상 없어지고 말았다. 소수의 그리스 생산자들이 실험적인 오렌지 와인 작품을 만들기 시작하고 있다. 나는 침용된 레치나retsina(발효 중 송진을 첨가하여 송진 향이 나는 그리스의 와인─옮긴이)를 맛본 적도 있는데, 다른 무엇보다도 호기심 때문이었지만 아주 흥미로웠다. 산토리니의 고품질 아시르티코assyrtiko 포도는 오렌지 와인과 관련하여 상당한 잠재력을 갖고 있다.

중동(특히 이스라엘과 레바논)의 와인 양조는 소규모로 발전했지만, 스타일적으로나 적포도 품종이 대부분이라는 점에서 거의 프랑스식 모델을 따른다. 야콥 오리야Jacob Oryah라는 양조자는 이스라엘의 오렌지 와인을 만들었다. 아르메니아까지 포함한 이들 나라는 이론적으로는 와인의 요람이라는 조지아의 주장에 이의를 제기할 수도 있으나, 조지아처럼 전통을 끊임없이 이어온 나라는 없다.

남아메리카에는 흥미롭고 오래된 와인 양조 방식들이 많이 존재하지만, 그곳의 현대 생산업계는 대형 와이너리들과 주류 스타일에 주로 집중해왔다. 칠레는 적어도 한 가지 이상의 오렌지 와인을 생산했으며, 페루도 마찬가지이다. 이 모든 나라는 유서 깊은 시골의 포도 재배 전통을 갖고 있는데, 아니나 다를까 이런 경우 프레스나 줄기제거기가 없어서 백포도는(백포도와 적포도를 따로 구분한다는 전제하에) 껍질, 일부 줄기들과 함께 발효되었다.[81] 이 나라들에서 더 많은 장인 생산자들이 자리를 잡게 되면, 우리는 매력적인 침용 방식 와인들과 더불어 전반적인 종류의 증가도 기대해볼 수 있을 것이다.

아시아의 와인 양조는 호황기를 맞이하여, 혜성같이 나타난 중국은 세계 5위의 와인 생산국(무게 기준)이 되었다.[82] 인도, 중국이나 일본에서는 오렌지 와인을 만들지 않는다고 주장하는 것은 아주 어리석은 일인데, 이 책이 인쇄될 때쯤이면 그러한 진술을 부정확한 것으로 만드는 누군가가 나타날지도 모르기 때문이다. 그러나 현재로서는 아시아의 '오렌지들'에 대한 탐험은 2판에서 다루기를 기다려야 한다.

새로 발견된 사항들은 www.themorningclaret.com에 정기적으로 게시되고 있으니, 좋아하는 오렌지 와인 양조자가 목록에 없더라도 실망하지 마시길.

---

81 칠레에서는 전통적으로 포도의 줄기를 제거할 때 사란다zaranda를 사용했다. 이것은 액자 모양으로 고정한 나무 막대들 사이에 포도 알이 통과할 만한 크기의 구멍을 뚫어놓은 도구이다. 이것을 이용하면 어쩔 수 없이 줄기들 일부와 껍질들이 함께 발효되게 된다.

82 2014년 유엔식량농업기구 발표 기준

기호 설명

 유기농 인증을 받은 포도 재배(병에 표기되는 경우도 있고 아닌 경우도 있다)

 바이오다이내믹 인증을 받은 포도 재배(데메터Demeter나 그에 상응하는 프랑스의 비오디뱅BiodyVin 같은 인증 기관들. 병에 표기되는 경우도 있고 아닌 경우도 있다)

 이산화황 무첨가 와인(양조나 병입 시. 그러나 와인에는 발효 과정에서 자연적으로 생산되는 황 성분이 함유될 수 있으며, 보통 그 양은 1리터당 10~20밀리그램이다)

 전문가 모든 화이트 와인에 껍질 접촉 방식을 적용하며 세계적으로 이러한 스타일의 대표자로 손꼽히는 생산자

호주Australia

현대적·기술적 와인 양조 혁명을 촉발했던 이 나라에서 마침내 최소의 개입과 기술에서 멀어지기를 추구하는 신세대 생산자가 등장하기 시작했다. 이와 더불어 화이트 와인의 껍질 접촉 실험도 빠르게 증가하게 되었다. 아직은 전문가가 별로 없지만, 적어도 본 저자의 입맛에 비춰볼 때 신선도와 이른 수확을 우선시하는 생산자들이 성공할 것 같다.

호주의 와인 라벨링 법은 대부분의 유럽 국가들에 비해 상당한 자유를 허용하기 때문에, 오렌지 와인도 이론적으로 원산지가 명시된 고품질 와인으로 분류될 수 있다. 하지만 복병은 서늘한 기후가 특징인 뉴사우스웨일스New South Wales 주의 '오렌지'라는 와인 지역으로, 이곳은 오렌지 와인이라는 용어 사용을 반대한다고 목소리를 높이고 있다. '오렌지' GI[83] 협회는 '스킨 콘택트 방식으로 발효된 화이트 와인'이나 '앰버 와인'이 더 나은 대안이라고 제안하며, 간혹 호주 내 다른 지역의 와인 양조자들이 라벨에 오렌지라는 용어를 쓰면 고소하겠다고 으름장을 놓기도 했다. 그들의 주장도 일리가 있다.

---

83 '지리적 표시Geographical Indication'. 한정된 호주의 와인 지역들에 적용되는 법적 분류 체계이다.

호주 / 바로사

쇼브룩 와인스 Shobbrook Wines

톰 쇼브룩은 토스카나에서 6년간 일하다가 2007년 바로사로 돌아온 이후, 그 특유의 자유로운 이단아적 에너지로 호주의 와인 양조 업계를 제대로 뒤흔들어 놓았다. 화이트 와인을 위해 그가 선택한 무기는 세라믹 에그로, 많은 부분이 긴 껍질 침용 방식으로 만들어진다. 그 두 가지 예인 '지알로Giallo(뮈스카, 리슬링과 세미용 블렌드)'와 '삼론Sammlon(세미용)' 모두 맛이 좋다. 호주는 중후하고 묵직한 와인들만 잘 만든다는 생각을 바꿔줄 만한 와인들이다.

주소 PO Box 609, Greenock, South Austrailia, 5360 전화번호 +61 438 369 654
이메일 shobbrookwines@gmail.com

호주 / 마가렛 리버

시 빈트너스 Si Vintners

이 1세대 와인 양조 커플(세라 모리스Sarah Morris와 이워 아키모비츠Iwo Jakomowicz)은 스페인에서 와인 양조 경력을 쌓은 뒤 마가렛 리버로 돌아와, 운 좋게도 2010년에 누가 팔려고 내놓은 완벽한 오래된(1978년에 심은) 포도밭을 발견했다. 두 가지 화이트 퀴베를 스킨 콘택트 방식으로 만드는데, 콘크리트 에그에서 발효된 '렐로Lello(세미용/소비뇽 블랑)'와 '바바 야가Baba Yaga(소비뇽 블랑에 기분 좋은 과일 향을 더하기 위한 소량의 카베르네 소비뇽 첨가)'이다. 이 와인들의 특징은 터질 듯한 과즙미와 풍성한 테루아의 표현력이다. 이 커플은 또 스페인 칼라타유드Calatayud에서도 와인을 만들고 있다.

주소 이용 불가 전화번호 이용 불가 이메일 info@sivintners.com

호주 / 빅토리아

모멘토 모리 와인스 Momento Mori Wines

키위 데인 존스Kiwi Dane Johns는 호주의 여러 와이너리들에서 일하며 경험을 쌓았다. 그는 라디콘의 와인을 처음 마셨던 때가 스킨 콘택트 방식에 대한 자극을 받은 결정적 순간이라고 말한다. 첫 번째 모멘토 모리 와인은 그의 집 뒷마당에 묻힌 암포라에서 만들었지만, 이제 그는 아내 한나Hannah와 함께 오래된 포도밭과 따로 지은 작은 와이너리를 운영하며 호주의 점토로 만든 네 개의 암포라를 사용한다. 미묘하면서도 깃털처럼 가벼운 '스테어링 앳 더 선Staring at the Sun' 블렌드는 3개월간 침용한 것 치고는 놀라운 결과이며, 이 양조자의 상당한 재능을 보여준다. 지켜볼 만한 생산자이다.

주소 Gipsland 전화번호 이용 불가 이메일 momentomoriwines@gmail.com

오스트리아Austria

슬로베니아, 이탈리아 북부와의 인접성은 분명 오스트리아 와인 양조자들의 오렌지 와인에 대한 사랑이 커지는 요인으로 작용했다. 슈타이어마르크 주의 다섯 양조자가 모인 '슈메케 다스 레벤Schmecke das Leben' 그룹[84]은 10년이 넘는 긴 침용 경력을 지닌 이들로, 여러 면에서 주도적 역할을 하고 있다. 대형 와이너리인 도매네 바하우도 암포라 발효 방식의 리슬링을 만들기 시작할 정도로, 이 작은 내륙 국가 곳곳의 생산자들은 그들의 다양한 능력에 스킨 콘택트 방식까지 추가하고 있다.

베른하르트 오트Bernhard Ott는 2009년부터 매년 크베브리 발효된 그뤼너 펠트리너grüner veltliner를 만들어왔기 때문에 분명 니더외스터라이히 주Lower Austria(바하우가 속한 주)의 선구자들 중 하나라 할 수 있다. 하지만 그는 그 와인 하나만 그런 방식으로 만들기에 다음 목록에 포함되지는 못했다. 오스트리아에는 오렌지 와인을 한 가지만 만드는 훌륭한 생산자가 많지만, 여기에서는 그보다 좀 더 전문적인 생산자들에 초점을 맞추었다.

---

84 안드레아스 체페, 제프 무스터, 슈트로마이어, 타우스, 베를리취

오스트리아 / 니더외스터라이히 주

아른도르퍼Arndorfer

주객전도라는 말이 어울리는 재미있는 사례로. 마르틴Martin과 안나Anna 아른도르퍼는 그들과 거래하는 덴마크 수입업자의 권유로 스킨 콘택트를 실험하게 되었다. 캄프탈 지역의 비옥한 테루아라면 훌륭한 오렌지 와인을 생산할 수 있겠다는 그의 예감은 맞아떨어진 듯 보인다. '퍼 세Per Se' 시리즈의 세 가지 와인은 침용하여 만든 각 품종(이 경우에는 뮐러 투르가우müller-thurgau. 그뤼너 펠트리너와 노이부르거neuburger)의 특징을 잘 드러내는 정상급 와인들이다. 이 와인들은 2012년에 처음 만들어졌으며, 내 생각에는 노이부르거가 가장 성공적인 것 같다.

주소 Weinbergweg 16, A-3491 Strass/Strassertal
전화번호 +43 6645 1570 44 이메일 info@ma-arndorfer.at

오스트리아 / 니더외스터라이히 주

빈처호프 란다우어 기스페르크Winzerhof Landauer-Gisperg

요슈코 그라브너에게서 영감을 받은 프란츠 란다우어Franz Landauer는 조지아산 크베브리 몇 개를 구해서 화이트 와인 하나. 레드 블렌드 와인 하나를 만드는 데 사용한다. '암포라 바이스Amphorae Weiss'는 복합미와 황홀한 풍미를 지니며, 때로는 테르멘레기온Thermenregion(오스트리아의 와인 산지로 빈의 남쪽에 있다-옮긴이)의 평지에 자리 잡은 이 와이너리에서 생산되는 다른 와인들의 품질을 뛰어넘는다. 조합은 매년 달라지지만 항상 로트기플러rotgipfler가 주를 이룬다. 프란츠의 아들 슈테프Stef는 점차 양조 일을 물려받고 있으며 맛 좋은 껍질 침용 방식 트라미너 '빌트Wild'를 추가했다(스테인리스스틸 발효조에서 발효했다).

주소 Badner Straße 32, A-2523 Tattendorf 전화번호 +43 2253 8127 2
이메일 wein@winzerhof.eu

오스트리아 / 니더외스터라이히 주

로이머Loimer

프레트 로이머Fred Loimer의 사업체는 꽤 커서 현재 캄프탈에 30헥타르. 테르멘레기온의 땅들을 비롯해 니더외스터라이히 주 곳곳에 포진해 있다. 니더외스터라이히 주의 포도밭들에서는 그의 '미트 아흐퉁Mit ACHTUNG' 시리즈 오렌지 와인 다섯 가지에 사용되는 포도가 재배되는데. 이 와인들은 2006년부터 생산되었다. 경험과 자신감이 여실히 담긴 미트 아흐퉁은 품종적 특징이 잘 드러나며 우아하고 꽤나 감칠맛이 있다. 특히 성공적인 '게미쉬터 자츠Gemischter Satz'는 3~4주간의 스킨 콘택트를 통해 질감과 포도의 특성을 미묘하게 증폭시켰다.

주소 Haindorfer Vögelweg 23, A 3550 Langenlois 전화번호 +43 2734 2239 0
이메일 weingut@loimer.at

오스트리아 / 부르겐란트

안데르트 바인Andert Wein

미하엘Michael과 에리히 안데르트Erich Andert 형제는 오스트리아-헝가리 국경 지대에 있는 4.5헥타르 규모의 땅에서 바이오다이내믹 농법으로 농사를 짓는다. 이곳은 닭, 양, 곡식 등을 기르고 염지육과 베르무트vermut(와인을 기본으로 하여 다양한 향료나 약초 등을 넣어 만든 혼성주의 일종-옮긴이)까지 만드는 진짜 농장이다. "포도나무들은 항상 관심을 제일 덜 받아서, 좀 야생적이 되었습니다." 미하엘은 설명한다. 와인을 만들기 시작한 지 14년이 흐른 뒤에야 국제적인 추종자들이 생기기 시작했다. 그의 '팜호크나 바이스Pamhogna Weiss' 블렌드, 룰랜더Ruländer(피노 그리지오)와 미스터리한 '페엠PM'에는 모두 스킨 콘택트 방식이 적용된다. 활기차고 스파이시하며, 이 형제의 출시 스케줄상 허용되는 것보다 더 오래 병 숙성을 시켜도 좋다. 일부 와인은 황 첨가 없이 병입되어 나를 경악케 하는 경우가 가끔 있다.

주소 Lerchenweg 16, A-7152 Pamhagen 전화번호 +43 680 55 15 472
이메일 michael@andert-wein.at

오스트리아 / 부르겐란트

클라우스 프라이징어Claus Preisinger

비록 외모는 동안이지만, 클라우스는 오랫동안 와인을 만들어왔다. 아버지에게서 3헥타르 규모의 땅을 물려받은 2000년부터 말이다. 오늘날, 그의 인상적인 현대식 와이너리와 포도밭은 다 해서 19헥타르에 달한다. 2009년, 클라우스는 백포도를 조지아산 암포라에 발효하기 시작함으로써 그같은 방식을 처음으로 채택한 오스트리아인들 중 한 명이 되었다. 현재 '에델그라벤 그뤼너 펠트리너Edelgraben Grüner Veltliner'와 '바이스부르군더Weissburgunder'를 포함해 세 가지 오렌지 와인을 만든다. 이들은 조직감이 있고 흥미로우며 대단히 완성도 있는 와인들이다. 작은 정보 하나를 더하자면, 클라우스의 파트너는 렌너시스타스의 주자네 렌너Susanne Renner이다.

주소 Goldbergstrasse 60, A-7122 Gols 전화번호 +43 2173 2592
이메일 wein@clauspreisinger.at

오스트리아 / 부르겐란트

크젤만Gsellmann

안드레아스 크젤만Andreas Gsellmann은 2010년 카르소 지역 방문에서 영감을 받아 14일간의 껍질 침용을, 처음에는 트라미너와 피노 블랑에만 적용하기 시작했다. 이 방식이 품종의 전형적인 특성을 잘 표현시킨다는 것을 알게 된 그는 2011년부터는 자신이 만드는 거의 모든 화이트 와인을 침용하고 있다. '트라미너Traminer', '샤르도네 엑셈펠Exempel'과 '노이부르거 엑셈펠'이 특히 뛰어나지만, 이 21헥타르 부지에서 생산되는 모든 것이 순수함, 흥미로움과 집중미를 발산한다. 포도 재배는 바이오다이내믹 농법으로 이루어지나 일부 포도밭은 아직 전환 중이라 유기농 인증만 획득한 상태이다.

주소 Obere Hauptstrasse 38, 7122 Gols 전화번호 +43 2173 2214
이메일 bureau@gsellmann.at

오스트리아 / 부르겐란트

구트 오가우Gut Oggau

본래 슈타이어마르크주의 와인 양조 가문 출신인 에두아르트 체페Eduard Tscheppe와 그의 파트너 슈테파니 에젤뵉Stephanie Eselböck은 2007년에 오가우로 이사해. 그 역사가 1820년으로 거슬러 올라가는 포도나무들과 거대한 빔 프레스가 있는 14헥타르 규모의 오래된 땅에 새 생명을 불어넣었다. 이들이 만들어낸 와인 가족(3대에 걸친 이 가족은 대를 올라갈수록 복합미도 더해진다)은 바로 이 커플과 같은 순수함과 주아 드 비브르joie de vivre('삶의 기쁨'-옮긴이)를 지녀서 세상 사람들의 많은 사랑을 받게 되었다. '티모테우스Timoteus'와 '테오도라Theodora'는 일부만 껍질 발효되는 반면, 할머니 '메흐틸트Mechtild'는 전부 8~10일간 스킨 콘택트된다. 2011년부터 모든 와인에 황을 첨가하지 않는다.

주소 Hauptstrasse 31, A-7063 Oggau 전화번호 +43 664/2069298
이메일 office@gutoggau.at

오스트리아 / 부르겐란트

마인클랑Meinklang

유럽 최대 바이오다이내믹 인증 농장들 중 하나이며 가족이 경영하는 마인클랑은. 국경에 걸쳐 있는 700헥타르의 땅 중 일부에서만 포도나무를 기른다. 니클라스 펠처Niklas Peltzer의 설명에 따르면 화이트 와인의 껍질 접촉 실험은 2009년에 시작되었다. "우리 와인은 스파이시함, 과일 향과 깊이를 다 갖췄지만 간혹 질감과 견고함이 부족했는데 껍질 발효 덕분에 균형이 잘 맞게 되었어요." 현재 침용된 와인들로는 '그라우페르트 피노 그리Graupert Pinot Gris'와 이보다 더 충실한 '콘크레트Konkret'가 있으며, 둘 다 콘크리트 에그에서 발효된다. 그라우페르트 포도밭은 가지치기를 전혀 하지 않는데, 예상 외로 모양새가 엉망이지는 않으며 보다 농축미 있는 소량의 포도가 자란다.

주소 Hauptstraße 86, A-7152 Pamhagen 전화번호 +43 2174 2168-11
이메일 np@meinklang.at

오스트리아 / 부르겐란트

렌너시스타스Rennersistas

슈테파니와 주자네 렌너는 이들의 가족이 만드는 보다 클래식한 '렌너Renner' 시리즈와는 별개로, 렌너시스타스 라벨을 단 내추럴 와인들을 만든다. 포도는 전부 골스 주변의 13헥타르 규모의 포도밭에서 난다. 톰 루베(마타사)와 톰 쇼브룩에서의 인턴십 당시 영감을 받아 모든 백포도에 긴 스킨 콘택트 방식을 적용하게 되었다. 이들의 와인은 굉장히 발랄하고 순수하며, 라벨은 아마도 세상에서 가장 귀엽다고 할 수 있을 것이다. 2016년부터는 이 자매가 사업 전체를 관리한다. 첫 두 빈티지들(2015년과 2016년)을 보건대, 앞으로 대단한 와인들을 기대해볼 만하다.

주소 Obere Hauptstraße 97, 7122 Gols 전화번호 +43 2173 2259
이메일 wein@rennerhelmuth.at

오스트리아 / 슈타이어마르크 주

플로더 로젠베르크Ploder-Rosenberg

프레디Fredi와 마누엘 플로더Manuel Ploder는 조지아 여행에서 영감을 받아 크베브리 몇 개를 구입했고, 이는 현재 그들의 와이너리 앞마당에 묻혀 있다. 네 가지 앰버 와인을 생산하는데 세 가지는 크베브리에서, 하나는 오크통에서 발효된다. 나는 소비뇽, 트라미너와 겔버 무스카텔러gelber muskateller를 블렌드한 '아에로Aero'를 가장 좋아한다. 암포라 와인들은 황홀함을 주기도 하지만 때에 따라서는 좀 특이하기도 해서 스타일을 분명하게 정의하기가 어렵다. 이 와이너리는 질병에 강한 교배종들PIWIs 몇 가지를 또 실험 중이라, 혁신에 대한 열정과 열의는 나무랄 데가 없다.

주소 Unterrosenberg 86, 8093 St. Peter a. O. 전화번호 +43 3477 3234
이메일 office@ploder-rosenberg.at

 오스트리아 / 슈타이어마르크 주

타우스Tauss

'슈메케 다스 레벤'의 다섯 회원 중 가장 작은(6헥타르) 이곳은 계속 승승장구 중이다. 롤란트 타우스Roland Tauss는 말수가 적은 사람이지만, 만약 운 좋게 그의 셀러에 들어가게 된다면 그런 건 문제가 되지 않는다. 그의 와인이 대신 말을, 그것도 아주 완벽하게 하니까. '그라우부르군더Grauburgunder', '소비뇽 블랑'과 '로터 트라미너Roter Traminer'는 약 열흘간 침용되어 대단히 차별화된 흥미로운 와인들로 탄생한다. 와이너리 전체가 지속 가능성에 따라 운영되며, 요가 스튜디오와 태양열 수영장이 있는 평화롭고도 편안한 민박도 이용할 수 있다. 2005년부터 바이오다이내믹 농법을 시행해왔다.

주소 Schloßberg 80, 8463 Leutschach 전화번호 +43 3454 6715
이메일 info@weingut-tauss.at

 오스트리아 / 슈타이어마르크 주

슈나벨Schnabel

이 아담한 와이너리(5헥타르)는 맛 좋은 침용된 와인들을 생산한다. (이 지역에서는 모릴론morillon으로 알려진) 샤르도네, 라인 리슬링rhine riesling과 두 가지를 블렌드한 '질리치움Silicium' 모두 약 14일간 껍질 접촉을 거쳐 만들어진다. 2003년 이후로 바이오다이내믹 인증을 받아왔으며, 백포도들은 전부 스킨 콘택트 방식으로 발효된다(슈나벨 가족은 이 방식이 복합미와 활기를 더해준다고 생각한다). 칼Karl 슈나벨은 1997년과 1998년 부르고뉴를 방문한 이후 양조 일을 시작했으며, 국제적으로는 비교적 인지도가 낮지만 슈타이어마르크 주에서는 아마도 처음으로 오렌지 와인을 만들고 황 사용을 피한 생산자가 아닐까 싶다.

주소 Maierhof 34, 8443 Gleinstätten 전화번호 +43 3457 3643
이메일 weingut@karl-schnabel.at

오스트리아 / 슈타이어마르크 주

제프 무스터Sepp Muster

그라브너의 브레그 2001을 블라인드 테이스팅한 데서 영감을 받아 긴 껍질 침용을 시작한 무스터는 두 가지 오렌지 와인, '그래핀Gräfin'과 '에르데Erde'를 만든다. 그래핀은 1백 퍼센트 소비뇽을 2~4주간 껍질 침용시켜 만드는데, 내가 더 좋아하는 건 보다 충실한 에르데이다. 이 와인은 소비뇽 80퍼센트와 샤르도네 20퍼센트 블렌드를 6개월간 중고 오크통에서 스킨 콘택트시킨 뒤, 독특한 점토 병에서 더 숙성시켜 만든다. 제프는 1998년 인도를 방문했을 때 바이오다이내믹으로의 전환을 결심했다. 그는 '슈메케 다스 레벤' 그룹의 핵심 인물 중 하나이다.

주소 Schlossberg 38, 8463 Leutschach 전화번호 +43 3454 70053
이메일 info@weingutmuster.at

오스트리아 / 슈타이어마르크 주

슈트로마이어Strohmeier

프란츠Franz와 크리스티네Christine 슈트로마이어는 살충제로 인한 건강 문제 때문에 10년 전 그들의 와이너리가 나아갈 방향을 근본적으로 재고하게 되었다. 이들은 더 이상 스파클링 와인을 전문으로 하지 않으며, 2010년부터는 바이오다이내믹 농법으로 황 무첨가 와인을 만들어오고 있다. (처음에는 '오렌지 1번Orange No.1', '오렌지 2번Orange No.2' 등으로 라벨이 붙었던) 이들의 오렌지 와인은 제프 무스터, 라디콘와 조르지오 클라이 같은 다른 생산자들에게서 영감을 받은 것이다. '바인 데어 슈틸레Wein der Stille'는 슈타이어마르크 주 최고의 침용된 소비뇽 블랑들 중 하나로, 12개월을 꽉 채운 껍질 접촉을 거친 위풍당당한 와인이다. 더 이상 주 종목은 아니나 섹트Sekt(독일어로 스파클링 와인을 뜻함-옮긴이)들도 훌륭하다.

주소 Lestein 148, 8511 St. Stefan o. Stainz 전화번호 +43 6763 8324 30
이메일 office@strohmeier.at

오스트리아 / 슈타이어마르크 주

안드레아스 체페Andreas Tscheppe

사악하리만치 천연덕스러운 유머감각을 지닌 안드레아스 체페는 와인 양조 일에 대해서는 굉장히 진지하다. '슈메케 다스 레벤' 그룹의 다른 동료들과 마찬가지로 포도밭들은 바이오다이내믹 원칙을 따라 경작된다. 2006년부터 생산된 '에르트파스Erdfass(흙 통)'는 조지아의 크베브리 전통에 대한 그의 동의로 볼 수 있다. 그는 지하의 생명력이 주는 혜택을 얻기 위해 큰 통 하나를 겨울 동안 땅 밑에 묻어둔다. 이는 지구 최고의 껍질 침용된 와인들 중 하나로, 엄청나게 폭발적인 질감과 풍미를 지니면서도 아름다운 균형미를 자랑한다. 겔버 무스카텔러를 침용한 '슈발벤슈반츠Schwalbenschwanz' 역시 뛰어나다.

주소 Glanz, 8463 Leutschach 전화번호 +43 3454 59861
이메일 office@at-weine.at

오스트리아 / 슈타이어마르크 주

베를리취Werlitsch

에발트 체페Ewald Tscheppe는 형 안드레아스와 셀러는 같이 쓰지만, 자기만의 잘 가꿔진 포도밭을 가지고 있다. 와이너리 이름과 같은 침용된 '베를리취' 퀴베는 현재 '글뤼크Glück'란 이름으로 라벨링되며, 본래 크베브리에서 만들었던 '암포렌바인Amphorenwein(2007~2010)'은 '프로이데Freude'로 이름을 바꾸었다. 프로이데는 껍질, 줄기와 함께 1년간 침용되기 때문에 아마도 이 지역에서 가장 강력하고 구조감 있는 오렌지 와인이라 할 수 있을 것이다. 체페는 크베브리에 적응을 하지 못해서 다시 큰 통을 사용하고 있다. 나는 이 두 가지의 보석과도 같은 침용된 와인이 '엑스 페로 Ex Vero' 시리즈보다 더 훌륭한 일관성을 보여주는 경우가 많다고 생각한다.

주소 Glanz 75, 8463 Leutschach 전화번호 +43 3454 391
이메일 office@werlitsch.com

오스트리아 / 슈타이어마르크 주

빙클러 헤르마덴Winkler-Hermaden

3대가 함께 일하는 와이너리와 레스토랑이 있는 가족 사업체이다. 크리스토프Christof 빙클러 헤르마덴은 베르나르트 오트Bernard Ott에게서 영감을 받아 2010년에 조지아산 크베브리 두 개를 구입했고, 2011년에 '게뷔르츠트라미너 오랑지Gewürztraminer Orange'가 탄생했다. 이것은 6개월간의 침용을 거친 대단히 훌륭한 결실로, 그 이후의 일부 빈티지들에 비해 더 좋은 균형미와 신선미를 갖췄다. 크베브리들은 2013년에 스테인리스스틸 발효, 오크통 숙성으로 대체되었으며 스킨 콘택트 기간도 약 1개월로 크게 줄었다. 2016년에 생산된 새로운 와인 '춘더Zunder'는 3일간만 껍질과 접촉된다. 버티컬 테이스팅vertical tasting(한 종류의 와인을 여러 빈티지의 것으로 시음하는 것-옮긴이)을 해보면 침용된 트라미너들을 연구할 좋은 기회가 될 것이다.

주소 Schloss Kapfenstein, an der Schlösserstrasse, 8353 Kapfenstein 105
전화번호 +43 3157 2322 이메일 weingut@winkler-hermaden.at

보스니아 헤르체고비나
Bosnia and Herzegovina

기독교가 우세한 헤르체고비나 지역이 이 발칸 국가의 와인 양조 중심지이며, 토종 백포도 품종인 질라브카 žilavka의 온상이기도 하다. 이 책을 쓰는 시점에 이 나라에서 정평이 난 내추럴 와인 양조자는 아래의 한 사람 뿐이지만, 본래 주류 스타일 와인을 생산하던 비나리야 슈케그로Vinarija Škegro 와이너리 역시 2015년에 훌륭한 침용된 질라브카를 추가했다는 사실도 언급할 만하다.

안타까운 점은 크나큰 가능성을 가진 이 나라가 민족 간 갈등으로 인한 분열과, 와인을 진지하게 음미하는 문화의 부재로 제자리걸음 중이라는 것이다. 발칸반도와 아드리아해 지역의 다른 대부분의 나라들과 마찬가지로 가정에서 마시기 위해 만드는 와인들은 화이트든 레드든 관계없이 스킨 콘택트를 기본으로 한다.

보스니아 헤르체고비나 / 모스타르
브르키치Brkić

보스니아에서 포도밭을 바이오다이내믹 농법으로 전환한다는 건 웬만한 배짱이 아니면 할 수 없는 일인데, 2007년 요시프 브르키치Josip Brkić는 대담하게 이 일에 착수했다. 기독교가 우세한 바이블벨트 지역의 중심부인 치틀루크Čitluk(메주고리예Medjugorje 근처)에 사는 그는 현재 이 나라에서는 독보적인 존재이다. 세 종류의 화이트 와인들 모두 스킨 콘택트 방식으로 만드는데, 그의 할아버지 역시 발효의 시작을 돕기 위해 이 방법을 사용했다. 백미는 '므제세차르 Mjesečar(또는 문워커Moonwalker)'로, 토종 품종인 질라브카의 매력적인 꽃향기가 잘 드러나면서도 9개월간의 스킨 콘택트에서 비롯된 깊이와 복합미까지 지닌 진짜 보배 같은 와인이다.

주소 K. Tvrtka 9. Čitluk, 88260 전화번호 +387 36 644 466
이메일 brkic.josip@tel.net.ba

불가리아Bulgaria

포스트 커뮤니즘 시대의 재앙적인 토지 재분배 정책 이후, 불가리아의 와인 산업은 마침내 부활의 시기를 맞았다. 하지만 대부분은 해외 투자와 비교적 구시대적인 생각들(첨단 시설의 와이너리들과 프랑스산 새 바리크들)이 성공에 이르는 길이었다. 규모는 작지만 계속 성장 중인 몇몇 생산자들은 보다 정통적·장인적인 방식으로 일하고 있으며, 지금까지는 두어 건의 침용된 화이트 와인 실험이 이루어지고 있다. 이런 스타일은 불가리아 역사에는 기록되어 있지 않은 것으로 보인다.

불가리아 / 트라키아

로시디Rossidi

역동성과 창의성으로 무장한 에두아르드 코우리안Edward Kourian은 그가 "불가리아에서 유일하게 제대로 된 오렌지 와인Bulgaria's only proper orange wine"이라고 말하는 와인을 현재 두 빈티지째 만들고 있다. 자신의 영향력을 그라브너, 라디콘 같은 거장들에 비유한 그는 그들의 무개입주의 방법론을 처음에는 샤르도네(2015)에, 그다음에는 게뷔르츠트라미너(2016)에 아주 철저히 적용했다. 이들은 시간을 꼭 필요로 하는 좋은 와인들이어서 너무 일찍 출시된 게 안타깝다. 불가리아의 대규모 생산자인 빌라 멜니크Villa Melnik도 스킨 콘택트된 소비뇽 블랑을 출시했지만 그것은 다소 희석된 것 같은 맛이다(일종의 '오렌지-라이트').

주소 Southern Industrial Zone, Sliven 8800 전화번호 +359 886 511080
이메일 info@rossidi.com

캐나다 Canada

캐나다가 지역 오렌지 와인 분류법을 세계 최초로 도입하리라고 누가 생각이나 했을까? 하지만 사실이다. 온타리오 주 VQA의 '스킨 콘택트 방식으로 발효된 화이트 와인' 범주는 포도밭과 셀러에서의 개입을 최소화하고 지속 가능한 방식으로 일하는 열정적인 생산자들의 수가 아직은 적지만 꾸준히 늘고 있음을 입증하는 것이다. 부분적으로는 기후 변화의 덕택으로, 캐나다는 더 이상 교배종들과 아이스 와인만의 본거지가 아니다. 침용된 화이트 와인들에 관한 기존의 전통은 명시된 바가 없지만, 캐나다 서부(브리티시컬럼비아 주)에서부터 동부(온타리오 주)에 이르기까지 교양 있는 와인 양조자들은 교배종들과 보다 정통적인 프랑스산 품종들을 이용해 그 기술을 기꺼이 적용하고 있다.

캐나다 / 브리티시컬럼비아 주

오카나간 크러시 패드 Okanagan Crush Pad

크리스틴 콜레타 Christine Coletta는 2005년에 작은 은퇴 프로젝트를 생각하고 있었지만, 그녀의 남편인 스티브 Steve에게는 좀 더 큰 계획이 있었다. 이들의 오카나간 크러시 패드는 현재 다른 라벨들을 위한 와인을 만드는 '커스텀 크러시' 사업을 운영하지만, 몇 가지 오렌지 와인들('프리 폼 Free Form(소비뇽 블랑)'과 '와일드 퍼멘트 Wild Ferment(8개월간의 스킨 콘택트를 거친 피노 그리지오)')을 포함한 '헤이와이어 Haywire' 시리즈를 직접 만들기도 한다. 뉴질랜드 출신 양조자인 맷 듀메인 Matt Dumayne이 처음부터 양조를 책임지고 있으며 발효와 숙성에는 거대한 콘크리드 탱크를 사용한다. 일부 와인들은 황 첨가 없이 병입된다. 크리스틴은 은퇴를 못 한 것에 별로 기분이 상한 것 같진 않다!

주소 16576 Fosbery Rd, Summerland, BC V0H 1Z6 전화번호 +1 250 494 4445
이메일 winery@okanagancrushpad.com

캐나다 / 브리티시컬럼비아 주/온타리오 주

스펄링 빈야즈 Sperling Vineyards
사우스브룩 빈야즈 Southbrook Vineyards

앤 스펄링 Ann Sperling의 캐나다에서의 와인 양조 기록은 1980년대로 거슬러 올라간다. 그녀는 지금도 아르헨티나의 멘도사에서 일하고 있다. 포도의 모든 요소들(줄기 포함)을 이용한다는 아이디어에 매료된 그녀는 그라브너, 마타사로부터 영감을 받아 그들의 기술을 온타리오 주에 옮겨 심었다. 나이아가라에 있는 사우스브룩에서 만든 그녀의 '오렌지 비달 Orange Vidal'은 콜리오 스타일에 대한 굉장히 멋지고도 치열한 헌사인 반면, 오카나간에서 만든 '스펄링 피노 그리 Sperling Pinot Gris'는 좀 더 내성적이지만 오렌지 비달 못지않게 뛰어나다. 두 와이너리 모두 바이오다이내믹 농법을 적용하고 있으며, 사우스브룩은 데메터의 인증을 받았다. 스펄링은 온타리오 주의 껍질 발효된 화이트 와인 VQA 범주가 신설되게 만든 주역이기도 하다.

주소 1405 Pioneer Road, Okanagan Valley, Kelowna, BC V1W 4M6
전화번호 +1 778 478 0260 이메일 a.sperling@sympatico.ca

캐나다 / 온타리오 주
트레일 에스테이트 Trail Estate

2011년, 은퇴한 안톤Anton과 힐데가르트 스프롤Hildegard Sproll이 매입한 이 혁신적인 와이너리는 현재 그들의 자식들과 와인 양조자 겸 포도밭 관리자인 맥켄지 브리스브와Mackenzie Brisbois가 운영하고 있다. 맥켄지는 질감이 느껴지는 와인을 좋아해서 2015년에 껍질 침용 실험을 시작했다. 그녀의 스킨 콘택트 게뷔르츠트라미너는 굉장히 정밀하며, 이에 비하면 미쳤다고 표현할 만한. 355일간의 침용을 거친 'ORNG' 역시 절제되고 지나치지 않은 느낌이다. 게뷔르츠트라미너는 젖산 발효를 막고 무균 여과를 실시하는 등 보다 관습적인 방식으로 양조한다. 나는 이 두 극단적인 와인들 사이에 다른 와인들도 나오기를 기대한다.

주소 416 Benway Road, Hillier 전화번호 +1 647 233 8599
이메일 alex@trailestate.com

크로아티아 Croatia

화이트 와인의 스킨 콘택트 방식 발효는 한때 크로아티아 전역에서 일반적인 일이었지만, 그 전통이 현대로 넘어와서는 (말바지야 이스타르스카(이스트리안 말바시아)가 물 만난 고기마냥 긴 침용에 잘 적응한다는 사실을 증명한 지역인) 이스트리아에 집합하게 되었다. 이스트리아는 음식과 와인에 관한 한 대단히 세련된 곳이며, 이탈리아의 영향을 뚜렷이 볼 수 있다. 크로아티아 고지대Croatian Uplands에서도 화이트 와인 생산이 집중적으로 이루어지지만 이웃 이스트리아 생산자들의 수준을 넘어서는 경우는 거의 없다.

사실 지중해. 달마티아 남부 지역은 항상 적포도에 더 초점을 맞춰왔지만 침용 방식에 흥미를 갖는 집단들과, 탐구해볼 만한 여러 희귀한 토종 포도 품종들이 존재했다. 크로아티아의 풍부한 해안 지대를 따라 아주 많은 섬들에서 와인을 생산하는데, 귀중한 희귀 포도 품종들뿐 아니라 비교적 소박한 와인 전통 또한 지닌 곳들이 많다. 코르출라Korčula 섬, 비스Vis 섬, 흐바르Hvar 섬, 브라치Brač 섬이 가장 중요한 와인 산지들이다.

크로아티아 / 이스트리아
벤베누티 Benvenuti

이 작고 오래된 와이너리는 (모토분으로 향하는 계곡이 내려다보이는) 너무나도 예쁜 산골 마을 칼디르Kaldir에 자리 잡고 있다. 알프레드Alfred와 니콜라Nikola 형제는 매우 훌륭한 두 가지의 말바지야를 만드는데, 하나는 일반 와인이며 다른 하나('아노 도미니Anno Domini')는 15일간 껍질 발효된 것이다. 아노 도미니는 침용을 통해 같은 포도로 만든 와인이 얼마나 달라질 수 있는지를 보여주는 특징이 강화된, 풍부하면서도 만족스러운 와인이다.

주소 Kaldir 7, 52424 Motovun 전화번호 +385 98 197 56 51
이메일 info@benvenutivina.com

 크로아티아 / 이스트리아

클라이Clai

트리에스테에서 40년간 레스토랑을 운영했던 조르지오 클라이는 그의 꿈을 좋아 고향으로 돌아와 와인을 만들기로 결심했다. 첫 시판 빈티지는 2002년이었으며, 그 이후 클라이는 이스트리아 내추럴 와인의 기준이 되었다. 그는 자기가 마시고 싶은 와인을 만들 뿐이라고 주장하는데 그 말은 두 가지 화이트 와인(어마어마한 '스베티 야코브Sveti Jakov(말바지야)'와 '오토센토Ottocento' 블렌드)이 발효되는 내내 스킨 콘택트를 한다는 뜻이다. 연이은 건강 문제로 현재는 디미트리 브레체비치Dimitri Brečević(피쿠엔툼 참조)가 그의 와이너리와 포도밭 일을 돕고 있다.

주소 Brajki 105, Karstica, 52460 Buje 전화번호 +385 91 577 6364
이메일 info@clai.hr

 크로아티아 / 이스트리아

카볼라Kabola

카볼라는 유기농 인증을 받기 위해 남다른 노력을 해왔던 크로아티아에서 몇 안 되는 와이너리들 중 하나로, 내가 존경하는 곳이다. 암포라에서 발효 및 숙성된 말바지야 역시 이 지역에서는 유일하다. 7개월간 껍질과 접촉되어 충실하고 구조감이 있으며, 품종의 특성을 아주 잘 드러낸다. 수년간 고정적으로 생산된 믿을 만한 와인이라 여기에 언급할 만하다(비록 이 와이너리의 다른 와인들은 관습적인 방식으로 만들지만). 이 와이너리는 경치가 굉장히 좋은 곳에 있어서 한번 방문해볼 것을 추천한다. 암포라는 야외에 묻혀 있다.

주소 Kanedolo 90, Momjan, 52460 Buje 전화번호 +385 52 779 208
이메일 info@kabola.hr

 크로아티아 / 이스트리아

피쿠엔툼Piquentum

프랑스에서 자라고 와인 양조 교육도 받았지만 크로아티아의 유산을 지닌 디미트리 브레체비치는 2006년에 아버지의 나라로 돌아와 자신의 와이너리를 열었다. 피쿠엔툼 와이너리는 1930년대에 이탈리아인들이 물 저장 시설로 지어놓은 벙커에 자리 잡고 있다. 화이트 와인을 자연적으로 발효시키기 위해 노력하던 그는, 가족과 동료들을 관찰한 끝에 껍질을 사용하는 것이 해결책임을 깨달았다. 그 이후 그의 '피쿠엔툼 블랑(이 와이너리의 유일한 화이트 와인. 말바지야 1백 퍼센트)'은 꾸준히 수일간의 침용을 거쳐 만들고 있다. 2016년부터 디미트리는 조르지오 클라이의 와이너리에서도 와인을 만든다.

주소 Cesta Sveti.Ivan, Buzet 52420 Croatia 전화번호 +385 95 5150 468
이메일 dimitri.brecevic@wanadoo.fr

크로아티아 / 이스트리아

록사니치Roxanich

믈라덴 로자니치Mladen Rožanić는 2003년, 전통 품종과 전통 와인 양조에 집중한다는 목표로 이 와이너리를 만들었다. 모든 화이트 와인은 길게는 180일까지 침용된다('안티카 말바지야Antica Malvazija'). 록사니치의 특히 뛰어난 와인을 꼽으라면 아마도 여덟 가지 품종을 조합해 1백일간의 침용을 거쳐 만든 이네스 우 비옐롬Ines u Bijelom('Ines in white')일 것이다. 활기찬 과일 향과 광범위한 특징은 매년 사람들을 기쁘게 하고 있다. '밀바Milva' 샤르도네도 추천할 만하다. 와인들은 출시 전 6년간 숙성된다. 일부 품종은 이른 출시를 위해 보통 이틀간의 침용을 거쳐 만들기도 한다.

주소 52446 Nova Vas, Kosinožići 26 전화번호 +385 91 6170 700
이메일 info@roxanich.hr

 크로아티아 / 플레시비차

토마츠Tomac

토미슬라브 토마츠Tomislav Tomac는 5.5헥타르 규모의 가족 와이너리를 현재와 같은 혁신적인 형태로 바꾸어놓았다. 조지아를 여행한 뒤 그와 그의 아버지는 크베브리 여섯 개를 설치하고 2007년부터 사용해왔다. '베르바Berba'와 '샤르도네' 둘 다 훌륭하지만 가장 독특한 것은 오래된 지역 품종들에 샤르도네를 섞은 '토마츠 브루트 암포라Tomac Brut Amphora'로, 암포라에서 6개월 간 발효 및 침용된 다음 오크통에서 18개월 더 숙성된 뒤에야 2차 발효를 위해 병입된 것이다. 이 과정을 모두 거치면 아주 신선하고 활기차며 호기심을 자극하는 와인이 된다. 인상적이다.

주소 Donja Reka 5, 10450 Jastrebarsko 전화번호 +385 1 6282 617
이메일 tomac@tomac.hr

 크로아티아 / 달마티아

보슈키나츠Boškinac

달마티아 북부 해안의 섬에 있는 이 와이너리는 지역적 호기심 때문에라도 언급할 만한데, 이 파그Pag 섬에서만 자라는 게기치gegić라는 포도 품종이 있어서이다. 보슈키나츠는 신선한 버전뿐 아니라 21일간 침용되고 오크통에서 1년간 숙성되는 전통적 침용 와인 '오쿠Ocu'도 만든다. 이는 보리스Boris의 아버지가 아주 잘 기억하고 있는 스타일의 와인과 멋진 연결 고리가 되며, 따라서 역사적인 보물이나 다름없다. 게다가 맛있기까지 한 보물이다.

주소 Škopaljska Ulica 220, 53291 Novalja - Island of Pag
전화번호 +385 53 663 500 이메일 info@boskinac.com

크로아티아 / 달마티아

비나리야 크리주Vinarija Križ

그르크grk 포도 품종을 원산지인 코르출라 섬 밖에서, 그것도 스킨 콘택트된 상태로 만나기란 아주 드문 일이다. 데니스 보고에비츠 마루시치Denis Bogoević Marušić는 자신에게는 '현대', 갖은 풍상을 다 겪은 그의 아버지에게는 '전통'이라는 별명을 붙였다. 이 조합이 서로 잘 맞았는지, 이들의 오렌지 그르크(아주 작은 이 와이너리의 유일한 화이트 와인)는 풍부하고 꿀 향이 나는 본래 특성에 충실하며 스킨 콘택트를 통해 질감과 깊이까지 더해졌다. 이 가족은 헌신적으로 지속 가능성을 추구하며, 이 지역에서 처음으로 유기농 인증을 받은 와이너리들 중 하나이다. 슬로푸드의 회원이기도 하다.

주소 OPG Denis Bogoević Marušić, Prizdrina 10, 20244 Potomje
전화번호 +385 91 211 6974 이메일 vinarija.kriz@gmail.com

체코Czech Republic

(1993년에 분리되기 전까지는 한 나라였던) 오스트리아, 슬로바키아와 접한, 체코에서 가장 크고 중요한 와인 산지인 모라비아Moravia에서는 젊은 대안적 생산자들이 급성장하고 있다. 오스트리아와의 인접성을 고려하면 그뤼너 펠트리너, 뮐러투르가우, 벨쉬리슬링 같은 품종들의 인기가 많은 것도 놀랄 일이 아니다. 적어도 관행에 따르면 포도 숙성의 북방 한계선에 있는 나라라, 저항력 있는 교배종들도 인기가 있다. 아래 두 생산자 모두 알레슈 크리스탄치치(모비아)로부터 영감을 받았다는 사실이 흥미롭다.

체코 / 모라비아
도브라 비니체Dobrá Vinice

모라비아의 1세대 와인 양조 커플이 런던의 미슐랭 스타 레스토랑 세 곳에 그들의 와인을 팔게 되리라고 누가 생각이나 했겠는가? 하지만 2000년에 알레슈 크리스탄치치의 모비아를 방문하고 영감을 받은 페트르Petr와 안드레아 네예드릭Andrea Nejedlík은 그 일을 해냈다. 2012년부터 생산된 이들의 크베브리 발효 화이트 두 가지는 인상적인 와인들로 구조감, 신선미와 순수한 과일향이 조화를 이룬다. 이는 암포라로 바꾸도록 영감을 준 요슈코 그라브너에 대한 아주 값진 오마주이다. 포도밭들은 모래, 화강암, 석회암이 섞여 있는 숲 지대인 포디Podyjí 국립공원의 가장자리에 있다.

주소 Do Říčan 592, Praha 9, 190 11 전화번호 +420 724 026 350
이메일 dv@dobravinice.cz

체코 / 모라비아
네스타레츠Nestarec

알레슈 크리스탄치치 밑에서 양조 일을 배운 밀란 네스타레츠Milan Nestarec는 2001년에 아버지가 일군 8헥타르 규모의 포도밭에서 와인을 만들기 시작했다. 그의 '안티카Antica' 와인들은 긴 침용(최대 6개월)과 황 무첨가라는 위험을 무릅쓴 것이다. 범위와 스타일은 여전히 진화 중인 듯 보이지만, 주요 침용 와인들로는 '트라민Tramin(게뷔르츠트라미너)'과 매력적인 이름의 '포드퍽Podfuck(피노 그리지오)'('Podfuk'은 체코어로 '사기'라는 뜻-옮긴이)이 있다. 네스타레츠는 모험가로 빈티지들마다 기복이 좀 있지만 지켜봐야 할 생산자인 것만은 분명하다.

주소 Pod Prednima 350, 691 02, Velke Bilovice 전화번호 +420 775 072 624
이메일 m.nestarec@seznam.cz

프랑스France

누군가는 이 목록에 오른 프랑스 생산자들의 수가 너무 적어서 놀랄지도 모른다. 프랑스 남부는 침용 방식으로 테이블 와인을 만드는 소박한 와인 양조 전통을 오래 유지해온 반면, 북부에서는 오렌지 와인에 관한 전통을 찾아볼 수 없다. 남부에도 한 종류의 침용된 와인만 만드는 와이너리들은 꽤 있으나 진정한 전문가들은 거의 없다. 게다가 남부에서 가장 대중적인 백포도 품종들(그르나슈 블랑, 마르산느marsanne, 루산느rousanne) 중 일부는 상대적으로 산미가 부족해서, 맛있고 균형 잡힌 침용된 와인을 생산하기가 어렵다.

루아르, 사부아Savoie, 쥐라의 몇몇 생산자들은 화이트 와인을 만들 때 고의적으로 산화적 숙성을 시킨다. 이는 종종 스킨 콘택트와 혼동되지만 스타일적으로 둘은 다른 것이다. 영향력 있는 상세르의 생산자 세바스티앙 히포가 좋은 예인데, 그는 최근에 자신의 고의적 산화 방식으로 생산된 와인들에 제대로 껍질 접촉한 와인 하나를 추가했다.

프랑스 / 알자스
로랑 반바르트Laurent Bannwarth

스테판 반바르트Stéphane Bannwarth가 크베브리에 매료된 건 2007년 조지아를 방문했을 때부터였다. 그는 이것이 가능한 한 최소한의 개입으로 와인을 만드는 완벽한 방법임을 감지했으며 바이오다이내믹 농법에 이은 논리적 단계에 따라 여덟 개의 크베브리를 사들이는 일에 착수했다(이 과정은 배송까지 4년이라는 시간이 걸렸다!). 근사한 '시너지Synergie' 블렌드를 포함한 그의 정밀하고 맛있는 크베브리 와인들에 더해, 크베브리를 이용하지 않는 침용된 화이트 와인들 두 종류('레드 빌드Red Bild'와 '라 비 앙 로즈La Vie en Rose')도 추가되었다. 더 많은 크베브리들이 이 와이너리로 오는 중이다. 오렌지 와인에 완전히 빠진 사람들이다.

주소 9 route du Vin, Rue Principale, Obermorschwihr, 68420
전화번호 +33 389 493 087 이메일 laurent@bannwarth.fr

프랑스 / 알자스
르 비뇨블 뒤 레뵈르Le Vignoble du Rêveur

(번역하면) '몽상가의 포도밭'은 마티유 다이스Mathieu Deiss(저 유명한 마르셀Marcel 다이스의 아들)가 할아버지로부터 물려받은 귀중한 땅이다. 다시 젊어진, 바이오다이내믹 농법으로 전환한 이곳은 다이스의 실험적이고 대개는 짜릿한 와인들의 원료를 공급하며 일부 와인은 암포라에서 발효된다. 암포라에서 발효된 게뷔르츠트라미너('윈 엥스탕 쉬르 테르Une Instant sur Terre')와, 리슬링과 피노 그리를 탄산 발효carbonic fermentation(으깨지 않은 포도에 이산화탄소를 넣어 발효시키는 것-옮긴이)한 '생귈리에Singulier'를 최고로 꼽을 수 있다. 깐깐한 품종 선택과 집중은 오렌지 와인에 대한 알자스식의 완전히 새로운 접근을 보여준다. 지켜볼 만한 생산자이다.

주소 2 Rue de la Cave, Bennwhir, 68630 전화번호 +33 389 736 337
이메일 contact@vignoble-reveur.fr

르크뤼 데 상스Recrue des Sens

계속되는 가격 인상으로 판단하건대 얀 뒤리유Yann Durieux는 과대 선전에 시달리고 있을지도 모른다. 하지만 한편으로는 생산량이 너무 적기도 한데, 이는 부르고뉴 전역에 걸친 문제이다. 세 가지 침용된 화이트 와인들 중 하나인 '레 퐁 블랑Les Ponts Blanc'은 알리고테를 2주간 스킨 콘택트시켜 만든다. 품종에 대한 환상적인 해석력을 보여주는 이 와인은 우아함과 균형감이 충만하며, 그리 대단하진 않지만 무시 못할 복합미와 단단함을 지닌다. 레게 머리 청년인 뒤리유는 2010년에 자신의 와이너리를 열기 전에는 도멘 프리외레 호크Domaine Prieuré-Roch에서 일했다. 그의 포도밭은 와인 가격 사정에 전혀 도움이 안 될 도멘 드 라 로마네 콩티Domaine de la Romanée-Conti와 아주 가까운 곳에 있다.

주소 11 Rue des Vignes, 21220 Messanges 전화번호 +33 380 625 064 이메일 이용 불가

장이브 페롱Jean-Yves Péron

페롱의 와인들은 추종자들을 거느리는 성공을 거두었다. 그는 2004년 첫 빈티지부터 포도를 송이째 발효하는 방식으로 모든 화이트와 레드 와인을 만들어온. 사부아에서는 거의 유례를 찾을 수 없는 생산자이다. 그는 자케르jacquère와 알테스altesse 같은 토종 품종을 소규모로 재배한다. '코티용 데 담Côtillon des Dames'은 산미를 즐기는 이들을 위한 와인이지만 어느 정도 숙성되면 인상적인 수준의 복합미를 지니며 이는 거의 사라지지 않는다. 페롱은 산화적 숙성을 하는 양조를 상당히 선호하며 보통은 황 첨가 없이 병입한다.

주소 이용 불가 전화번호 +33 683 585121 이메일 domaine.peron@gmail.com

도멘 터너 파조Domaine Turner Pageot

에마뉘엘 파조Emmanuel Pageot는 그가 '오렌지 와인 기법'이라 부르는 방법을 10년 동안 실행해온 이 지역의 선구자들 중 하나이다. 그의 '레 슈아Les Choix'는 오로지 마르산느만을 약 5주간 껍질과 접촉시킨 것이다. 이는 중후하고 힘 있는 와인으로, 최상의 표현력을 내려면 공기 접촉과 병숙성이 필요하다. 에마뉘엘은 '르 블랑Le Blanc(루산느와 마르산느의 복합미 있는 멋진 조합)'과 그의 탁월한 소비뇽 블랑인 '르 뤼튀어Le Rupture'에도 침용된 포도를 일부 사용한다. 포도 재배 시 화학 스프레이 대신 약초 달인 물을 사용하는 등, 인증은 받지 않았으나 바이오다이내믹 농법을 적용한다.

주소 1&3 Avenue de la Gare, 34320 Gabian 전화번호 +33 6 77 40 14 32
이메일 contact@turnerpageot.com

프랑스 / 루시용

마타사Matassa

뉴질랜드 출신인 톰 루베는 도멘 고비Domaine Gauby에서 경력을 쌓은 뒤 2002년, 그 인근에 자문가 샘 해롭Sam Harrop과 함께 이 와이너리를 열었다. 혹자는 와인 여과에 대한 해롭의 고집이 이 와이너리의 궁극적 방향과 맞지 않았다고 생각할 수도 있는 것이, 마타사는 그 이후 내추럴 와인 업계의 우상이 되었기 때문이다. 뮈스카를 베이스로 하는 두 가지 와인 '퀴베 알렉산드리아Cuvée Alexandria(35일간 침용)'와 '퀴베 마르게리트Cuvée Marguerite'가 침용 방식으로 양조된다. 이 와인들이 더운 기후에서 탄생한 것임은 의심할 여지가 없지만 특유의 짭짤한 맛이 아주 중요한 신선미를 더한다.

주소 2 Place de l'Aire, 66720 Montner 전화번호 +33 468 641 013
이메일 matassa@orange.fr

조지아Georgia

그럴 만한 자리만 있었어도 이 책에 크베브리 와인 생산자들 1백 명 정도는 소개할 수 있을 것이다. 5년 전 크베브리 와인을 만들던 사람들의 수가 그 절반도 안 되었던 것을 생각하면, 이 숫자는 실로 엄청난 것이다. 시류에 편승한 이들도 상당수 있는데 과거의 포도 재배자들, 심지어는 기업가들도 이것을 돈벌이가 될 만한 신사업이라 깨달았기 때문이다. 나는 가장 상징적이고 저명한 생산자들, 다른 많은 이들의 멘토 역할을 한 진정한 선구자들, 또 가장 유망한 신참자들을 고루 선별했다.

소비에트 시대의 와인 양조는 카케티에 집중되었다가 다른 여러 지역들로 퍼져 나갔다. 이제 그 범위가 구리아, 사메그렐로, 아자라 같은 서부 일부 지역들까지 서서히 확장되고 있지만, 현재 백포도들(그리고 앰버 와인들)의 생산은 여전히 카케티 주변, 카르틀리와 이메레티 서부 일부 지역에 집중되어 있다.

나는 아무 거리낌 없이 대규모 와이너리들도 몇 군데 포함시켰는데, 이들의 크베브리 와인은 훌륭할 뿐 아니라 많은 경우 가격도 합리적이며, 보다 부티크적인 와이너리의 와인들에 비해 찾기도 쉽기 때문이다.

조지아 농무부는 2018년 빈티지부터 공식 크베브리 와인 분류 체계를 도입했다. 안타깝게도 이 분류 체계는 전통 와인 양조를 그 어떤 형태로도 강제하지 않으며, 단지 크베브리에서 발효된 와인(껍질 포함 여부, 효모나 기타 첨가물 포함 여부는 관계없이)이라는 조건만 충족하면 된다. 그래도 이는 크베브리가 조지아의 과거가 아닌 미래의 일부로 인정받고 있다는 분명한 증거이다.

조지아 / 사메그렐로와 이메레티
비노 마르트빌Vino M'artville

재배자 니카 파르츠바니아Nika Partsvania와 양조자 자자 가구아Zaza Gagua는 소련 시대 이후 와
인 생산이 거의 중지되다시피 했던 이 지역에 와이너리를 만들었다. 토종 오잘레시ojaleshi(적포
도 품종)를 수호할 뿐 아니라 인근 이메레티 지역에서 재배된 포도로 몇 가지 흥미로운 크베브
리 와인들도 만든다. 지금까지는 촐리코우리 크라쿠나tsolikouri-krakhuna 블렌드가 가장 성공적
이었지만, 정확한 건 시간이 지나봐야 알 수 있을 것이다. 2014년에는 사메그렐로에 새 포도밭
을 일궜다. 첫 빈티지는 2012년이며 현재 이 밭의 규모는 0.5헥타르이다.

주소 Martvili Municipality, Village Targameuli 전화번호 +995 599 372 411
이메일 vinomartville@gmail.com

조지아 / 이메레티
에네크 피터슨Ének Peterson

미국 보스턴 출신인 (하지만 웬일인지 헝가리 이름을 가진) 이 가냘픈 23세의 뮤지션은 2014년 조
지아에 여행을 왔다가 그 뒤로 고향에 가지 못하고 정착해버렸다. 그비노 언더그라운드Ghvino
Underground의 바에서 일했던 경력이 있어서 그곳의 단골들에게는 익숙한 그녀는 이제 정밀성
과 섬세함이 돋보이는 그녀만의 크베브리 와인을 만들고 있다. 첫 빈티지는 2016년이며 두 가
지 방식(스킨 콘택트를 시킨 것과 안 시킨 것)의 촐리코우리 크라쿠나 블렌드가 포함되었다. 스킨 콘
택트 버전이 더 성공적이라고 해도 그리 놀랄 일은 아닐 것이다!

주소 Fersati, Imereti 전화번호 +995 599 50 64 27
이메일 enek.peterson@gmail.com

조지아 / 이메레티
니콜라드제에비스 마라니Nikoldzeebis Marani/
아이 엠 디디미I am Didimi

라마즈 니콜라드제는 급성장 중인 조지아의 내추럴 와인 업계에 초석을 놓은 인물들 중 하나
다. 트빌리시의 첫 내추럴 와인 바, 그비노 언더그라운드의 공동 창업자이자 슬로푸드 조지아
지부장인 그는 크베브리 혁명의 시초부터 함께해왔다. 니콜라드제의 와인들은 주로 이메레티
식보다는 카케티식에 가까운 긴 스킨 콘택트를 거치며 크베브리에서 정직하게 잘 양조된 진짜
물건이다. 2015년까지는 와인들이 야외에 묻어둔 크베브리에서 만들어졌다. 현재 그의 와이너
리는 수도와 전기 설비가 있는 기본적인 와이너리로 업그레이드되었다. 라마즈는 연로한 장인
어른 디디미 마글라켈리드제Didimi Maghlakelidze를 위한 와인들 또한 만들고 있다.

주소 Village of Nakhshirghele near Terjola 전화번호 +995 551 944841
이메일 georgianslowfood@yahoo.com

고트사Gotsa

전부터 이어저 온 베카 고트사드제Beka Gotsadze의 와인 양조 가업은 공산주의에 의해 짓밟혔다. 2010년 그는 건축가 일을 관두기로 결심하고 카르틀리에 있는 가족의 여름 별장 부지에 와이너리를 세웠다. 고트사는 촐리코우리와 키크비khikvi를 비롯한 총 15종의 전통 품종을 집중적으로 재배한다. 초반의 빈티지들은 일관성이 좀 떨어지는 경우도 있었으나. 이제는 정말 완성도 높은 와인들이 나오기 시작했다. 내가 최고로 꼽는 것은 '촐리코우리'이나. '르카치텔리-므츠바네' 블렌드도 추천할 만하다.

주소 G. Tabidze str., village Kiketi, Tbilisi 전화번호 +995 599 509033
이메일 bgotsa@gmail.com

이아고스 와인Iago's Wine

이아고 비타리쉬빌리는 '치누리 마스터'라는 별명을 갖고 있다. 그는 카르틀리의 토종 품종만을 가지고 와인을 만든다. 현대적 스타일의 와인을 만들었던 그의 아버지는 2008년 그가 첫 스킨 콘택트 크베브리 와인을 생산했을 때 화를 냈다. 그때 한 친구의 말이 그에게 정신적인 지지가 되었다. "네 할아버지도 이렇게 와인을 만들었어!" 이아고는 치누리를 스킨 콘택트를 시킨 것과 시키지 않은 것, 두 가지로 만든다(둘 다 크베브리에서). 둘 다 비할 데 없는 순수함과 구조감을 자랑하며 다른 스타일을 비교 및 대조해볼 수 있는 아주 좋은 기회를 제공한다. 이아고는 조지아의 크베브리 와인 문화를 적극적으로 홍보하며, 매년 트빌리시에서 열리는 뉴 와인 페스티벌을 주관한다.

주소 Chardakhi, Mtskheta 3318 전화번호 +995 599 55 10 45
이메일 chardakhi@gmail.com

마리나 쿠르타니드제Marina Kurtanidze

마리나 쿠르타니드제의 '만딜리 므츠바네Mandili Mtsvane'는 품종 특유의 아로마들을 멋지게 표현하면서도 엄청난 타닌감을 잘 다스리고 있는 아주 기분 좋은 와인이다. 이 와인은 2012년 첫 출시 당시 조지아 최초로 여성이 생산한 시판 와인이었다. 포도는 사서 쓰지만. 수확량이 적은 믿을 만한 재배자와 거래한다. 마리나는 또 어쩌다 이아고 비타리쉬빌리의 아내가 되어 조지아 크베브리 와인 업계의 실로 강력한 커플 중 한 사람이 되었다.

주소 Chardakhi, Mtskheta 3318 전화번호 +995 599 55 10 45
이메일 chardakhi@gmail.com

조지아 / 카케티

알라베르디 수도원Alaverdi Monastery
"1011년부터Since 1011"

이곳에 수도원이 있었던 건 1011년 훨씬 이전부터였지만, 어두웠던 시절 이 부지가 소실되어 와인 양조는 수백 년간 멈추게 되었다. 2006년 바다고니 와이너리의 경제적·기술적 지원으로 셀러가 재건되어 다시 운영되기 시작했다. 양조 책임자는 전부터 와인 양조자를 꿈꿔왔던 게라심 수도사이다. 이곳의 와인은 전통 카케티식 와인들로 초기에는 주로 타닌감과 속을 알 수 없는 느낌이 들지만, 좀 더 기다려볼 만한 가치가 충분하다. 비교적 대량으로 생산되는 알라베르디 트래디션 시리즈는 구매한 포도로 만들며 바다고니가 판매한다.

주소 42.032497°N 45.377108°E(Zema Khodasheni-Alaverdi-Kvemo Alvani)
전화번호 +995 595 1011 99 이메일 mail@since1011.com

조지아 / 카케티

그비마라니Gvymarani

조지아는 놀라움으로 가득하다. 율리아 즈다노바Yulia Zhdanove는 러시아에서 태어나 모스크바와 프랑스에서 양조 교육을 받았으며, 현재는 큰 주목을 받고 있는 리베라 델 두에로Rivera del Duero 지역의 한 와이너리에서 일한다. 하지만 어린 시절 잠시 조지아에서 살면서 이 나라를 사랑하게 된 그녀는 카케티에 부업으로 그녀만의 와이너리를 열었다. 율리아는 마나비Manavi 마을에서 재배된 므츠바네만을 원료로 쓴다. 타협 없이 지극히 전통적인 스타일로 만드는 그녀의 와인은 대단히 훌륭하며 인상적이다. 첫 빈티지는 2013년이다.

주소 Tsichevdavi Village, GG19 전화번호 이용 불가 이메일 info@gvymarani.com

조지아 / 카케티

케로바니Kerovani

젊은 소프트웨어 개발자인 아르킬 나츠블리쉬빌리Archil Natsvlishvili는 2013년에 취미로 와인을 만들기 시작했다. 그는 양조자인 친척 일리야 베자쉬빌리Ilya Bezhashvili와 함께 지방정부가 재분배한 작은 포도밭 부지들 몇 군데를 모았고 크베브리 전용 셀러도 만들었다. 그 오래된 포도밭들에는 단일 품종만 있지는 않았기에, 케로바니는 여러 품종을 필드 블렌드로 재배한다. 나는 향기롭고 구조감, 순수함을 지닌 르카치텔리를 선호한다. 아르킬이 자신의 땅으로 회귀한 것에 대해 말하듯, "이것은 피 끓는 외침이다!"

주소 D. Agmashenebeli 18, Sighnaghi 전화번호 +995 599 40 84 14
이메일 ilya_bezhashvili@yahoo.com

조지아 / 카케티

니키 안타드제 Niki Antadze

안타드제는 조지아 크베브리 혁명의 선구자들 중 한 명으로, 2006년부터 흥미로운 오래된 포도 밭들을 다시 가꾸며 크베브리 와인을 만들어왔다. 깊이와 복합미뿐 아니라 자유로우면서도 투 박한 매력을 지닌 그의 르카치텔리와 므츠바네는 전통 카케티식 크베브리 와인의 교과서적인 예들이다. 쥐라 출신인 로라 세벨 Laura Seibel과 공동으로 두 빈티지의 보다 실험적인 '치가니 고고 Tsigani Gogo'와 '몽 코카지앙 Mon Caucasien'을 생산했다.

주소 Sagarejo District Village Manavi 전화번호 +995 599 63 99 58
이메일 nikiantadze@gmail.com

조지아 / 카케티

오크로스 와인스 Okros Wines

(페전츠 티얼스를 비롯한 다수의 생산자들과 함께) 시그나기에 있는 존 오크루아쉬빌리 John Okruashvili 의 와이너리. 기술 관련 직업을 가지고 영국과 이라크 등지에서 일하던 그가 2004년 고향으 로 돌아오기로 결심하면서 소박하게 시작되었다. 2004년 첫 생산 당시에는 몇백 리터 규모였던 것이 현재는 4.5헥타르의 포도밭을 소유하고 르카치텔리, 므츠바네, 촐리코우리와 사페라비 와 인들을 다 생산할 정도로 성장했다. 2016년 므츠바네의 스킨 콘택트 버전과 그렇지 않은 버전을 비교해보면 황 무첨가 와인 양조 시 껍질이 들어가면 얼마나 더 안정적인지를 분명히 알 수 있다.

주소 7 Chavchavadze Street, Sighnaghi 전화번호 +995 551 622228
이메일 info@okroswines.com

조지아 / 카케티

오르고 Orgo / 텔레다 Teleda

오르고는 카케티에서 가장 입지가 굳은 양조자들 중 한 명의 개인적 프로젝트다. 기오르기 다키 쉬빌리는 슈크만 와인스/비노테라의 창업 때부터 양조 책임자로 일했으며, 2010년에는 아주 가 까운 곳에 개인 와이너리를 세웠다. 다키쉬빌리는 최고의 기량을 지닌 크베브리 와인 양조자로, 그의 가문이 소유한 8헥타르 규모의 포도밭에서 난 포도들로 아름답게 완성된 결실은 그 사실을 잘 드러낸다. 한 와이너리에서 포도 재배와 와인 생산을 다 하는 것은 조지아에서는 아직 매우 드문 일이다. 르카치텔리는 6개월을 꽉 채워 크베브리에 머물지만, 이때 줄기는 포함되지 않는다. 스파클링 므츠바네와 사페라비도 생산된다. 텔레다는 자체 브랜드 이름이었다.

주소 Kisiskhevi, Telavi 전화번호 +995 577 50 88 70
이메일 g.dakishvili@schuchmann-wines.com

조지아 / 카케티

아워 와인Our Wine

2003년에 다섯 친구들이 모여 프린스 마카쉬빌리 셀러Prince Makashvili Cellar라는 이름으로 설립했다가 나중에 아워 와인으로 이름을 바꾸었다. 이 상징적인 칭호와, 이곳의 원동력이었던 고 솔리코 차이쉬빌리는 신 크베브리 시대의 선구자적 역할을 했다. 최초의 동기는 단지 질 좋은 전통 조지아 와인을 마실 수 있도록 하는 것이었다(비록 당시 트빌리시에서는 불가능한 일이었지만). 이들은 유기농에서 점차 바이오다이내믹 농법으로 전환 중인 여러 포도밭들에서 주로 르카치텔리와 사페라비를 생산한다. 와인들은 전문가들의 손에 의해 철저히 카케티 스타일로 양조된다.

주소 Bakurtsikhe Village 전화번호 +995 599 117 727
이메일 chvenigvino@hotmail.com

조지아 / 카케티

페전츠 티얼스Pheasant's Tears

미국 출신 화가인 존 워드먼이 조지아에 와서 재배자인 겔라 파탈리쉬빌리와 함께 와이너리를 만들게 되었던 일(2007년)은 이제 하나의 전설이 되었다. 페전츠 티얼스는 와이너리와, 시그나기와 트빌리시에 있는 여러 레스토랑을 소유한 상당한 규모의 사업체로 진화했다. 와인들은 카케티, 카르틀리와 이메레티에서 재배된 포도들을 이용해 지극히 전통적인 방식으로 만든다. 사업체들이 널리 퍼져 있다 보니 때로는 품질 관리가 어려워 보이며, 와인들은 대단히 놀라운 것도 있지만 간혹 상당히 투박한 것도 있다. 하지만 여전히, 조지아는 비공식적 문화 홍보 대사 역할을 하는 워드먼에게 크나큰 빚을 졌다고 할 수 있다.

주소 18 Baratashvili Street, Sighnaghi 4200 전화번호 +995 599 53 44 84
이메일 jwurdeman@pheasantstears.com

조지아 / 카케티

사트라페조Satrapezo(텔라비 와인 셀러)

사트라페조는 조지아 최대 와인 생산 업체들 중 하나인 텔라비 와인 셀러(별칭은 마라니)의 부티크 크베브리 라인이다. 2004년부터 대단한 크베브리 와인들이 생산되고 있는데, 흥미로운 사실은 1997년 마라니에 매각되기 전에 있던 와이너리가 소비에트 시대에 크베브리 와인을 전문으로 만들었던 정말 몇 안 되는 곳들 중 하나였다는 것이다. 어마어마한 규모의 크베브리 셀러는 수용량이 7만5천 리터에 달한다. 충만한 느낌의 '므츠바네'가 특히 칭찬할 만한데, 전통주의자들은 이것이 전통 크베브리 발효 뒤에 오크통에서 숙성되는 것에 불만을 갖기도 한다.

주소 Kurdgelauri. 2200. Telavi 전화번호 +995 350 27 3707
이메일 marani@marani.co

조지아 / 카케티
샬라우리 와인 셀러 Shalauri Wine Cellar

샬라우리는 2013년 다비드 부아드제David Buadze와 친구들이 크베브리 와인만 생산하는 전통 와인 양조 전문 와이너리를 목표로 세운 곳이다. 이 와이너리는 동명의 마을 인근에 자리 잡고 있다. '므츠바네'는 2014년과 2015년산 둘 다 철저히 카케티 스타일이며 상당한 구조감과 복합미를 갖추고 있다는 점에서 주목해볼 만하다. 아직까지 이곳의 '르카치텔리'는 내 마음에 별로 들지 않지만, 좀 더 두고봐야 할 일이다. 초기 빈티지들은 포도를 사서 썼지만 그 이후에는 2헥타르 규모의 포도밭에 르카치텔리, 므츠바네, 키시와 사페라비 등을 경작해오고 있다.

주소 2200 Shalauri Village, Telavi 전화번호 +995 571 19 98 89
이메일 shalauricellar1@gmail.com

조지아 / 카케티
트빌비노 Tbilvino

기오르기와 주라 마르그벨라쉬빌리 형제는 1998년에 파산 직전이던 이 와이너리를 매입해 조지아 최대 와이너리들 중 하나로 성장시켰다. 대부분은 서양식 와인들을 생산하지만, 2010년 이후 전통 방식의 크베브리 와인 생산을 점차 늘려가고 있다. 트빌비노는 독특하게도 르카치텔리를 6개월간 스킨 콘택트시켜 영국의 슈퍼마켓인 마크스 앤드 스펜서 매장에서 판매한다. 가성비 측면에서 이곳의 크베브리 와인은 타의 추종을 불허한다. (총생산량 4백만 병 중) 크베브리 시리즈의 생산량은 7만 5천 병 정도이다.

주소 2 David Sarajishvili Avenue, Tbilisi 전화번호 +995 265 16 25
이메일 levani@tbilvino.ge

조지아 / 카케티
비노테라 Vinoterra (슈크만 와인스 Schuchmann Wines)

슈크만 와인스는 2008년 독일의 기업가이자 투자가인 부르크하르트 슈크만에 의해 설립되었다. 기오르기 다키쉬빌리는 (전통 크베브리 와인을 만드는) 자신의 기존 와이너리인 비노테라를 슈크만의 하위 브랜드로 통합하며 초기부터 양조 책임자를 맡았다. 그렇다고 해서 비노테라 시리즈가 이류인 것은 결코 아니며, 가격도 적절하고 전 세계적으로 구하기도 용이해서 대중들이 쉽게 다가갈 수 있는 와인이다. '사페라비' 같은 일부 와인은 크베브리를 거쳐 오크통에서 숙성되어 모두의 입맛에 맞지는 않는다. '키시'와 '므츠바네'는 숙성되면 아주 특출한 맛을 낸다. 크베브리 와인 생산량은 현재 연간 30만 병을 넘는다.

주소 Village Kisiskhevi 2200 Telavi 전화번호 +995 7 90 557045
이메일 info@schuchmann-wines.com

조지아 / 카케티
비타 비네아Vita Vinea

기오르기 다키쉬빌리의 아들들인 테무리Temuri와 다비티 다키쉬빌리Daviti Dakishvili가 만든 라벨이다. 첫 빈티지는 2010년이었으며, 전통적인 카케티 방식으로 만든 뛰어난 키시가 포함되었다. 비타 비네아와 오르고는 어느 정도 서로 혼합되어 있다고 할 수 있는데, 양조용 포도는 전부 이 가족의 포도밭들에서 생산되며 와인들도 같은 와이너리에서 만들기 때문이다. 아버지의 독보적인 양조 기술과 경험으로부터 절대적인 혜택을 받고 있는 이들의 발전을 지켜보는 것은 아주 기분 좋은 일이다.

주소 Village Shalauri, Telavi District 2200 전화번호 (+995) 577 50 80 29
이메일 info@vitavinea.ge

조지아 / 카케티와 카르틀리
도레미Doremi

트빌리시 인근에 있는 이 '마라니'는 2013년에 세 친구(기오르기 치르그바바Giorgi Tsirgvava, 마무카 치클라우리Mamuka Tsiklauri와 가브리엘Gabriel)에 의해 생겨났다. 유기농으로 재배된 포도는 카르틀리와 카케티에서 조달한다. 와인 양조는 첨가물이나 여과 없이 무개입주의로 이루어진다. 순수하고 향긋한 '키시', '르카치텔리'와 '키크비'는 세세한 것에 대한 주의와 질 좋은 포도가 무엇을 만들어낼 수 있는지를 아주 잘 보여준다. 라벨들은 기오르기의 아내가 손으로 그린 멋진 디자인들이다.

주소 Gamargveda village, near Tbilisi 전화번호 +995 14 44 91
이메일 doremiwine@yahoo.com

조지아 / 카케티와 카르틀리
파파리 밸리Papari Valley

누크리 쿠르다제Nukri Kurdadze가 처음 포도밭을 매입했던 건 2004년이나, 그만의 크베브리 와인을 병입한 건 2015년이나 되어서였다. 그는 그와 관련해 상당한 지식을 갖고 있는 게 분명하다. 그의 '르카치텔리'와 '르카치텔리-치누리' 블렌드는 내가 이제껏 마셔본 덜 숙성된 크베브리 와인들 중 가장 정밀하고 흥미로웠다. 가파른 지대에 있는 포도밭들에서는 숨이 멎을 듯 아름다운 코카서스 산맥의 경치가 내려다보인다. 셀러는 3층짜리 계단식으로 되어 있으며 각 층마다 크베브리들이 있어, 와인은 첫 발효 단계를 거친 뒤 중력에 의해 숙성 단계로 넘어간다.

주소 Village Akhasheni, Gurjaani Municipality 전화번호 +995 599 17 71 03
이메일 nkurdadze@gmail.com

조지아 / 카케티와 이메레티
모나스테리 와인스Monastery Wines(카레바Khareba)

745헥타르 규모의 포도밭을 운영하는 이 대규모 와이너리는 2010년부터 모나스테리 와인스라는 라벨의 크베브리 와인들을 만들어왔다. 그 이름에서 현재는 와이너리로 쓰이고 있는 건물의 본래 용도를 알 수 있다. 라벨은 형편없지만 와인들은 매우 훌륭하며 전통 방식으로 만들어진다. (카케티에서 재배된 포도로 만든) '므츠바네'가 특히 추천할 만하며, '치츠카Tsitska(이메레티)'는 이메레티 전통에 따라 50퍼센트만 스킨 콘택트를 거친다. 모두 아홉 가지 와인이 있다.

주소 D. Agmashenebeli 6 km, Tbilisi 전화번호 +995 595 80 88 83
이메일 info@winerykhareba.com

조지아 / 카케티와 트빌리시
비나 N37Bina N37

트빌리시 중심에 있는 아파트 8층의 테라스에 43개의 크베브리를 설치한다는 건 매우 정신 나간 소리처럼 들린다. 하지만 전직 의사인 주라 나트로쉴리Zura Natroshvili는 실제로 이렇게 했고, 게다가 그 안에 레스토랑까지 열었다. 카케티에서부터 포도를 배송받아 8층까지 올려 보낸다는 것은 그다지 이상적으로 들리지 않으나, 그의 첫 빈티지('르카치텔리 2015')는 전형적이고 유쾌한 크베브리 와인의 면모를 보여준다. '사페라비'는 그보다는 덜 성공적이다. 이 정도로는 그의 기행이 충분치 않다고 느낄까 봐 덧붙이는데, 더 큰 아홉 개의 크베브리들이 근처에 있는 그의 동생 집에 설치되어 있다.

주소 Apartment N37, Mgaloblishvili street N5a, Tbilisi 0160
전화번호 +995 599 280 000 이메일 zurab.i.natroshvili@gmail.com

조지아 / 여러 지역
라그비나리Lagvinari

첫 빈티지(2011년)를 마스터 오브 와인 이자벨 르쥬롱과 공동으로 만든다는 것은 꽤나 대단한 시작이다. 전직 심장마취과 전문의였던 에코 글론티 박사는 평생 품어온 지질학에 대한 관심과 유기농 포도 재배에 대한 분명한 의지를 이 일에 쏟아부었다. 그는 지역 농부들과 함께 조지아 곳곳의 포도밭들을 회생시켰고, (세 가지만 예로 들자면) 놀라운 '크라쿠나', '촐리코우리', '알라다스투리Aladasturi' 와인들을 생산했다. 글론티가 조지아에서 가장 존경받는, 표현력이 뛰어난 양조자들 중 하나라는 점에는 의심할 여지가 없다.

주소 Upper Bakurtsikhe, Kakheti 1501 전화번호 +995 5 77 546006
이메일 info@lagvinari.com

독일Germany

유럽의 주요 와인 생산국들 가운데 독일은 저개입 와인 양조와, 나아가 오렌지 와인을 향한 움직임을 가장 보수적이면서도 늦게 보여주고 있는 나라다. 일부 생산자들이 실바너silvaner를 침용하는 프랑켄Franken 지역은 작은 틈새시장으로 볼 수 있다. 아직까지 나는 그곳에서 놀라운 결과물을 발견한 적이 없기에, 그보다 훨씬 서쪽에 있는 정말 뛰어난 와인을 만드는 와이너리 한 곳만을 여기에 포함시켰다.

독일의 가장 중요한 백포도 품종, 리슬링은 침용에 관한 한 까다로운 품종이다. (모젤 지역에서 나는 정통 스위트와 오프드라이 와인들에서처럼) 가장 잘 알려진 리슬링의 모습은 익숙한 향기나 산미를 확실히 남기기 위해 젖산 발효를 피하거나 일부러 막아야만 표현될 수 있다. 전통적으로 스킨 콘택트 방식으로 발효된 리슬링은 발효 온도가 더 높고 완전한 젖산 발효가 이루어질 공산이 더 커서 비교적 꽉 찬 스타일의 와인이 탄생하는데, 이는 모든 양조자들(또는 그들의 고객들)이 환영하지는 않는 일이다.

독일 / 팔츠

아이만Eymann

빈센트 아이만Vincent Eymann은 맛있는 껍질 발효 게뷔르츠트라미너를 생산하는 독특한 방식을 발전시켜왔다. 4~6주간 스킨 콘택트 후 솔레라solera 시스템(통을 층층이 쌓아두고 맨 윗단에는 새로운 와인을, 아랫단에는 그 윗단에서 숙성된 와인을 채워서 숙성된 와인과 새로운 와인이 섞여 균일한 맛을 내도록 하는 양조 방식-옮긴이)으로 숙성해, 현재 출시된 것(MDG #3)에는 3개년의 와인이 다 담겨 있다. 이는 숙성 관련 문제를 해결하는 아주 영리한 방식으로, 설령 덜 숙성된 상태로 출시되더라도 복합미와 음용성이 훌륭하다. 첫 병입은 2014년이었다.

주소 Ludwigstraße 35, D-67161 Gönnheim 전화번호 +49 6322 2808
이메일 info@weinguteymann.de

이탈리아Italy

1990년대 후반부터 이탈리아 와인 양조자들 사이에서는 껍질 침용 방식으로의 회귀가 돌풍을 일으켰는데, 북동부에서 시작해 곳곳으로 퍼져 나갔다. 프리울리 콜리오와 카르소는 여전히 가장 강하고 자신감 있는 전통을 갖고 있으며, 침용된 와인들만을 만드는 양조자를 흔히 찾을 수 있는 거의 유일하게 남은 지역이다. 하지만 에밀리아 로마냐 지역이 토종 아로마틱 품종인 말바시아 디 칸디아를 내세우며 도전장을 내밀기 시작했고 중부의 라치오, 움브리아와 토스카나 같은 지역도 마찬가지다. 토종 백포도 품종은 수가 많지는 않으나, 중부 지역들 대다수를 단결시켜주는 것은 (지역에 따라 다양한 이름으로 불리는) 트레비아노 디 토스카나이다. 이것은 평범한 품종이나 침용된 스타일로 만들었을 때 몇 번이고 그 진가를 발휘해왔다.

시칠리아와 사르데냐는 내추럴 와인 및 오렌지 와인 생산자들을 위한 비옥한 땅을 제공함으로써 외골수의 아주 개인적인 양조자들을 배출하고 있는 듯하다. (특히 바롤로나 키안티Chianti 같은 고가 상품 산지들에 있는) 비교적 규모가 큰 기업적 생산자들과 소규모의 장인 또는 가족 생산자들 간에는 꽤나 뚜렷한 차이가 있다. 대규모 와이너리들은 침용된 앰버 와인 시장에는 거의 발을 담그지 않았는데, 아마도 DOC와 DOCG 등급을 받기가 훨씬 힘들어지기 때문일 것이다. 이탈리아의 와인 법은 주로 지역 와인들의 색깔, 맛과 아로마 프로필을 디시플리나레disciplinare라는 규범으로 명시하며, 그 결과 많은 오렌지 와인은 별 수 없이 이론적으로 그 권위가 덜한 IGP[85]나 심지어는 그냥 테이블 와인 등급인 '비노 비앙코'(생산 연도나 포도 품종을 라벨에 표기할 수 없다)로 강등된다.

---

85 인디카치오네 디 오리기네 프로테티바Indicazione di Origine Protettiva, 여전히 IGTIndicazione Geografica Tipica로 불리는 경우가 많다.

이탈리아 / 피에몬테

카시나 델리 울리비Cascina degli Ulivi

스테파노 벨로티Stefano Bellotti는 1984년에 자신의 농장을 바이오다이내믹 농법으로 전환한 이후로 그 농법의 수호자 역할을 해왔다. 또 그는 그가 일을 시작했던 1977년 당시 겨우 1헥타르의 포도밭만이 남아 있었던 카시나 델리 울리비에서 다시금 와인 생산의 기틀을 마련했다. 일부 화이트 와인들에 스킨 콘택트 방식이 적용되며, 특히 '아 데무아A Demûa'는 흥미롭게도 티모라소timorasso, 베르데아verdea, 보스코bosco, 모스카텔라moscatella와 리슬링을 블렌드하여 만들었다. 벨로티는 조나단 노시터Jonathan Nossiter 감독의 2015년 영화 <내추럴 레지스탕스 Natural Resistance>에 길게 등장한다. 그는 입김이 센 내추럴 와인 운동가들 중 한 명인 동시에, 공동체 가치를 진심으로 지지하는 사람이기도 하다.

주소 Strada della Mazzola, 12 전화번호 +39 0143 744598
이메일 info@cascinadegliulivi.it

이탈리아 / 피에몬테

테누타 그릴로Tenuta Grillo

귀도Guido와 이기에아 참팔리오네Igiea Zampaglione는 몬페라토Monferrato에 17헥타르의 포도밭을 갖고 있으며, 캄파니아Campania(일 투피엘로)에는 피아노fiano 포도밭 2.5헥타르를 소유하고 있다. 귀도는 보통 45~60일 사이의 아주 긴 침용을 즐긴다. 그는 또한 와인이 제대로 준비가 되었을 때 출시하는 몇 안 되는 생산자들 중 하나이기도 하다. 현재 출시된 '바카비안카 Baccabianca'의 빈티지는 2010년인데, 코르테제cortese의 대단한 구조감과 허브 향이 깃든 복합미가 오래 지속된다. 내가 요즘 빠져 있는 것은 일 투피엘로에서 생산된 피아노 와인으로, '몬테마티나Montemattina'라는 이름으로 병입되며 피에몬테식 와인들과 같은 방식으로 만든다. 강한 풍미를 지니며 전형적인 특징들이 가득한 와인이다.

주소 15067 Novi Ligure 전화번호 +39 339 5870423 이메일 info@tenutagrillo.it

이탈리아 / 트렌티노 알토 아디제

에우게니오 로시Eugenio Rosi

로시는 이 돌로미티치I Dolomitici 그룹을 구성하는 트렌티노의 장인 양조자들 10명 중 하나다. 지역 협동조합 셀러에서 경험을 쌓은 그는 1997년 2헥타르의 포도밭을 빌려 자기만의 프로젝트에 착수했다. 노지올라 중심의 블렌드 화이트인 '아니소스Anisos'는 훌륭한 질감, 신선미와 정밀도를 지닌다. 로시는 오래된 샤르도네와 피노 비앙코 포도밭에 노지올라를 새로 심으면서 노지올라에 더욱 집중하고 있다. 포도 재배는 비인증 유기농으로 이루어진다.

주소 Palazzo Demartin Via 3 novembre, 7 38060 Calliano
전화번호 +39 333 3752583 이메일 rosieugenio.viticoltore@gmail.com

이탈리아 / 트렌티노 알토 아디제

포라도리Foradori

1984년에 첫 빈티지를 시작으로, 이 작고 여려 보이는 엘리자베타 포라도리는 성과와 혁신 면에서 대단한 기록을 세우고 있다. 처음에 그녀는 트렌티노의 토종 품종인 테롤데고teroldego의 생물다양성을 증진하는 데 집중했다. 2002년에는 28헥타르의 땅을 바이오다이내믹 농법으로 전환했으며, 2008년에는 암포라 발효의 즐거움을 알게 되었다. 코스COS 와이너리와 마찬가지로, 포라도리는 작은 스페인산 티나하들을 사용한다. 2009년에 처음 만들어진 '폰타나산타 노지올라Fontanasanta Nosiola'는 긴 껍질 접촉에는 점토가 안성맞춤임을 입증하는, 우아함과 섬세함을 지닌 굉장한 와인이다. 스킨 콘택트 방식으로 만드는 만조니 비앙코와 피노 그리지오도 마찬가지이다.

주소 Via Damiano Chiesa, 1 38017 Mezzolombardo 전화번호 +39 0461 601046
이메일 info@elisabettaforadori.com

이탈리아 / 트렌티노 알토 아디제

프란체그Pranzegg

마르틴 고예르Martin Gojer는 2008년에 이 와이너리를 물려받은 뒤 바로 바이오다이내믹 농법으로 전환시켰다. 그의 드라마틱한 계단식 포도밭들에는 경험(그는 아마도 세계 최고(그리고 유일?)의 포도나무 가지치기 컨설팅 업체일 시모닛 앤드 시르크Simonit & Sirch에서 일했다)에서 비롯된 게 분명한 퍼걸러pergola(덩굴식물이 타고 올라가도록 만든 아치형 구조물-옮긴이) 방식이 적용되었다. 화이트 블렌드인 '톤수르Tonsur'와 '카롤리네Caroline'는 대부분의 포도를 껍질과 함께 발효시켜 만드는 반면, 'GT'는 전체 껍질 침용된 게뷔르츠트라미너이다. 이 와인은 위대한 알토 아디제 특유의 순수함과 집중도에, 스킨 콘택트가 주는 힘까지 지녔다.

주소 Kampenner Weg 8, via campegno 8, 39100 Bozen
전화번호 +39 328 4591961 이메일 info@pranzegg.com

이탈리아 / 베네토

코스타딜라Costadilà

에르네스토 카텔Ernesto Cattel은 콜 폰도col fondo(자연적인 2차 발효를 거쳐 만들어지는 앙세스트랄 방식의 프로세코로 죽은 효모들과 함께 병입된다)를 다시 대중화시킨 이들 중 한 명이다. 뿌연 침전물에서 대부분의 맛이 나므로, 흔들어서 힘차게 잔에 따르길! '280 slm'(이 이름은 포도밭의 고도를 뜻한다)은 2009년부터 25일간의 껍질 접촉을 거쳐 만들어졌으며, '450 slm'은 며칠만 껍질과 접촉된다. 낮은 도수와 황 무첨가로 위험하리만치 술술 잘 넘어가는, 즐겁고 부드럽게 마실 수 있는 와인들이다. 첫 빈티지는 2006년이었다.

주소 Costa di là, 36 - Tarzo 전화번호 이용 불가 이메일 posta@ederlezi.it

이탈리아 / 베네토

라 비앙카라 La Biancara

과거에 피자를 만들었던 경력이 있는 안지올리노 마울레는 요슈코 그라브너와 그의 동료들과 정기적으로 만나 대화와 시음을 했던 1980년대 후반, 감벨라라Gambellara(소아베 근처)에 라 비앙카라 도멘을 열었다. 그의 천재성과 스킨 콘택트 발효 방식이 융합되어 가르가네가의 미묘하고 우아하면서도 복합적인 표현력을 이끌어냈다. 일부 와인은 황 무첨가로 생산된다. 마울레는 2006년에 130명의 내추럴 와인 생산자들이 모인 빈나투르VinNatur 협회를 창설했고, 매년 빌라 파보리타Villa Favorita 내추럴 와인 페어를 개최한다.

주소 Località Monte Sorio, 8 - 36054 - Montebello Vicentino
전화번호 +39 444 444244 이메일 biancaravini@virgilio.it

이탈리아 / 프리울리 콜리오 오리엔탈리

레 두에 테레 Le Due Terre

이 비인증 유기농 와이너리는 비록 아주 작지만(5헥타르) 세계적인 팬들을 확보하고 있으며, 충분히 그럴 만하다. 이들의 유일한 화이트 와인 '사크리사시 비앙코Sacrisassi Bianco'는 8일간의 전통적인 침용 방식으로 만드는 프리울라노-리볼라 지알라 블렌드이다. 발효 온도는 20~22도를 넘지 않도록 제어되며 와인은 가벼운 여과를 거친다. 내추럴 와인 팬들이라면 분노할 일이지만, 대부분의 사람들은 유행보다는 품질을 훨씬 더 신경 쓰는 이 가족 생산자들의 우아하고도 절제된 음료를 그저 즐거이 마실 수 있을 것이다.

주소 Via Roma 68/b, 33040 Prepotto 전화번호 +39 432 713189
이메일 fortesilvana@libero.it

이탈리아 / 프리울리 콜리오 오리엔탈리

론코 세베로 Ronco Severo

쾌활하고 외향적인 스테파노 노벨로Stefano Novello는 1999년, 기존에 받았던 관습적인 와인 양조 교육을 거부하고 스타일을 바꿔 모든 화이트 와인을 침용하기 시작했다. 영리하게도 그는 이렇게 위험을 무릅쓰는 태도(그의 기존 고객들 대다수가 그를 떠났다)를 드러내듯 라벨에 의자 위에서 중심을 잡고 있는 소년을 그려놓았다. 노벨로는 백포도를 28~46일간 침용한다. '리볼라 지알라', '프리울라노'와 '세베로 비앙코' 블렌드 모두 대담하지만 균형 잡힌 훌륭한 와인들이다. 다리오 프린치치를 연상시키는 스타일이다. 비인증 유기농 재배를 한다.

주소 Via Ronchi 93, 33040 Prepotto 전화번호 +39 432 713340
이메일 info@roncosevero.it

이탈리아 / 프리울리 콜리오

다미안 포드베르식Damijan Podversic

다미안 포드베르식은 열성 부족형이 아니다. 1990년대 후반 그라브너가 한 일에 감명받은 그는 1999년에 그가 받았던 정통 와인 양조 교육을 거부하고 침용된 와인에 집중하기 시작했다. 그로 인해 아버지와 극심한 불화를 겪고, 결국 가족 와이너리에서 쫓겨나고 말았다. 수년간 고리치아 의 어느 공동 셀러에서 와인을 만들던 다미안은 이제 그의 포도밭 바로 옆에 그가 꿈꾸던 건물을 짓고 있다. "침용이 꼭 좋은 와인을 만드는 것은 아니다", 그는 경고한다. 하지만 그의 정밀하고 순 수한 '리볼라 지알라', '말바시아', '프리울라노'와 '카필라Kapjla' 블렌드는 절대적으로 완벽한 기술 을 보여준다.

주소 Via Brigata Pavia, 61 - 34170 Gorizia 전화번호 +39 0481 78217
이메일 damijan@damijanpodversic.com

이탈리아 / 프리울리 콜리오

다리오 프린치치Dario Prinčič

그라브너의 와인이 한 음울한 지식인을, 또 라디콘의 와인이 혁명과 자유로운 사랑을 대변한다 면 취할 수밖에 없을 정도로 기분 좋은 프린치치의 짙은 색 와인은 그 중간 어딘가에 존재한다. 수줍지도, 그렇다고 지나치지도 않은 그의 '리볼라 지알라(35일간 침용)', '야콧Jakot', '피노 그리지 오'와 '트레베즈' 블렌드(18~22일간 침용)는 모두 뛰어나다. 1988년에 포도 재배를 시작한 프린치 치는 1999년에 그의 친한 친구 스탄코 라디콘의 권유로 침용된 화이트 와인 양조로 전환했다. 이제 점차적으로 그의 두 아들이 일을 물려받고 있다.

주소 Via Ossario 15, Gorizia 전화번호 +39 0481 532730
이메일 dario.princic@gmail.com

이탈리아 / 프리울리 콜리오

프란체스코 미클루스Francesco Miklus

미트야 미클루스Mitja Miklus는 그의 훌륭한 침용된 와인을 위해 이 별개의 브랜드를 만들었다. 보 다 주류의 와인은 드라가Draga 라벨로 생산된다. '미클루스' 시리즈에는 현재 '리볼라 지알라 내추 럴 아트Ribolla Gialla Natural Art'(30일간 침용), '말바시아'(7일), '피노 그리지오'와 '프리울라노'(신규)가 포함된다. 내가 가장 좋아하는 것은 별 수 없이 리볼라이다. 미트야는 그의 삼촌인 프란코 테르핀 의 와인들을 맛본 뒤 영감을 받아 2006년에 처음으로 침용된 와인들로 구성된 미클루스 빈티지 를 생산했다. 지켜볼 만한 생산자이다.

주소 loc. Scedina 8, 34070 San Floriano del Collio 전화번호 +39 329 7265005
이메일 mimiklus@gmail.com

이탈리아 / 프리울리 콜리오

그라브너Gravner

요슈코 그라브너는 진정으로 오늘날의 앰버/오렌지/침용된 와인 운동의 아버지이다. 1997년 현대 와인 양조에 대한 그의 용감하고도 유례없는 거부는 이탈리아뿐 아니라 전 세계에 실로 엄청난 영향을 끼쳤다. 그가 조지아를 여행한 뒤 크베브리를 발효에 최적화된 용기로 여겨 사용하기 시작한 일(2001년)은, 그 이후 세대에게 그것을 탐구하도록 영감을 줌으로써 조지아의 옛 와인 양조 전통이 재발견되는 계기가 되었다. '브레그'(마지막 빈티지는 2012년)와 '리볼라 지알라'는 둘 다 6개월간 크베브리에서 껍질 접촉된 후 7년간 숙성되어 출시되는 세계에서 가장 위대한 와인에 속한다.

주소 Localita Lenzuolo Bianco 9, 34170 Oslavia 전화번호 +39 0481 30882
이메일 info@gravner.it

이탈리아 / 프리울리 콜리오

일 카르피노Il Carpino

라디콘의 와이너리에서 조금만 올라가면 있는 프란코Franco와 아나 소솔Ana Sosol의 17헥타르 규모의 와이너리는 같은 포도를 침용한 것과 침용하지 않은 것, 두 종류로 비교해볼 수 있는 기회를 제공한다. 프란코는 아직 앰버 와인의 진가를 모르는 고객들을 위해 보다 신선한 와인들(비냐 룬크Vigna Runc)도 만든다. 보티에서 45~55일간 스킨 콘택트되는 '리볼라 지알라'는 오래 숙성하기 적합하며 전형적이다. 프란코는 선호하는 스타일이 아주 확실하다. "나는 스킨 콘택트를 거쳐야 그것이 진정한 와인이라고 느낀다. 우리가 개입하지 않고 그저 스스로 표현되도록 하는 방식이니까."

주소 Località Sovenza 14/A, 34070 San Floriano del Collio
전화번호 +39 0481 884097 이메일 ilcarpino@ilcarpino.com

이탈리아 / 프리울리 콜리오

라 카스텔라다La Castellada

1985년. 선술집이던 라 카스텔라다는 직접 만든 와인을 병입하게 되었다. 조르지오 '조르디'Giorgio 'Jordi'와 니콜로 벤사Nicolò Bensa 형제는 1980년대부터 1990년대까지 '그라브너 그룹'에 속해 있었으나, 그라브너가 주장한 긴 침용 방식을 적용하는 데에는 좀 조심스러웠다. 2006년이 되어서야 그들은 60일 침용을 적용한 '리볼라 지알라'를 만들었고, 이는 오슬라비아 최고 와인에 꼽힌다. '프리울라노'와 '비앙코 디 카스텔라다Bianco di Castellada'(둘 다 4일간 침용) 역시 보통은 훌륭하다. 와이너리 운영은 대부분 니콜로의 아들들, 스테파노Stefano와 마테오Matteo가 맡고 있다. 역사적 균형을 맞추기 위해 조르디는 동네 오스미자osmiza(선술집)를 운영한다.

주소 La Castellada 1 - Località Oslavia 34170 전화번호 +39 0481 33670
이메일 info@lacastellada.it

앰버 레볼루션
추천할 만한 생산자들 **247**

이탈리아 / 프리울리 콜리오

파라스코스Paraschos

1998년에 그리스에서 콜리오로 이주한 에반겔로스 파라스코스Evangelos Paraschos는 요슈코 그라브너로부터 영감을 받아 내추럴 와인 양조에 관한 신조뿐 아니라 암포라와 침용 방식까지 적용하게 되었다. 크레타산 암포라로 만든 '암포레투스Amphoretus' 와인들은 주로 기분 좋은 긴장감과 활기를 지닌다. 훌륭한 '리볼라 지알라'나 '오렌지 원Orange One' 퀴베 같은 기타 와인은 (라디콘 및 기타 다수 생산자들과 같은 식으로) 이제는 고전이 된 목제 오픈톱 발효조에서 만들어진다. 2003년부터 황이나 기타 첨가물을 사용하지 않는다.

주소 Bucuie 13/a, 34070 San Floriano del Collio 전화번호 +39 0481 884154
이메일 paraschos99@yahoo.it

이탈리아 / 프리울리 콜리오

프리모식Primosic

실반 프리모식Silvan Primosic이 실험적으로 침용된 피노 그리지오를 만든 건 1997년이었지만(결과는 성공적이지 못해 대부분의 고객이 반품을 요구했다), 그의 아들 마르코Marko는 2007년에 이르러서야 침용된 리볼라 지알라를 제대로 만들어 이제 매년 생산하고 있다. 프리모식 가문은 과거부터 콜리오의 중심에 있었다. 실반은 1967년에 갓 확립된 DOC의 맨 첫 번째 와인을 출시했으며, 마르코는 리볼라 지알라에 적합한 오슬라비아의 특별한 테루아를 홍보하는 '오슬라비아 리볼라 생산자 연합Associazione Produttori Ribolla di Oslavia' 설립에 (사샤 라디콘과 함께) 중추적 역할을 했다.

주소 Madonnina d'Oslavia 3, 34170 - Oslavia 전화번호 +39 0481 53 51 53
이메일 info@primosic.com

이탈리아 / 프리울리 콜리오

라디콘Radikon

스탄코 라디콘은 36해의 빈티지를 생산한 뒤 세상을 떠났고, 이제 장래가 유망한 그의 아들 사샤Saša가 와이너리를 책임지고 있다. 1995년 그가 처음으로 리볼라 지알라를 침용하여 유레카의 순간을 맛본 이후로, 이 와이너리는 오렌지 와인 양조에만 집중해왔다. '오슬라브예Oslavje' 블렌드, '리볼라 지알라'와 '프리울라노'(모두 3개월간의 껍질 접촉을 거친다)는 스탄코가 긴 스킨 콘택트를 거친 와인은 황이 필요 없을 정도의 안정성을 지닌다는 것을 깨달았던 2002년부터 황 무첨가로 만들어진다. 사샤가 만든 '슬라트니크Slatnik'와 '피노 그리지오'(1~2주간 침용)는 그의 할아버지가 만들었을 법한 스타일을 연상시키는 보다 가벼운 와인이다.

주소 Località Tre Buchi, n. 4, 34071 - Gorizia 전화번호 +39 0481 32804
이메일 sasa@radikon.it

이탈리아 / 프리울리 콜리오

테르핀Terpin

프란코 테르핀의 와인에는 조금의 가식도 없다. 산 프리울라노 델 콜리오 지역의 잘 부서지는 폰카ponca 토양에서 자란 포도들로 만든 이 와인들은, 이제는 고전이 된 (오픈톱 오크통에서 약 일주일간 침용된 뒤 보티에서 최장 10년까지 숙성되어 딱 마시기 좋은 상태로 출시되는) 콜리오 스타일로 생산된다. 3일간의 보다 짧은 침용을 거쳐 만든 '퀸토 콰르토Quinto Quarto' 시리즈는 굉장한 가성비를 낸다. 프란코는 1996년에 와인 판매를 시작했지만 침용 스타일로 전환한 건 2005년부터이다.

주소 Localita Valerisce 6/A, San Floriano del Collio, 34070 전화번호 이용 불가
이메일 francoterpin@vergilio.it

이탈리아 / 프리울리 이손초, 콜리 오리엔탈리와 콜리오

브레산 마스트리 비나이Bressan Mastri Vinai

브레산 가문은 프리울리의 세 하위 지역인 이손초, 콜리 오리엔탈리와 콜리오에 걸쳐 있는 이 와이너리에서 9대째 와인을 만들어왔다. 세 종류의 화이트 와인('카라트Carat' 블렌드, 풍부하면서도 드라이한 '베르두초Verduzzo'와 '피노 그리지오') 모두 빈티지에 따라 2~4주간 침용된다. (현재 80대인) 네레오 브레산Nereo Bressan은 1995년에 그의 아들 풀비오Fulvio가 가업을 물려받기 전까지 스킨 콘택트 없이 와인을 만들었다. 현 소유주가 논란이 많은 인물일지는 몰라도 와인들만은 대단하다.

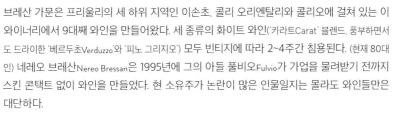

주소 Via Conti Zoppini 35, 34072 Farra d'Isonzo 전화번호 +39 0481 888 131
이메일 info@bressanwines.com

이탈리아 / 카르소

스케르크Skerk

산디 스케르크는 2000년 그가 (포도밭과 셀러 모두에서) 보다 전통적인 방식으로 회귀했을 때부터 카르소의 내추럴 와인 양조 업계의 필수적 원동력이었다. 카르소 지역 암석에 난 균열을 건축적 특징으로 승화시킨 그의 원초적인 암석 셀러는 비토브스카, 말바시아, 소비뇽 블랑과 피노 그리지오의 놀라운 표현력을 이끌어낸다. 네 가지 품종을 조합한 '오그라데Ograde'는 자주 놀라운 맛을 낸다. 침용 기간은 일주일 정도이며, 오렌지 와인 '증오자'들을 설득시킬 만한 우아함과 균형미를 가진 와인이다. 포도밭 대부분 알베렐로alberello(가지 끝을 쳐낸 키 작은 포도나무-옮긴이) 방식으로 가꾸며, 유기농 인증을 받았다.

주소 Loc. Prepotto, 2034011 Duino Aurisina 전화번호 +39 040 200156
이메일 info@skerk.com

이탈리아 / 카르소

스케를리Skerlj

아름다운 경치를 자랑하며 제2차 세계대전 이후 작은 오스미자(선술집)로 운영되던 이곳은 1996년에는 농가 민박집으로 완전히 탈바꿈했다. 마테이 스케를리는 베냐민 지다리치로부터 보다 긴 침용(전에는 보통 2~3일이었다)과 셀러에서의 저개입주의에 대한 영감을 받아 2004년에 (수대에 걸쳐 자급자족 형태로만 만들어왔던) 와인을 판매하기로 결심했다. 3주간 침용된 그의 '비토브스카'는 굉장히 향긋하며 우아한 품종 표현력을 보여준다. '말바시아' 역시 추천할 만하다. 마테이의 포도나무들 중 일부는 아직도 전통적인 퍼걸러 방식으로 재배된다.

주소 Sales, 44 - 34010 Sgonico 전화번호 +39 040 229253
이메일 info@agriturismoskerlj.com

이탈리아 / 카르소

보도피베크Vodopivec

나는 파올로 보도피베크의 와인보다 더 황홀하게 비토브스카를 표현해낸 것은 아직 맛보지 못했다. 보도피베크의 와이너리는 미니멀리즘을 추구하며, 카르소 지역의 토종 품종에만 집중해 일부는 조지아산 크베브리에(2005년부터), 다른 일부는 큰 나무 보티에서 양조된다. 1년에 달하는 아주 긴 침용 기간을 거친 와인은 굉장한 미묘함과 우아함을 지니게 된다. 사람들 앞에 나서기를 수줍어하는 보도피베크는 자신의 와인이 오렌지나 앰버 범주에 맞지 않는다고 생각하지만, 어쨌든 침용이 주된 요소라는 점은 같다.

주소 Località Colludrozza, 4 - 34010 Sgonico 전화번호 +39 040 229181
이메일 vodopivec@vodopivec.it

이탈리아 / 카르소

지다리치Zidarich

베냐민 지다리치Benjamin Zidarich는 카르소의 단단한 석회암에 터널을 뚫어 그 지역에서 가장 드라마틱한 셀러를 지었다(2009년 완공). 이 셀러는 그의 8헥타르 규모의 포도밭에서 바이오다이내믹 방식을 일부 적용해 재배하는 포도들을 양조하는 데에 잘 활용된다. 백포도들은 전부 목제 오픈톱 발효조에서 약 2주 이상 껍질과 함께 발효된다. 지다리치는 또 특수 제작된 (카르소의 돌을 깎아 만든) 암석 통에서 양조 및 숙성되는 퀴베도 만든다. 그의 '비토브스카'와 '프룰케Pruhlke' 블렌드는 둘 다 풍부하고 스파이시하면서도 특유의 미네랄감이 느껴져 추천할 만하다.

주소 Prepotto, 23, Duino Aurisina - Trieste 전화번호 +39 040 201223
이메일 info@zidarich.it

이탈리아 / 토스카나

콜롬바이아Colombaia

토스카나는 내추럴 와인 양조와 오렌지 와인을 느리게 받아들인 지역이어서인지, 콜롬바이아 같은 와이너리들을 보면 아주 반갑게 느껴진다. 단테 로마치Dante Lomazzi와 헬레나 바리아라 Helena Variara의 '콜롬바이아 비앙코'는 몇몇 빈티지가 꽤 대단하다(이는 이곳에서 만드는 유일한 화이트 와인이다). 트레비아노와 말바시아 블렌드를 4개월간 침용시킨 이 와인은 그 겸손한 트레비아노가 껍질과 어우러지면 얼마나 깊은 맛을 낼 수 있는지를 아주 잘 보여준다. 황을 조금 첨가했더라면 더 나은 지속력을 보였을 법한 와인들도 있다.

주소 Mensanello, 24, Colle Val d'Elsa, 53034-Siena 전화번호 +39 393 36 23 742
이메일 info@colombaia.it

이탈리아 / 토스카나

마사 베키아Massa Vecchia

프란체스카 스프론드리니Francesca Sfrondrini가 2009년에 부모님께 물려받아 운영 중인 와이너리이다. 마렘마Maremma의 산악 지대에 자리 잡고 있기에, 꽉 찬 느낌의 슈퍼 토스카나 와인 같은 것은 없다. 베르멘티노vermentino, 말바시아 디 칸디아와 트레비아노를 블렌딩한 (오렌지라고 하는 편이 나을) 맛있는 화이트 와인들은 모두 2~3주간 오픈톱 오크통과 밤나무 통에서 침용된다. 허브와 견과류의 복합적인 풍미가 가득하며, 그러면서도 대단한 세련미와 신선함을 지닌다. 포도는 비인증 유기농 및 바이오다이내믹 방식으로 재배된다.

주소 Loc. Massa Vecchia, 58024 Massa Marittima, GR Grosseto
전화번호 +39 566 904031 이메일 az.agr.massavecchia@gmail.com

이탈리아 / 에밀리아 로마냐

카 데 노치Cà de Noci

지오반니Giovanni와 알베르토 마시니Alberto Masini 형제는 그들의 7헥타르 규모의 포도밭을 1993년에 유기농법으로 전환하기 시작했고, 그 이후 얼마 안 되어 지역 조합에서 탈퇴했다. '노테 디 루나Notte di Luna'는 침용된 와인 업계에서 과소평가된 하나의 고전이다. 말바시아 디 칸디아, 모스카토 지알로와 (가장 귀중한 람브루스코 와인용 포도로 꼽히는) 스페르골라spergola를 블렌딩하여 10일간 침용시킨다. 내추럴 스파클링인 '퀘르치올레Querciole'도 수일간 스킨 콘택트를 거쳐 만든다.

주소 Via Fratelli Bandiera 1/2 località Vendina, 42020 Quattro Castella
전화번호 +39 335 8355511 이메일 info@cadenoci.it

이탈리아 / 에밀리아 로마냐

데나볼로 Denavolo

줄리오 아르마니Giulio Armani는 라 스토파에서 일하지 않을 때는 자신의 데나볼로 라벨 와인을 만든다. 세 종류의 침용된 와인들로는 '디나볼로Dinavolo'(6개월간 침용), '디나볼리노Dinavolino'(좀 더 낮은 지대의 포도밭에서 난 포도를 사용한다는 점 말고는 같다)와 '카타벨라Catavela'(7일간 침용)가 있다. 모두 말바시아 디 칸디아 아로마티카, 마르산느와 오르트루고를 중심으로 블렌딩한 것들이다. 풍부하고 자극적인 아로마와 풀바디 질감이 라 스토파의 '아제노'를 강하게 연상시킨다.

주소 Loc. Gattavera - Denavolo 29020 Travo PC 전화번호 +39 335 6480766
이메일 denavolo@gmail.com

이탈리아 / 에밀리아 로마냐

라 스토파 La Stoppa

라 스토파의 본래 소유주였던 변호사의 이름을 딴 '아제노'는 침용된 와인 업계의 고전들 중 하나가 되었고, 현재는 엘레나 판탈레오니Elena Pantaleoni가 이 와이너리의 여주인이다. 말바시아 디 칸디아, 오르트루고와 트레비아노라는 풍부한 조합을 30일간 침용한 이 와인은 도전적이며 극도로 특징적인(색이 진하고 타닌감이 있으며 모든 방면으로 도량이 넓은) 오렌지 와인이다. 어떤 빈티지들은 휘발성 산과 브레타노미세스의 기미를 살짝 보이기도 하며, 다른 것들은 보다 깔끔하다. 하지만 언제나 맛있고 더 마시고 싶은 와인이다. 양조자는 줄리오 아르마니(데나볼로 참조)이다.

주소 Loc. Ancarano di Rivergaro 29029 PC 전화번호 +39 0523 958159
이메일 info@lastoppa.it

이탈리아 / 에밀리아 로마냐

포데레 프라다롤로 Podere Pradarolo

알베르토 카레티Alberto Carretti와 클라우디아 이아넬리Iannelli는 보다 산업적인 직종에 종사하다가 파르마 근처로 이주. 현재는 유기농 재배자가 되었다. '베이Vej'(60일간 침용)와 그것의 스파클링 버전인 '베이 브루트Vej Brut'는 말바시아 디 칸디아와 그 품종의 풍부한 향들을 더할 나위 없이 잘 표현한다. '베이 비앙코 안티코 메토도 클라시코Vej Bianco Antico Metodo Classico 2014'는 270일간의 침용을 거쳐 만들어지는 아주 독특한 전통 방식의 스파클링으로, 극단적이긴 하나 꽤 기분 좋은 와인이다. 나는 일부 빈티지들에서 이산화황 무첨가로 인해 문제가 발생한 경우를 보았다.

주소 Via Serravalle 80, 43040 Varano De'Melegari 전화번호 +39 0525 552027
이메일 info@poderepradarolo.com

이탈리아 / 에밀리아 로마냐

테누타 크로치Tenuta Croci

마시밀리아노 크로치Massimiliano Croci는 전통적인 에밀리아 로마냐 방식으로 침용된, 자연적
으로 재발효된 와인을 적어도 3대째 생산해온 가문의 후손이다. '캄페델로Campedello'와 '루비
고Lubigo'는 맛 좋은 프리잔테 스타일이나, 말바시아 디 칸디아와 오르트루고 같은 지역 품종
을 아주 잘 표현한다. '발톨라Valtolla'는 1백 퍼센트 말바시아 디 칸디아로 만든 기포가 없는 버
전이다. 침용 기간은 10~30일이다.

주소 43040 Varano De'Melegari 전화번호 +39 0523 803321
이메일 croci@vinicroci.com

이탈리아 / 에밀리아 로마냐

비노 델 포지오Vino del Poggio

라 스토파의 양조자, 줄리오 아르마니로부터 영감을 받아 와인을 만들기 시작한 안드레아 체
르비니Andrea Cervini는 (말바시아 디 칸디아 중심의 블렌드로 만드는) 그의 비앙코의 침용 기간을 다른
대부분의 지역 생산자들보다 더 긴 최장 12개월까지 늘렸다. '비노 델 포지오 비앙코'는 응축미,
복합미를 지니며 풍미로 꽉 찬 와인이다. 비앙코라는 이름과는 전혀 맞지 않지만! 이 와이너리
는 민박도 운영하는데 음식 맛이 뛰어나다.

주소 Località Poggio Superiore, 29020 Statto, Travo 전화번호 +39 328 3019720
이메일 info@poggioagriturismo.com

이탈리아 / 움브리아

파올로 베아Paolo Bea

파올로 베아는 원래 뛰어난 사그란티노sagrantino 와인으로 이름을 알렸지만, (현재 와인 양조를 책
임지고 있는) 그의 아들 지암피에로Giampiero도 두 종류의 침용된 화이트 와인을 만들며 그중 하
나가 1백 퍼센트 트레비아노 스폴레티노trebbiano spoletino로 만드는 어마어마한 '아르보레우스
Arboreus'이다. 다들 신선미와 우아함을 지닌, 허브 향이 느껴지는 향긋한 와인들이면서도 복합
미와 깊이를 잃지 않는다. 본래 건축가인 지암피에로는 와이너리 역시 멋지게 디자인해 2006년
에 지었다. 이 와이너리에 대한 유일한 불만이라면 와인을 구하기가 힘들다는 것이다! 베아는 근
처 시토회 수녀원을 위해서도 두 가지 와인을 만든다(모나스테로 수오레 치스테르첸시 참조).

주소 Località Cerrete, 8, 06036 Cerrete 전화번호 +39 742 378128
이메일 info@paolobea.com

이탈리아 / 마르케

라 디스테사 La Distesa

코라도 도토리Corrado Dottori는 스페인과 캐나다에서 자랐으며 밀라노에서 주식투자가로 일했다. 1999년 그와 그의 아내 발레리아Valeria는 그의 고향 마르케로 돌아가 그의 할아버지가 매입했던 포도밭을 가꾸며 소박한 삶을 살기로 결심했다. '누르Nur'는 도토리의 반항적 외침으로, 품종의 순수성에 전념하는 지역에서 만든 껍질 침용된 블렌드이다. 이것은 베르디키오verdicchio가 긴 침용에 어울리지 않는다는 발견에서 탄생한 것이다. '글리 에레미Gli Eremi' 같은 경우는 일부 포도를 며칠간 침용시켜 발효가 시작되도록 하는데, 이는 마르케의 언덕만큼이나 오래된 관습이다. 이 가족은 평화로운 분위기의 민박을 운영 중이다.

주소 Via Romita 28, Cupramonatana 60034 전화번호 +39 0731-781230
이메일 distesa@libero.it

이탈리아 / 라치오

레 코스테 Le Coste

양조자 커플인 지안마르코Gianmarco와 클레망틴 안토누치Clementine Antonuzzi가 공동으로 운영하는 레 코스테는 2004년 3헥타르 규모의 버려진 땅을 매입해 만들어졌다. 주로 프로카니코(트레비아노의 지역명), 여기에 말바시아와 모스카토를 일부 더한 백포도들을 재배한다. 화이트 와인 대부분이 일주일간 껍질과 접촉된다. 투박하고, 무엇보다도 신선하며 가볍고 활기찬 스타일이다(진정한 갈증 해소용 와인이다). 포도 재배는 바이오다이내믹 원칙에 따르지만 인증은 받지 않았다.

주소 Via Piave 9, Gradoli 전화번호 +39 328 7926950
이메일 lecostedigradoli@hotmail.com

이탈리아 / 라치오

모나스테로 수오레 치스테르첸시 Monastero Suore Cistercensi

로마 근처에 있는 이 시토회 수녀원의 수녀들은 포도나무를 전부 손으로 경작하며(비인증 유기농) 수확한 포도로는 (트레비아노, 말바시아, 베르디키오와 그레체토 품종들로) 두 종류의 화이트 블렌드 와인을 만든다. 포도밭은 1963년에 심어졌으며, 여기서 생산된 와인은 이곳에 사는 80명의 수녀들에게 중요한 수입원이 된다. 지암피에로 베아가 와인 양조 컨설턴트이며, 10년 넘게 이 마음에 드는 와인들을 감독해오고 있다. (전에는 '루스티쿰Rusticum'으로 불렸던) '코에노비움 루스쿰 Coenobium Ruscum'만 긴 껍질 침용(2주)을 거친다.

주소 Monastero Trappiste, Nostra Signora di S. Giuseppe, via della Stazione 23, 01030 - Vitorchiano 전화번호 +39 761 370017 이메일 info@trappistevitorchiano.org

이탈리아 / 캄파니아

칸티나 지아르디노Cantina Giardino

안토니오Antonio와 다니엘라 데 그루톨라Daniela de Gruttola는 아주 오래된 포도나무가 심긴 귀중한 밭들을 정성껏 회생시켜 완전한 무개입 방식으로 포도를 재배한다. 모든 백포도는 4~10일간 침용된다. 이들은 예측이 불가능할 정도로 흥미롭고 거친 와인이지만, 제때에 마시면 훌륭한 맛을 낸다. 어떤 경우에는 상당한 공기 접촉이 필요해서 너무 일찍 출시되었다는 생각이 드는데, 이는 이 장르의 와인들에 흔한 문제점이다. 가장 쉽게 접근할 수 있는 건 '코다 디 볼페Coda di Volpe'와 '그레코Greco'를 블렌딩한 (유용하게도 갈증 해소용으로 충분하게끔 매그넘에 병입된) '비앙코'가 아닐까 싶다.

주소 Via Petrara 21 B, 83031 Ariano Irpino 전화번호 +39 0825 873084
이메일 cantinagiardino@gmail.com

이탈리아 / 캄파니아

포데레 베네리 베키오Podere Veneri Vecchio

산니오Sannio DOC 지역에 근거지를 둔 라파엘로 아니키아리코Raffaello Annicchiarico는 아주 희귀한 지역 품종들(그리에코grieco, 체레토cerreto, 아고스티넬라agostinella)을 약 25일간 여러 가지 조합과 여러 퀴베들로 침용시켜 굉장한 에너지와 복합미를 지니는 비교적 간결한 스타일의 와인을 만든다(알코올 도수는 12퍼센트를 넘지 않는다). 그의 타협하지 않는 양조 방식 때문에 휘발성 산에 익숙하지 않은 사람들이 마시기에는 가끔 불안할 때도 있다. 최근 빈티지들 중 내가 최고로 꼽는 것은 '템포 도포 템포Tempo dopo Tempo'와 '벨라 차오Bella Ciao(1백 퍼센트 아고스티넬라)'이다.

주소 Via Veneri Vecchio 1, Castelvenere, 82037, Benevento
전화번호 +39 335 231827 이메일 libro@venerivecchio.com

이탈리아 / 사르데냐 섬

사 데펜차Sa Defenza

피에트로Pietro, 파올로Paolo와 안나 마르치Anna Marchi의 가문은 대대로 포도 재배를 해왔지만 와인 양조로는 이들이 1세대이다. 섬 남쪽(도노리Donori)에 있는 이들의 와이너리는 정말 기분 좋게 마실 만한 혈기 왕성한 와인을 만들지만, 문제점이 없진 않다. '술레부체Sullebucce'는 베르멘티노를 50일간 껍질과 접촉시켜 만들었음에도 여전히 부드럽고 과즙미가 있다. '마이스트루Maistru'는 미운 오리 새끼 격인 누라구스nuragus를 단 24시간 침용을 통해 강렬한 톡 쏘는 맛과 구조감을 지닌 괴물로 변모시킨 것이다. 흙은 모래와 화강암으로 되어 있다. 황 이외에 다른 첨가나 처리를 하지 않는다.

주소 Via Sa Defenza 38, 09040 Donori 전화번호 +39 707 332815 이메일 이용 불가

이탈리아 / 시칠리아
아그리콜라 오키핀티Agricola Occhipinti

아리안나 오키핀티Arianna Occhipinti는 코스COS의 주스토 오키핀티의 딸로, 2003년에 비토리아 Vittoria에 그녀만의 와이너리를 열었다. 유일한 화이트 와인인 'SP68'은 12일간의 껍질 접촉을 거쳐 질감과 깊이를 낸 클래식한 와인이다. 모스카토 디 알레산드리아moscato di Alessandria와 알바넬로albanello를 블렌딩해 만든다. 아리안나의 파트너인 (스페인 테네리페 섬 출신으로 이곳에서 일하고 경험을 쌓기 위해 건너온) 에두아르도 토레스 아코스타Eduardo Torres Acosta는 에트나에서 재배된 포도로 '베르산테 노르드Versante Nord' 시리즈를 만들며, 첫 스킨 콘택트 비앙코를 출시하기도 했다.

주소 SP68 Vittoria-Pedalino km 3, 3 - Vittoria RG 전화번호 +39 0932 1865519
이메일 info@agricolaocchipinti.it

이탈리아 / 시칠리아
바라코Barraco

2004년 가문의 포도밭을 물려받아 와이너리를 차린 니노Nino는 시칠리아 서부의 전통적인 백포도 품종들(그릴로, 카타라토catarratto, 지빕보zibibbo)을 활기차고 흥미롭게 해석함으로써 추종자들을 늘려왔다. 모두 3일에서 지빕보 같은 경우는 2주까지 침용된다. 다만 '비냐마레Vignammare'에 사용되는 해안가에서 난 일부 그릴로만은 껍질 접촉을 거치지 않는다. 짠맛이 느껴지며 캐릭터가 강한, 즐겁게 마실 수 있는 와인들로 (낚시광이기도 한 니노가 잡은 것이라면 더 이상적일) 신선한 성게나 새우와 가장 잘 어울린다.

주소 C/da Bausa snc - 91025 Marsala 전화번호 +39 3897955357
이메일 vinibarraco@libero.it

이탈리아 / 시칠리아
칸티네 바르베라Cantine Barbera

마릴레나 바르베라Marilena Barbera는 2006년 아버지가 돌아가신 이후, 하던 일을 그만두고 멘피Menfi에 있는 가문의 포도밭을 물려받기로 결심했다. 산업적 방식의 와인 양조가 마음에 들지 않았던 그녀는 2010년에 저개입, 백포도 껍질 접촉 방식을 실험하기 시작했다. 그 결실이 지금의 세 가지 오렌지 와인 '코스테 알 벤토Coste al Vento(그릴로)', '아레미Arèmi(카타라토)'와 '암마노 Ammàno(지빕보)'이다. 모두 약 일주일간 자연적으로 껍질과 함께 발효된다. 과일 향이 가득하며 기분 좋은, 품종적 표현력이 훌륭한 와인들로 1~2년 정도 숙성시킬 가치가 충분하다.

주소 Contrada Torrenova SP 79 - 92013 Menfi(AG) 전화번호 +39 0925 570442
이메일 info@cantinebarbera.it

이탈리아 / 시칠리아

코넬리센Cornelissen

전직 금융업자. 등산가이자 고급 와인 수입업자였던 벨기에인은 어떻게 시칠리아의 화산 지대에서 내추럴 와인을 만들게 되었을까? 질 좋은 무첨가 와인을 만들려는 프랑크 코넬리센의 의지는 그를 조지아로, 에트나로 인도했고 현재 수많은 추종자들을 거느린 이 와이너리는 2000년에 세워졌다. 에트나의 토종 품종인 카리칸테보다는 그레카니코를 선호하는 그는("산미를 원한다면 레몬을 먹으면 된다.") 수일간의 침용을 거쳐 두 종류의 화이트 블렌드를 만든다. 그의 와인 양조는 끊임없이 진화 중이다(스페인산 암포라를 버리고 파이버글래스 탱크를 사용하며, 침용 기간도 30일에서 일주일 정도로 줄였다).

주소 Via Canonico Zumbo, 1, Fraz. Passopisciaro, Castiglione di Sicilia, 95012
전화번호 +39 0942 986 315 이메일 info@frankcornelissen.it

이탈리아 / 시칠리아

코스COS

지암바티스타 칠리아Giambattista Cilia. 주스토 오키핀티Giusto Occhipinti와 치리노 스트라노Cirino Strano는 아직 대학생이었던 1980년 여름. 칠리아의 아버지의 허락으로 실험적 포도 수확과 1,470병의 와인을 양조하는 경험을 했다. 세 친구 이름의 머리글자를 딴 COS는 그 이후 시칠리아의 유일하게 DOCG 등급을 받은 체라수올로 디 비토리아Cerasuolo di Vittoria의 기준이 되어왔다. 이들은 또한 현대 이탈리아에서 암포라 사용의 선구자들이기도 하다. 조지아를 여행한 뒤 영감을 받아 오크통을 버리고 테라코타로 전환하였으나, 2000년에는 440리터들이 스페인산 티나하로 정착했다. '피토스 비앙코Pithos Bianco'는 이탈리아 최고의 오렌지 와인에 들며, 초기에는 꽉 조이고 닫혀 있는 느낌이지만 열릴수록 표현력과 복합미가 드러난다.

주소 S.P. 3 Acate-Chiaramonte, Km. 14,300 97019 Vittoria
전화번호 +39 393 8572630 이메일 locanda@cosvittoria.it

뉴질랜드 New Zealand

몇십 년간은 소비뇽 블랑, 강화와 균질화밖에 모르는 것처럼 보였던 뉴질랜드에서, 다행히도 이제 전통에 뿌리를 두고 다양한 접근을 하는 신세대 와인 양조자들이 눈에 띈다. 유럽에서 경험을 쌓으며 아이디어와 영감을 얻은 이들은 껍질 침용을 당연하게 생각한다. 오렌지 와인은 아직 매우 새로운 장르지만, 서늘한 기후의 재배 환경과 잘 교육받은 양조자들이 있어 아주 멋진 결과물들이 나오기 시작했다.

호주와 마찬가지로, 뉴질랜드 역시 와인 등급 제도가 많이 관대하여 라벨에 '껍질과 함께 발효된' 같은 글귀를 포함시키는 것은 특별히 문제가 되지 않는다.

뉴질랜드 / 호크스 베이

슈퍼내추럴 와인 코 Supernatural Wine Co.

2002년과 2004년 사이에 밀라 로드Millar Road 숙박 시설에 심은 (석회질이 풍부한 점토층에 자리 잡은) 포도밭들이 기대 이상의 성과를 내어, 소유주인 그레고리 콜린지Gregory Collinge는 2009년에 그 부지 내에 와이너리를 열었다. 소비뇽 블랑과 피노 그리는 2013년 빈티지부터 껍질과 함께 발효되며 매년 비약적인 발전을 거듭하고 있다. 양조자는 2015년에 가브리엘 시머스Gabrielle Simmers에서 헤이든 페니Hayden Penny로 바뀌었다. 눈에 띄게 대담한 신세계 스타일 와인이지만 균형미와 안정감이 훌륭하다. 바이오다이내믹, 황 무첨가로 점차 전환 중이다.

주소 83 Millar Road, RD10 Hastings 4180, Hawke's Bay 전화번호 +64 875 1977
이메일 greg.collinge@icloud.com

뉴질랜드 / 마틴보로

케임브리지 로드 Cambridge Road

이 와이너리는 랜스 레지웰Lance Redgewell과 가족들이 2006년에 매입해 바이오다이내믹으로 전환했다. 이들은 수년간 스킨 콘택트 방식을 여러 가지로 적용하여 '파피용Papillon' 와인들 일부에 미묘하면서도 기분 좋은 무게감을 강조하고 더했다. '클라우드워커Cloudwalker'는 변동이 많은 와인으로, 예를 들어 2015년에는 피노 그리를 3일간 스킨 콘택트시키고 2016년에는 블렌딩한 포도들을 26일간 스킨 콘택트시켰다. 섬세하고 상쾌하며 매력적인 와인들이다.

주소 32 Cambridge Road, Martinborough 전화번호 +64 306 8959
이메일 lance@cambridgeroad.co.nz

뉴질랜드 / 캔터베리

더 허밋 램The Hermit Ram

"근본적으로 이것들은 기술 시대 이전의 와인입니다." 토스카나에서 양조 경험을 쌓고 2012년에 오래된 피노 누아 밭을 기반으로 와인을 만들기 시작한 테오 콜스는 말한다. 백포도와 백-적포도 필드 블렌드들은 전부 오픈톱 발효조나 콘크리트 에그에서 한 달 이상 껍질과 함께 침용된다. 그는 침용은 단지 하나의 기술일 뿐 존재 이유는 아니라고 지적하곤 한다. 바위가 많은 캔터베리의 풍경을 독특하게 해석해낸, 순수하고 생동감 넘치는 그의 와인은 타협 없이 만들어진다. '소비뇽 블랑'의 뚜렷한 아로마와 잘 빚어진 구조감이 주목할 만하다.

주소 이용 불가 전화번호 +64 27 255 1899 이메일 theo@thehermitram.com

뉴질랜드 / 센트럴 오타고

사토 와인스Sato Wines

전직 기업금융 전문가들인 일본인 부부 요시아카와 코코 사토는 와인 양조자로 전업하여, (피에르 프릭Pierre Frick, 도멘 비조Domaine Bizot 같은) 내추럴 와인 업계에서 최고로 손꼽히는 이들과 함께 양조를 경험한 뒤 점점 덥고 건조해지는 센트럴 오타고 지역에 정착. 부르고뉴적인 우아함에 일본인 특유의 정밀함과 굉장한 순수함을 지닌 스킨 콘택트 와인들을 생산한다. 샤르도네, 피노 그리와 리슬링을 블렌딩해 20일간 껍질과 함께 발효시킨 '노스번 블랑Northburn Blanc'은 정말 뛰어나다. 포도는 비인증 바이오다이내믹 방식으로 재배한다.

주소 이용 불가 전화번호 이용 불가 이메일 info@satowines.com

폴란드Poland

폴란드에는 스킨 콘택트를 실험 중인 생산자들이 꽤 있으며 크베브리에 대한
선호도 커지고 있다. 아직까지는 일관성이 없으며 그냥 특이하다고밖에 할 수
없는 와인이 적지 않다. 극북 지역 국가이다 보니 미숙성 문제가 흔히 발생하
는데, 특히 최소개입주의 생산자들이 보당[86]을 원하지 않기에 더욱 그렇다.
교배종이 흔하며 일부는 침용에 잘 어울리는 데 반해 일부는 전혀 그렇지 않
다. 두 빈티지에 걸쳐 오렌지 와인 기술을 증명해 보인 생산자가 있어서 아래
에 소개한다.

폴란드 / 바리치 밸리
빈니차 데 사스Winnica de Sas

안나 주베르Anna Zuber와 레셰크 '카우카스' 부진스키Leszek 'Kaukaz' Budzyński는 바리치 밸리 환
경공원Landscape Park 내의 로워 실레시아Lower Silesia 지역에 근거지를 두고 내추럴 와인에 몰두
한다. 이들에게는 폴란드 최초의 시판 크베브리 와인을 생산했다는 특별함이 있다. 1백 퍼센
트 게뷔르츠트라미너를 조지아산 크베브리에서 6~8개월간 발효시킨 '크베브리 밀부스Kvevri
Milvus'는 폴란드 내의 크베브리 와인들 중 최고의 결실임을 막 입증해 보이기 시작했다. 현재
크베브리 개수를 여덟 개까지 늘렸으며 앞으로 출시될 와인도 지켜볼 만하다. 포도는 비인증
유기농 방식으로 재배한다.

주소 Czeszyce 9A, 56-320, Krośnice 전화번호 +48 71 384 56 90
이메일 zuberdesas@gmail.com

---

86 와인의 알코올 도수를 높이기 위해 발효 시 설탕을 첨가하는 것

포르투갈 Portugal

알렌테주의 광활한 평원이 2천 년 된 로마의 암포라 와인 양조 전통을 품고 있으리란 걸 누가 알았을까? 와인 업계가 항아리에 미치기 전까지는 그 사실을 아는 사람이 많지 않았다. 갑자기, 이 지역의 와이너리들은 2백 년 된 탈랴스(크고 땅딸막한 모양의 암포라)로 가득한 그들의 셀러가 금빛 보물임을 깨달았다. 전에는 비어 있거나, 다른 와인들에 블렌딩할 와인을 만드는 데 쓰였던 탈랴스가 이제는 주인공 역할을 하게 되었으며, 또 세계 각국의 생산자들은 그것을 필사적으로 손에 넣으려고 한다.

도루 밸리 역시 존경할 만한 껍질 접촉 전통을 자랑하지만, 일반 와인보다는 포트와인과 관련된 방식이었다. 화이트 포트와인은 예부터 전통적으로 발로 밟기와 최소 수일간의 스킨 콘택트를 통해 안정성과 풍미를 향상시켰다. 이들은 수년간 나무통에서 산화 숙성되기 때문에 아무도 이들이 투명한 빛깔이리라 기대하지 않으며, 정말로 수십 년 숙성된 이런 와인은 보통 성숙한 너티브라운 색을 띤다.

대부분의 포르투갈 와인 양조자들은 아직 쿠르티멘타curtimentas, 즉 껍질과 함께 발효된 화이트 와인을 실험하는 단계에 있지만 찾아보아야 할 보석 같은 생산자들의 수는 점점 늘고 있다. 탈랴Talha 와인 양조는 여전히 미세하게 조정할 부분들이 있으나 알렌테주 DOC가 이를 공식적으로 허가한 것을 고려할 때, 장차 이베리아반도의 오렌지 와인 팬들을 위한 진지한 활동 무대가 될 것이 틀림없다.

포르투갈 / 비뉴 베르드
아프로스 Aphros

철학적 인생관과 조금은 히피스러운 스타일을 지닌 바스쿠 크로프트Vasco Croft는 마치 미대 교수처럼 세상을 본다. 그는 열렬한 바이오다이내믹 지지자이자, 발도르프 교육자로도 활발히 활동하며 자신만의 바이오다이내믹 준비를 갖추고 있다. '파우누스Phaunus' 시리즈는 2014년부터 아름다운 별장에 있는 셀러에서 전기 사용 없이 만들어졌다. 발효는 알렌테주의 탈랴스(암포라)에서 이루어진다. 6~8주간 껍질 접촉되는 '파우누스 루레이루Phaunus Loureiro'는 묘한 매력에다 지역 특유의 개성과 독특함을 지닌다. 보다 주류 와인이라 할 수 있는 '아프로스' 시리즈는 비교적 현대적인 별개의 셀러에서 2004년부터 생산되었다.

주소 Rua de Agrelos, 70, Padreiro (S. Salvador), 4970-500 Arcos de Valdevez
전화번호 +351 935 418 457 이메일 info@aphros-wine.com

포르투갈 / 도루

바구 드 토리가 Bago de Touriga

조앙 로세이루João Roseiro(퀸타 두 인판타두Quinta do Infantado)와 와인 양조자 루이스 소아르스 두아르트Luis Soares Duarte의 공동 와이너리로 지금까지 '고비야스 암바르Gouvyas Ambar'의 단 하나의 빈티지(2010년)만을 생산했지만, 아마도 이것은 현대 도루의 첫 침용 화이트 와인일 것이다. 긴 스킨 콘택트는 화이트 포트와인에는 오랫동안 적용되었으나, 그것을 일반 와인에 적용한 것이다. 라가르에서 발로 밟은 포도를 껍질과 함께 12일간 침용시킨다. 뼈대가 굵고 복합적인 야수 같은 와인으로, 이제 막 최상의 맛을 내기 시작했으며 산화적 특성을 띤다. 2015년부터 더 많은 빈티지가 만들어지고 있다.

주소 Rua do Fundo do Povo, 5050-343 Poiares Vila Seca de Poiares 전화번호 이용 불가
이메일 bagodetouriga@gmail.com

포르투갈 / 당

주앙 타바르스 드 피나 와인스 Juão Tavares de Pina Wines

당Dão은 우아한, 서늘한 기후의 레드 와인들로 더 잘 알려진 지역으로 오렌지 와인과 관련된 활동은 거의 일어나지 않았다. 활력이 넘치는 주앙 타바르스는 잠팔jampal(쉿. 잠팔은 이 지역에서 더 이상 허용되지 않는 품종이다!)을 중심으로 한 필드 블렌드로 '루피아 오랑지Rufia Orange'를 두 빈티지째 만들어왔다. 상업적 현실에 의해 2016년산은 품절되었는데, 그 와인이 이제 막 최상의 맛을 내기 시작한 걸 고려하면 아쉬운 일이다. 2017년산은 아직까지는 나에게 별다른 감흥을 주지 못했으나 2016년산처럼 수줍은 성격이라고 해도 놀랄 일은 아니다.

주소 Quinta da Boavista, 3550-057 Castelo De Penalva, Viseu
전화번호 +351 919 858 340 이메일 jtp@quintadaboavista.eu

포르투갈 / 리스본

발리 다 카푸샤 Vale da Capucha

나는 페드로 마르케스Pedro Marques만큼 철저하면서도 기계의 도움 없이 일하는 사람을 본 적이 거의 없다. 그는 가문의 와이너리를 물려받은 2009년부터, 다시 심어야 하는 것에서 스킨 콘택트에 가장 적합한 품종들까지 모든 것을 성의껏 탐구하고 작은 부분들까지 조정했다. 솔레라 방식으로 만든 '비앙코 에스페시아우Bianco Especial'는 껍질과 함께 발효된 알바링요alvarinho, 아린투arinto와 고우베이우를 블렌딩한 것으로, 3년간 블렌딩하고 기다린 끝에 마침내 2018년에 병입되었다. 이것은 하나의 승리나 다름없다. 포도나무들은 리스본과 대서양 해안으로부터 몇 킬로미터 안 떨어진 곳에, 석회암과 키메리지안Kimmeridgian(화석이 풍부한 점토 석회질 토양-옮긴이) 점토 토양 위에 심어졌다.

주소 Largo Eng° António Batalha Reis 2, 2565-781 Turcifal
전화번호 +351 912 302 289 이메일 pedro.marques@valedacapucha.com

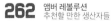

우무스 와인스 Humus Wines

로드리고 필리프 Rodrigo Filipe는 퀸타 두 파수 Quinta do Paço라 불리는, 오래된 가족 땅의 일부인 그의 9헥타르 규모 포도밭에 백포도가 부족하다는 문제를 안고 있다. 그의 창의적인 해결책은 블랑 드 누아용으로 재배한 토리가 나시오날 touriga nacional을 80퍼센트 사용하되, 소비뇽과 아린투 껍질을 20퍼센트 함께 침용시키는 것이다. 그 결과는 황홀할 지경으로 3개월간의 침용에서 비롯된 진지함, 깊이와 구조감을 지니면서도 신선하고 매력적인 과일 향들이 느껴진다. 2017년부터 더 많은 오렌지 와인을 만들 계획이다. 지켜볼 만한 생산자.

주소 Encosta da Quinta, Lda. Quinta do Paço, 2500-346 Alvorninha
전화번호 +351 917 276 053 이메일 humuswines@gmail.com

에르다지 드 상 미겔 Herdade de São Miguel

카자 헤우바스 Casa Relvas 그룹에 속한 이 큰 와이너리는 부티크 라인인 '아르트 테하 Art Terra' 시리즈로 두 종류의 스킨 콘택트된 와인을 만든다. '암포라 브랑쿠 Amphora Branco'는 내가 이 지역에서 맛본 탈랴 화이트 와인들 중 가장 설득력 있는 와인이 아닐까 싶다. 약 60일간의 스킨 콘택트를 거친 진짜 물건으로, 허브 향과 흙냄새가 주는 풍부한 복합미와 사랑스러운 구조감을 갖췄다. 이에 비하면 8일간 껍질과 접촉하는 '아르트 테하' 쿠르티멘타는 좀 평범하게 느껴진다. 이 와인들과 잘 어울린다고 제안된 음식은 누구나 좋아할 수밖에 없을 것이다. "말린 과일류, 이베리아의 타파스들, 그리고 좋은 대화."

주소 Apartado 60 7170-999 Redondo 전화번호 +351 266 988 034
이메일 info@herdadesaomiguel.com

조제 드 소우사 José de Sousa (조제 마리아 다 폰세카 José Maria da Fonseca)

1868년에 지어진 이 와이너리는 어마어마한 114개의 앤티크 탈랴스를 여전히 사용하고 있다. 이 항아리들은 관리에 큰 노력이 필요하기 때문에 양조자들이 항상 좋아했던 건 아니다. 그러나 점토 용기가 유행한다는 현실 앞에 이 셀러는 그야말로 금빛 보물이나 다름없었다. 탈랴 와인은 일반적으로 생산된 와인들에 혼합되지만, 새로운 '푸루 탈랴 Puro Talha' 시리즈는 있는 그대로의 스타일을 보여준다. '탈랴 브랑쿠'는 통제되지 않은 발효와 약 2개월간의 스킨 콘택트를 거친다. 그 이후 암포라들은 얇은 올리브오일 막으로 밀봉된다. 그 결과 산화적 풍미와 복합미, 피노 fino(스페인산 셰리 와인-옮긴이) 같은 신선함을 지닌다.

주소 Quinta da Bassaqueira - Estrada Nacional 10, 2925-511 Vila Nogueira de Azeitão,
Setúbal 전화번호 +351 266 502 729 이메일 josedesousa@jmfonseca.pt

포르투갈 / 알가르브

몬트 다 카스텔레자 Monte da Casteleja

반은 프랑스인, 반은 포르투갈인인 기욤 르루 Guillame Leroux는 훌륭한 와인 산지로는 그다지 유명하지 않은 이 지역에 지역적이고 정통적인 무언가를 되찾아주고 싶었다. 전통적인 포도 품종들만을 사용하여 껍질, 줄기와 10일간 침용시킨 그의 '브랑쿠 Branco'는 걸작이다. 르루는 바디감과 꽉 조이는 구조감을 달성한 동시에, 신선미나 과일 향도 잃지 않았다. 와이너리는 2000년에 문을 열었으나 브랑쿠가 이러한 스타일로 만들어지기 시작한 건 2013년부터이다. 르루는 몽펠리에 Montpellier에서 양조학을 전공했다.

주소 Cx Postal 3002-I, 8600-317 Lagos 전화번호 +351 282 798 408
이메일 admin@montecasteleja.com

슬로바키아 Slovakia

1990년대 중반 체코슬로바키아로부터 분리되며 와인 산업이 큰 타격을 입었으나, 거의 회복되고 있다. 극심한 대륙성 기후라 포도가 숙성되기 힘들며, 체코나 폴란드와 마찬가지로 그뤼너 펠트리너, 벨쉬리슬링 같은 다년생 품종에 더해 질병에 강한 교배종들이 강세를 이룬다. 스트레코브 Strekov 마을 주변에 군데군데 자리잡은 젊은 생산자들이 침용된 화이트 와인의 선구자 역할을 하고 있다. 허브의 풍미, 향긋함이 두드러져 좀 마셔보아야 익숙해질 수도 있지만 나 같은 경우는 완전히 익숙해져버렸다. 현재 성장 중인 내추럴 와인 양조자들의 열정이 몸으로 느껴질 정도라. 향후 10년간 얼마나 발전할지 지켜볼 가치는 충분할 것이다.

슬로바키아 / 소 카르파티아 산맥

지베 비노 Živé Víno

1세대 와인 양조자인 두산 Dusan과 안드레이 Andrej의 새로운 프로젝트는 큰 가능성을 보여준다. 두 친구는 현재 화강암을 기반으로 하는 2헥타르 규모의 포도밭을 소유하고 있다. '블랑크 Blanc(10일간 침용)'와 '오랑주 Oranž(14일간 침용)'를 생산하는데(분류법이 특이하다!). 오랑주는 벨쉬리슬링, 트라미너와 그뤼너 펠트리너를 블렌딩한 것으로 상당히 훌륭하다. 지베 비나 Živé Vína라는 온라인 숍도 운영하며, 여기서는 이 지역 다른 생산자들의 와인도 판매한다.

주소 Prostredná 31, 900 21 Svätý Jur 전화번호 +421 903 253 929
이메일 info@zivevino.sk

슬로보드네 비나르스트보 Slobodné Vinárstvo

아그네스 로베츠카Agnes Lovecka와 그녀의 팀은 1992년 슬로바키아가 체코슬로바키아에서 분리된 이후 사용하지 않게 된 (마예르 제미안스케 사디Majer Zemianske Sady라 불리는) 이 오래된 가문의 땅을 소생시켰다. 2010년부터는 다수의 오렌지 와인을 포함한 내추럴 와인이 다양하게 생산되었다. 나는 기분 좋은. 허브의 풍미가 깃든 과일 향이 느껴지는 '오란지스타Oranzista(1백 퍼센트 피노 그리)'와 '데비네르Deviner(데빈Devin. 그뤼너 펠트리너와 트라미너)'를 가장 좋아한다. 2014년 빈티지(추티스 피라미드Cutis Pyramid)를 위해 크베브리 두 개를 구입했으며 스페인과 토스카나의 암포라들도 구매했다.

주소 Hlavná 56, Zemianske Sady 전화번호 +421 907 100030
이메일 vinari@slobodnevinarstvo.sk

스트레코브 1075 Strekov 1075

스트레코브 1075의 '헤이온Heion'은 소규모이지만 열정적이며 빠르게 성장 중인 슬로바키아의 와인으로 오렌지 와인 업계에서 하나의 기준이 되었다. 벨쉬리슬링을 약 2주간 침용시켜 만드는 이 와인은 슬로바키아 와인 특유의 톡 쏘는 과일 향과 대단한 구조감을 지닌다. 졸트 슈토Zsolt Sütő는 마을 이름을 따서 와이너리의 이름을 지었는데, 이곳이 슬로바키아 와인 산업의 중심지임을 고려할 때 아주 적절한 선택이라고 할 수 있다.

주소 Hlavná ul. č. 1075, 941 37 Strekov 전화번호 +421 905 649 615
이메일 info@strekov1075.sk

슬로베니아 Slovenia

의심할 여지없이 오렌지 와인의 심장부라 할 수 있는 슬로베니아에는 침용된 화이트 와인 양조에 몰두하는 독립적인 가족 경영 와이너리들의 수가 점점 늘고 있다. 슬로베니아인은 아직도 그러한 스타일을 피한다는 게 큰 아이러니지만, 그들의 손실로 온 세계가 이득을 보고 있다고 해도 과언이 아니다.

고리슈카 브르다는 최고의 와인 양조자들이 가장 집중되어 있는 곳이며 제일 오래된 레불라(리볼라 지알라의 슬로베니아 이름) 양조 전통을 보유하고 있으나, 비파바 역시 그에 못지않다. 카르스트와 슬로베니아 이스트라는 더 주목받아 마땅한 아름다운 지역들이다(두 곳 모두 정말 훌륭한 와인을 생산한다). 아직까지 동부 지역의 내추럴 또는 오렌지 와인광들은 별로 관심을 못 받고 있지만, 차츰 나아질 거라 믿어 의심치 않는다.

슬로베니아는 침용된 화이트 와인이라는 전통이 시장성이 있다는 사실을 깨닫기 시작했다. 전에는 슬로베니아의 와인 산업이 공산주의 시대의 획일적인 평범함에 머물러 있었던 반면, 이제는 르네상스가 일어나고 있다. 여러 관련 행사가 활발히 열리는 것이 하나의 방증인데, 매년 4월 아름다운 해안 도시 이졸라에서 열리는 '오렌지 와인 페스티벌', 이탈리아와 슬로베니아의 생산자들이 한자리에 모이는 '보더 와인Border Wine'과 브르다 관광청 주관하에 매년 열리는 '레불라 마스터클래스'가 그중 일부이다.

슬로베니아 / 브르다
아틀리에 크라마르 Atelier Kramar

마티야주 크라마르Matjaž Kramar는 히사 프랑코의 소믈리에이자 공동 대표인 발테르 크라마르 Valter Kramar와 형제지간이다. 2004년에 생긴 5헥타르 규모의 이 와이너리의 매력들 중 하나는 분명 그 세련되고 미니멀리즘적인 라벨일 것이다. 마티야주와 그의 파트너 카트야 디스텔바르트Katja Distelbarth는 미술 관련 경력이 있어, 아틀리에라는 이름을 붙였다. 두 사람은 2014년부터 화이트 와인을 침용하기 시작했다. 이들의 '레불라(3~5일간 침용)'는 대단한 전형성과 구조감을 지닌다. '프리울라노'는 아직까지는 상대적으로 덜 성공적이다.

주소 Barbana 12 5212, Dobrovo 전화번호 +386 313 91575
이메일 info@atelier-kramar.si

슬로베니아 / 브르다

블라지치Blažič

보루트Borut와 시모나 블라지치Simona Blažič는 제2차 세계대전 후 확정된 국경에 의해 구획된 이 와이너리에서 맛 좋은, 전형적인 침용된 와인을 만든다. (일반적인 와인들을 만드는) 이탈리아 코르몬스 지역 체글라에 있는 동일한 이름의 와이너리와 헷갈리지 마시길. 이 도멘의 라벨링 방식은 아주 깔끔해서 블랙 라벨은 침용된 와인을 뜻하며, 그 위아래에 주황색 줄이 있으면 우수 포도밭 셀렉션을 뜻한다. '레불라'가 훌륭하며, 화이트 블렌드인 '블라주 벨로Blaž Belo' 셀렉션도 뛰어나다.

주소 Plešivo 30, 5212 Dobrovo 전화번호 +386 530 45445
이메일 vina.blzic@siol.net

슬로베니아 / 브르다

브란둘린Brandulin

이 작은 와이너리(5헥타르)는 고리치아 주변의 이탈리아 국경에 걸쳐 있다. 보리스 브란둘린Boris Brandulin은 1994년에 와인을 만들기 시작했으며(전에는 그 지역의 브르다 협동조합 셀러에 포도를 팔았다) 2000년부터는 백포도들에 긴 침용 방식을 적용하기 시작했다. '레불라'는 현재 3주간 침용되며, 화이트 블렌드(벨로Belo)도 유사한 방식으로 만들어진다. 이들은 브르다에서 만드는 오렌지 와인의 뛰어난 예시로, 지금보다 훨씬 더 널리 알려질 자격이 충분하다.

주소 Plešivo 4, 5212 Dobrovo v Brdih 전화번호 +386 5 3042139
이메일 brandulin@amis.net

슬로베니아 / 브르다

에르제티치Erzetič

오래전부터 운영된, 암포라에 대한 열정을 지닌 가족 와이너리이다. 2007년 규모를 키우면서 자그마한 크베브리 셀러를 지어 여러 다양한 와인을 만들고 있다. 앰버 와인들 중 추천할 만한 것으로는 '피노 그리'와 화이트 블렌드(레불라에 피노 블랑을 아주 소량 블렌딩)가 있다. 암포라 모양 병은 한때는 좋은 아이디어 같았을지 모르지만 이제는 버려야 할 것처럼 보인다! 보다 일반적인 방식으로 양조된, 또 일반적인 병에 든 와인도 생산한다.

주소 Višnjevik 25a, Dobrovo 전화번호 +386 516 43114
이메일 martin.erzetic@gmail.com

슬로베니아 / 브르다

카바이Kabaj

1989년에 카바이 가문으로 장가를 든 파리 출신 장 미셸 모렐Jean Michel Morel은 1993년부터 그 가문 와이너리의 양조를 주도해왔다. 전에 그는 명망 있는 프리울리의 보르고 콘벤티Borgo Conventi에서 일했다. 클래식한 '레불라'는 30일간의 침용을 거치는 반면 다른 대부분의 와인은 24시간의 짧은 침용을 거친 뒤 오크통에서 1년을 보낸다. 2008년부터 모렐은 유일한 대형 조지아산 크베브리에서 발효 및 숙성시킨 '안포라Anfora' 화이트 블렌드도 만든다. 결과는 매번 다르지만 일부 빈티지는 훌륭하다. 레스토랑과 숙박 시설도 운영한다.

주소 Šlovrenc 4, 5212 Dobrovo 전화번호 +386 539 59560
이메일 kabaj.morel@siol.net

슬로베니아 / 브르다

클리네츠Klinec

브르다 언덕 높은 곳. 메다나 마을에 자리 잡은 이 오래된 와이너리 겸 레스토랑은 멋진 경관을 자랑한다. 알렉스 클리네츠는 2005년에 침용된 화이트 와인들(그리고 레드 와인 몇 가지)에만 집중하기로 결심했다. "슬로베니아 시장을 다 잃는 것"이었음에도 불구하고, 그에게는 그것이 "보다 정통적이고 테루아를 더 잘 전달하는" 방법이었다. 와인들은 오크, 아카시아, 뽕나무, 체리 나무 통 중 하나에서 3년을 보낸 다음 스틸 통에 래킹된 뒤 마침내 병입된다. 정밀성과 순수함이 뛰어나다. 품종 표기 와인은 다 훌륭하지만, '오르토독스Ortodox' 블렌드는 그야말로 세상을 놀라게 한 뛰어난 업적이라 할 수 있다. 포도는 비인증 바이오다이내믹 농법으로 재배된다.

주소 Medana 20, 5212 Dobrovo v Brdih 전화번호 +386 539 59409
이메일 klinec@klinec.si

슬로베니아 / 브르다

크메티야 슈테카르Kmetija Štekar

브르다 언덕에 있는 얀코 슈테카르와 타마라 루크만Tamara Lukman의 목가적인 민박에 묵는 것은 이들의 농사와 와인 양조에 대한 전체론적인 태도를 가장 잘 이해할 수 있는 방법이다. 와인들은 단순하고 자연적인 방식으로 만들어지며 황은 첨가될 때도 있고 안 될 때도 있다. 대체적으로 뛰어난 '레불라'는 보통 한 달간 침용된다. 침용된 리슬링인 '레피코RePiko'는 특별히 언급할 필요가 있을 정도로 훌륭하다. "어느 시점에는, 당신이 좋아하는 것을 좋아해주는 사람들을 위해서 와인을 만들 것인가 아니면 그저 시장이 원하는 것을 만들 것인가 결정해야 하는 순간이 옵니다." 얀코는 말한다. 그는 전자를 선택한 것이 분명하다.

주소 Snežatno 31a, 5211 Kojsko, 전화번호 +386 530 46210
이메일 janko@kmetijastekar.si

슬로베니아 / 브르다

마르얀 심치치 Marjan Simčič

모비아 와이너리로 가는 갈림길 바로 맞은편에 있는 마르얀 심치치의 18헥타르 규모의 포도밭은 이탈리아와 슬로베니아로 절반쯤씩 갈라져 있다. 마르얀은 5세대 와인 양조자이지만, 1988년에 진지하게 와인 사업을 시작한 첫 양조자이기도 하다. 가볍고 신선한 스타일에서 '셀렉션Selection' 시리즈(일부는 침용), 또 최종적으로 그랑 크뤼인 '오포카Opoka'(2008년 출시)까지 아주 다양한 와인을 생산한다. 며칠간의 침용을 거쳐 만드는 레불라 와인이 개중에 최고이다.

주소 Ceglo 3b, 5212 Dobrovo 전화번호 +386 5 39 59 200 이메일 info@simcic.si

슬로베니아 / 브르다

모비아 Movia

알레슈 크리스탄치치는 가끔 천재인지 미치광이인지 분간이 안 될 만큼 지칠 줄 모르는 의욕과 열정을 가졌다. 하지만 그의 와인을 맛보면 그의 재능에 대해서는 의심할 수 없을 것이다. 모비아는 아주 오래된 와이너리로, 현재 국경 지대에 걸쳐 있는 땅이 총 22헥타르에 이른다. 알레슈는 8대째 와인을 만들고 있다. 달의 모양 변화에 따라 수확 및 병입되는 황 무첨가 와인인 '루나르' 시리즈가 인상적인데, 10년 이상 되었을 때 가장 즐겁게 마실 수 있다. 긴 침용과 온도 제어라는 비범한 조합을 통해 생기 넘치는 향들을 보유한 보다 신선한 스타일의 와인들도 훌륭하다.

주소 Ceglo 18, 5212 Dobrovo 전화번호 +386 5 395 95 10 이메일 movia@siol.net

슬로베니아 / 브르다

난도 Nando

또 다른 국경에 걸쳐 있는 와이너리로, 5.5헥타르 규모의 포도밭 중 대부분이 엄밀히 따지면 이탈리아에 속한다. 안드레이 크리스탄치치Andrej Kristančič는 유기농법을 적용하지만 인증은 받지 않았다. 모든 와인은 자발적으로 발효되고 여과를 거치지 않는 등 비개입 방식으로 만들어진다. 초기에 출시되는 블루 라벨 시리즈는 스테인리스스틸 통에서만 생산되는 반면 블랙 라벨 와인들은 오래 침용되어('레불라'의 경우 최대 40일까지) 5백 리터들이 슬라보니안 오크통에서 숙성된다. 다들 훌륭한 전형적인 브르다 오렌지 와인에 속한다.

주소 Plešivo 20, Medana, 5212 Dobrovo 전화번호 +386 40 799 471
이메일 nando@amis.net

슬로베니아 / 브르다

슈츄레크 Ščurek

이 와이너리는 오렌지 와인에 주로 집중하지는 않으나, (두 가지 서로 다른 조합으로 양조되는) 레불라는 항상 통에서 껍질과 함께 또는 알을 으깨지 않은 채 침용된다. 후자의 경우 특히 흥미로운데, 이는 침용의 풍미를 일반적인 타닌감보다는 훨씬 덜 추출된 맛으로 즐길 수 있기 때문이다. 이 와이너리는 언덕 위에 있어서 전망이 좋을 뿐 아니라 지역 예술가들을 위한 임시 갤러리로도 사용되므로 한번쯤 방문해보기를 추천한다.

주소 Plešivo 44, Medana, 5212 Dobrovo 전화번호 +386 530 4021
이메일 scurek.stojan@siol.net

슬로베니아 / 브르다

슈테카르 Štekar

와인 양조자인 유레Jure는 얀코 슈테카르의 조카이다. 그의 와인에도 슈테카르 라벨이 붙어 소비자들을 꽤 헷갈리게 만든다! 다행히도, 두 가족 중 어느 쪽을 선택하더라도 와인은 다 훌륭하다. 유레는 아버지 로만Roman으로부터 2012년에 와이너리를 물려받았으며, <류베젠 나 데젤리 Ljubezen na deželi('전원에서의 사랑')>라는 TV 데이팅 쇼에 출연한 뒤 잠시 셀러브리티 대우를 받기도 했다. 당시에는 사랑이 꽃피지 못했지만, 그 혈기 왕성한 슈테카르는 이제 기혼남이 되었다. 일주일간 침용된 '프리올라노'와, 슈테카르가 아들에게 바치는 야심 찬 '레불라 필리프Rebula Filip'(6개월간 침용)가 추천할 만하다.

주소 Snežatno 26a, 5211 Kojsko 전화번호 +386 530 46540
이메일 stekar@siol.net

슬로베니아 / 브르다

유 UOU

마린코 핀타르Marinko Pintar는 트럭 여러 대를 소유하고 있지만, 이제는 거의 은퇴한 상태라 슬로베니아의 침용된 와인 전통을 지키는 데 열정을 쏟아붓고 있다. 그는 나이 든 어머니가 계시는 노바 고리차 지역의 작은 셀러에서 레불라와 말바지야를 주로 하는 훌륭한, 전형적인 와인들을 매년 약 1천 병씩 생산한다. 유UOU는 '버려진 포도밭의 연합체Consortium of abandoned vineyards,'로, 마린코는 친구들과 함께 잊힌 땅들을 찾아내고, 노쇠한 주인들에게 포도 재배 및 수확 허가를 얻는 일 등을 한다. 만든 와인은 절대 판매하지 않으며, 친구들과 가족에게만 나눠준다.

주소 이용 불가 전화번호 이용 불가 이메일 marinko@pintarsped.si

바티치Batič

이반 바티치는 1970년대에 와인 방문 판매를 통해 이 중요한 와이너리를 위한 준비 작업을 했다. 이제는 그의 카리스마 넘치는 아들 미하가 운영을 주도한다. 1989년에는 전통 품종들을 다시 심고 저개입 방식의 양조로 전환하는 등 큰 변화들이 있었다. 이반의 술친구들인 라디콘. 그라브너. 에디 칸테 등의 영향이 분명 있었으리라! 화이트 와인들 대부분은 스킨 콘택트되며, 그 기간은 '자리아Zaria'와 '앙겔Angel'의 오래된 빈티지 같은 경우 길게는 35일에 달한다. 나는 일곱 가지 품종을 블렌딩한 자리아를 가장 추천한다. 이는 최상의 상태인 경우 복합미, 구조감과 더없는 음용성을 드러내는 짜릿한 와인이다.

주소 Šempas 130, 5261 Šempas 전화번호 +386 5 3088 676
이메일 baticmiha@gmail.com

부르야Burja

프리모주 라브렌치치는 형과 함께 가족 와이너리 수토르를 운영하다가 2001년에 따로 나와 부르야를 열었다. "나는 19세기에 갇혀 있습니다." 라브렌치치는 자기가 하는 모든 일이 옛날 방식을 따른다는 의미로 이렇게 말한다. 뭐, 거의 그렇긴 하다. 그는 새로 지은 자신의 와이너리에 콘크리트 에그들을 줄지어 놓는 일에 푹 빠져 있다. '부르야' 블렌드(7일간 침용)는 매년 꾸준히 좋아지고 있으며, 새로운 '스트라니체Stranice' 단일 포도밭 퀴베(콘크리트에서만 숙성. 12일간 침용)는 스파이시하면서도 우아한 특징으로 기대치를 더욱 높이고 있다.

주소 Podgrič 12, 5272 Podnanos 전화번호 +386 41 363 272 이메일 burja@amis.net

게릴라Guerila

피넬라와 젤렌(둘 다 단 하루만 침용)을 포함한 토종 포도 품종들에 집중하는 우수한 와이너리이다. 앞서 말한 와인들도 물론 좋지만 14일간 침용되는 '레불라'는 이 품종의 아름다운 타닌감과 꿀 향, 또 우아함까지 지닌 위대한 와인이다. 레불라, 젤렌, 피넬라와 말바시아를 블렌딩한 '레트로Retro' 역시 4일간 침용되는 전통적인 방식으로 만들어진다. 즈마고 페트리치Zmago Petrič가 '게릴라'라는 브랜드명을 만든 건 2005년이지만. 그의 가문은 그보다 훨씬 오래된 와인 양조 역사를 갖고 있다. 라벨은 대담하고 흔치 않은 모양이다.

주소 Zmagoslav Petrič, Planina 111, 5270 Ajdovščina 전화번호 +386 516 60265
이메일 martin.gruzovin@petric.si

슬로베니아 / 비파바

영크JNK

재능 있는 크리스티나 메르비츠Kristina Mervic는 아버지 이반Ivan으로부터, 바티치에서 아주 가까운 곳에 있는 이 자그마한 땅(생산량은 1년에 8천~1만 병)을 물려받았다. 그녀는 그녀의 할아버지와 증조할아버지가 했던 것과 같은 전통 침용 방식으로 전환했다(이 와이너리는 1990년대 후반에 잠시 일반적인 화이트 와인을 만들었다). '레불라'(2주간 침용)와 '샤르도네'(4일간 침용)는 복합미와 우아함을 갖춘 뛰어난 와인들이다. 크리스티나는 5~10년 된 와인들을 출시하는데, 그녀의 설명에 따르면 그때가 "와인들이 최상의 상태이며 자연적 특성들을 드러내는 때"이다.

주소 Šempas 57/c, 5261 Šempas 전화번호 +386 530 8693 이메일 info@jnk.si

 슬로베니아 / 비파바

믈레츠니크Mlečnik

발터 믈레츠니크의 양조 방식은 불필요한 것들을 다 벗겨내고 최소한의 것만 남기는 것이다. 1980년대 후반부터 1990년대 초까지 요슈코 그라브너의 곁에서 배웠던 그는 전통 와인 양조와 화이트 와인의 스킨 콘택트를 재발견했다. 하지만 믈레츠니크와 그의 아들 클레멘은 비파바 지역의 전통에 더 가깝게, 스킨 콘택트 기간을 현저히 줄였다(3~6일). 2015년부터 와이너리에서는 바스켓 프레스 외에 그 어떤 기계도 사용되지 않는다. '아나 퀴베Ana Cuvée'는 우아함, 절제와 침용에서 비롯된 아름다움을 지닌 걸작이다.

주소 Bukovica 31, 5293 Volčja Draga 전화번호 +386 5 395 53 23
이메일 v.mlecnik@gmail.com

 슬로베니아 / 비파바

슬라우체크Slavček

이 10헥타르 규모의 와이너리는 내부자들에게 더 잘 알려진 곳으로, 특히 다리오 프린치치가 높이 평가했다. 프란츠 보도피베크Franc Vodopivec는 이탈리아 카르스트의 동명이인과 같은 정도의 국제적인 인기를 누리고 있지는 않지만, 그의 '레불라'(5일간 침용)는 신선하고 부드러운 매력을 지니고 있어 브르다의 다른 대부분의 레불라들에 비해 상당히 독특하다. 트리플 에이Triple A(이탈리아의 내추럴 와인 단체, 트리블 A란 Agricoltori(농부), Artigiani(장인), Artisti(예술가)를 뜻한다-옮긴이)로부터 내추럴 와인 양조자 인증을 받았다.

주소 Potok pri Dornberku 29, 5294 Dornberk 전화번호 +386 5 30 18 745
이메일 kmetija@slavcek.si

스베틀리크Svetlik

에드바르드 스베틀리크Edvard Svetlik는 확고한 신념으로 단 하나의 포도 품종에만 집중한다. "우리는 2000년에 처음으로 포도를 심어 2005년에 첫 침용된 와인을 만들었습니다." 그는 말한다. "우리는 레불라를 선택했는데, 레불라에 대해 알면 알수록 침용에는 그만한 포도가 없다는 생각이 들었기 때문입니다." 스베틀리크의 프로젝트는 본래 그의 포도밭들 중 한 곳의 이름을 딴 '그라체Grace'였다. 그의 와인은 발효 기간 내내(보통 2주 정도) 껍질과 접촉된다. 5백 리터들이 통에서 오래 숙성되는 '레불라 셀렉션Rebula Selection'은 훌륭하지만, 일부 빈티지는 오크 향이 너무 강하다.

주소 Posestvo Svetlik, Kamnje 42b, 5263 Dobravlje 전화번호 +386 5 37 25 100
이메일 edvard@svetlik-wine.com

초타르Čotar

불가사의한 브란코와 그의 아들 바스야 초타르는 1974년으로 거슬러 올라가는 브란코 가문의 와인 양조 관습대로 끊임없이 침용된 화이트 와인을 만들어왔다고 주장한다. 본래 와인은 가족 운영 레스토랑의 부가물로 만들어졌으나 1997년부터 주업이 되었다. 초타르의 거의 투박하다 싶은 드라이한 '비토브스카'는 이 지역 품종을 가장 잘 표현한 와인들 중 하나다. '말바지야'는 보통 그보다 육중한 느낌이나. 10~15년간 우아하게 숙성된다. 와인들에는 황이 첨가되지 않으며 보통 7일 정도 껍질과 접촉된다.

주소 Gorjansko 4a, Si-6223 Komen 전화번호 +386 41 870 274
이메일 vasjacot@amis.net

클라비얀Klabjan

우로시 클라비얀이 세상에 그토록 잘 알려지지 않은 이유를 나는 알 수가 없다. 슬로베니아 카르스트 지역의 돌이 많은 비탈에서 난 그의 순수하고 특징이 분명한 말바지야 와인들은, 긴 스킨 콘택트가 제대로 이루어지면 집중미뿐 아니라 우아함. 구조감과 지구력까지 생겨남을 입증해 보인다. 화이트 라벨 와인은 비교적 짧은 침용으로 어리고 신선한 스타일을 내는 반면, 블랙 라벨 시리즈는 큰 오크통에서도 숙성된다. '말바지야 블랙 라벨Malvazija Black Label'은 약 일주일 간 침용된다.

주소 Klabjanosp 80a, 6000 Koper 전화번호 +386 41 735 348
이메일 uros.klabjan@siol.net

렌첼Renčel

요슈코 렌첼은 말수는 적지만 짓궂고 천연덕스런 유머감각을 지녔다. 화이트 와인들은 항상 침용 방식으로 만들어지며, 기간은 며칠에서 몇 주까지 다양하다. 렌첼은 1991년부터 와인을 판매하기 시작했으며, 최근에는 그의 사위인 지가 페를레주Žiga Ferlež도 합류했다. '퀴베 빈첸트Cuvée Vincent'는 보통 뛰어나, 좋은 빈티지 같은 경우 10년이 훨씬 넘는 숙성력을 지닌다. 말린 포도로 만든 두 가지 와인은 '오렌지'와 '슈퍼 오렌지super orange'라는 재미있는 이름을 가졌다. 요슈코는 "그라브너가 주황색 'anfora' 글씨를 라벨에 프린트했는데, 그건 내 버전이다!"라고 말한다. 4백 리터들이 크베브리로 실험 중인 와인들은 아직까지는 맛이 좋다.

주소 Dutovlje 24, 6221 Dutovlje 전화번호 +386 31 370 561
이메일 rencelwine@gmail.com

슈템베르게르Štemberger

껍질 침용된 레불라, 벨쉬리슬링, 소비뇽 블랑과 샤르도네를 만드는 오랜 경력의 와인 생산자이다. 와인들은 이 돌 많은 테루아 특유의 기분 좋은 미묘함과 가벼운 느낌을 지닌다. 침용 기간은 6~12일로, 카르스트 지역에서는 긴 편이다. 이 지역의 전형적인 품종은 아니지만 샤르도네가 가장 우수하다.

주소 Na žago 1, 8310 Šentjernej 전화번호 +386 41 824 116
이메일 gregor.stemberger@gmail.com

타우체어Tauzher

에밀 타우차르Emil Tavčar는 가족의 오래된 독일식 성씨를 사용해 그의 마을에 사는 다른 타우차르들과 차별화를 두었다. 이 지역의 전통대로 약 사흘간의 짧은 침용을 통해 '말바지야'와 '비토브스카'(지역 토종 품종)를 만든다. 카르스트 와인 치고는 놀라우리만치 진한 풀바디 와인들이다. 생산량은 1년에 1만 병을 넘지 않는다.

주소 Kreplje 3, 6221 Dutovlje 전화번호 +386 5 764 04 84
이메일 emil.tavcar@siol.net

슬로베니아 / 이스트라

고르디아Gordia

20년간 셰프로 일했던 서글서글하고 직설적인 안드레이 셰프는 2012년 와인 생산에 다시 집중하기로 결심했다. 그의 레스토랑과 셀러는 아드리아해가 내려다보이는 전원적인 언덕 꼭대기에 자리 잡고 있다. 그의 와인은 아주 긴 침용('말바지야'와 화이트 블렌드), 포도밭에서의 세심한 돌봄, 초기부터 인증받은 유기농법 등을 통해 전문적으로 만들어진다. 펫낫pét-nat들부터 레드 와인들까지 모든 와인이 음용성이 아주 좋다. 안드레이는 최근에는 2016년에 지은 작은 크베브리 셀러에 열정을 쏟고 있다. 거기서 만들어진 와인들은 앞날이 매우 기대되는 맛이다.

주소 Kolomban 13, 6280 Ankaran 전화번호 +386 41 806 645
이메일 vino@gordia.si

슬로베니아 / 이스트라

코레니카 앤드 모슈콘Korenika & Moškon

데메터 인증을 받은 이 22헥타르 규모의 와이너리는 아름다운 바닷가 마을인 이졸라와 가까운 곳에 있다. 말바지야, 샤르도네, 피노 그리 등을 침용시킨 와인은 약 6년간 오크통에서 숙성된 뒤 출시된다. 침용 기간은 꽤 긴데 14일부터 30일까지 다양하다. (앞서 말한 세 품종이 다 들어가는) '술네Sulne' 퀴베는 유독 뛰어난 해가 있다(예를 들면 2003년, 2005년). 최근 빈티지들은 그 정도로 흥미롭지는 않았다. 보다 신선하고 덜 숙성된 와인도 생산된다.

주소 Korte 115B, 6310 Izola 전화번호 +386 41 607 819
이메일 infokorenikamoskon@siol.net

슬로베니아 / 이스트라

로야츠Rojac

우로시 로야츠Uroš Rojac는 자신을 본래 레드 와인 생산자라고 주장하나, 그의 세 가지 침용된 화이트 와인도 알려질 가치가 충분하다. 보통 아주 긴 껍질 접촉을 거치는(2010년부터 부분적으로 크베브리에서 발효되는 '말바지야'의 경우 60일에 달한다), 복합미를 지닌 풀바디 와인들이지만 이스트리아 특유의 신선미와 짠맛도 느낄 수 있다.

주소 Gažon 63a, SI-6274 Šmarje 전화번호 +386 820 59 326 이메일 wine@rojac.eu

슬로베니아 / 슈타예르스카

아치 우르바이스 Aci Urbajs

아치는 슬로베니아 오렌지 와인 업계에서 우상 같은 인물이다. 바이오다이내믹의 오랜 지지자이자. 1999년에 데메터 인증을 받은 이 지역의 선구적 운동가이기도 하다. '오가닉 아나키Organic Anarchy' 퀴베(샤르도네, 벨쉬리슬링과 케르너kerner)는 내추럴 와인 양조의 한계에 도전한 와인으로, 이산화황이 전혀 첨가되지 않는다. '오가닉 아나키 피노 그리지오'는 내가 가장 좋아하는 스파이시한 와인이다. 두 가지 모두 약 2주간 껍질과 함께 발효된다. 예측 불가능한 와인들이긴 하나, 적절한 시점을 잘 잡으면 뛰어난 맛을 느낄 수 있다. 이 와이너리는 외지고 고고학적 가치가 큰 리프니크Rifnik 지역에 있다.

주소 Rifnik 44b, Šentjur 전화번호 +386 3 749 23 73 이메일 aci.urbajs@amis.net

슬로베니아 / 슈타예르스카

바르톨 Bartol

라스트코 테멘트Rastko Tement는 주류 와인을 만드는 와인 양조학자로 일하는 것이 취미이다! 이 와이너리는 뮈스카와 트라미너 같은 아로마틱 품종들을 전문으로 하며, 2006년부터 굉장히 긴 침용을 해왔다. '루메니 뮈스카Rumeni Muskat 2009'와 '소비뇽 2011'은 무려 4년간 스킨 콘택트된다. 테멘트는 그런 방식을 통해 나타나는 특성이 좋다고 말한다. 나는 솔직히 그의 방식과 수 개월간 침용의 차이를 구별하지 못하지만, 그의 와인이 인상 깊을 정도로 신선하고 깊이와 에너지를 지닌 것만은 사실이다.

주소 Bresnica 85, 2273 Podgorci 전화번호 이용 불가 이메일 vino@bartol.si

슬로베니아 / 슈타예르스카

두찰 Ducal

트렌타Trenta 계곡(트리글라우Triglav 국립공원의 동쪽 끝)이라는 목가적인 환경에 자리 잡고 있는 이 와이너리는 아주 좋은, 살짝 침용된 와인들을 만든다. '벨쉬리슬링'과 '라인 리슬링' 둘 다 3일간 침용된다. 특히 '라인 리슬링'은 리슬링의 특성을 쉽게 알아볼 수 있는 몇 안 되는 침용된 와인들 중 하나라 더욱 추천한다. 미트야Mitja와 요지 라 두차Joži la Duca는 민박도 운영한다. 최근에는 암포라를 몇 개 설치하기도 했다. 나는 그 결과물은 아직 맛보지 못했다.

주소 Kekčeva domačija, Trenta 76, 5232 Soča 전화번호 +386 41 413 087
이메일 info@ducal.co

슬로베니아 / 슈타예르스카

조르얀Zorjan

1980년에 가족 와이너리를 물려받은 보지다르와 마리야는 유기농과 바이오다이내믹 농법의 선구적 역할을 했다. 1995년에 작은 크로아티아산 암포라들로 여러 실험을 했던 보지다르는 현재 조지아산 크베브리를 야외에 묻어 사용한다. 그가 말하듯 "우주의 힘은 포도를 와인으로 바꾸어 우리에게 살아 있는 특별한 와인을 선사하는데, 이때 자아의 존재인 우리 인간은 그저 관찰자에 불과하다." 와인들은 출시 전에 상당히 오래 숙성되기도 한다. 최고로 꼽는 것은 암포라에서 발효된 향기로운 '뮈스카 오토넬Muscat Ottonel'과 나무통에서 발효된 '렌스키 리즐링 Renski Rizling'이다. 암포라에서 만들어진 와인들의 경우에는 사랑스러운 라벨에 '돌리움Dolium' 이라는 글씨가 더해진다.

주소 Tinjska Gora 90, 2316 Zgornja Ložnica 전화번호 이용 불가
이메일 bozidar.zorjan@siol.net

 슬로베니아 / 유주나 슈타예르스카

켈티스Keltis

크로아티아 국경과 인접한 곳에 자리 잡은 이 땅은 역사적으로는 여전히 운터슈타이어마르크의 일부이다. 마리얀Marijan과 그의 아들 미하 켈하르Miha Kelhar는 미하가 침용된 스타일로 양조된 '굉장한 와인들'을 맛본 데서 영감을 받아 2009년부터 침용된 와인들을 만들어왔다. 2개월간의 스킨 콘택트를 거치는 '퀴베 익스트림Cuvée Extreme'은 주목할 만하며 복합적이다. '샤르도네'와 '피노 그리' 또한 수 주간 침용된다. 지난 5년간 유기농으로 운영되었으며 이 책을 쓰는 시점을 기준으로 곧 인증을 받으려는 참이다.

주소 Vrhovnica 5, 8259 Bizeljsko 전화번호 +386 31 553 353
이메일 keltis@siol.net

남아프리카공화국 South Africa

대부분은 크레이그 호킨스의 덕택으로, 긴 껍질 접촉 방식을 적용하는 생산자들이 점차 늘고 있다. 스워틀랜드는 이뿐만 아니라 다른 혁신들의 중심지이며, 스텔렌보스Stellenbosch 역시 점점 개성을 드러내고 있다.

호킨스의 첫 오렌지 와인 실험은 (와인 등급 제도와 라벨링을 관장하는) 남아프리카공화국의 와인 및 주류 위원회와 옥신각신하다가 결국 수출 부적합 판정을 받았는데, 주된 이유는 흐릿한 빛깔 때문이었다. 호킨스를 비롯한 대안 생산자들 몇몇이 모여 탄원한 끝에, 아마도 세계 최초로 2015년에 스킨 콘택트 화이트 와인에 대한 공식적인 인정이 이루어졌다.

새로운 유형의 남아공 와인 양조자들은 건조 농법(무관개), 지속 가능한 포도 재배와 이른 수확을 통해 남아공 와인에 대한 세계인의 인식을 뒤바꿔왔으니, 긴장감 넘치는 신선하고 활기찬 와인들을 생산하지 못할 이유가 전혀 없다.

남아프리카공화국 / 스워틀랜드

인텔레고Intellego

크레이그 호킨스의 동료이자 수제자였던 유르겐 가우스는 포도밭도 와이너리도 없지만, 그 섬세하고 미묘한 퀴베들로 추종자들을 거느리게 되었다. 그는 유기농과 (가뭄에 시달리는 남아공에서는 힘든 일인) 건조 농법의 충실한 지지자이며, 빌린 땅에서 슈냉 블랑chenin blanc과 레드 론Rhone 품종들을 재배한다. 13일간 침용된 '엘레멘티스Elementis' 슈냉은 상쾌한 생강 향이 특징이며 그의 최고 와인이다. 와인 통들에 기술적인 사항이 아닌 좋아하는 음악이나 친구 이름을 분필로 적어 놓은 유르겐은 이렇게 말한다. "와인들은 전부 여과 없이 병입되며, 병입 후에 우리는 진토닉을 마시러 갑니다!"

주소 c/o Annexkloof winery, Malmesbury 전화번호 이용 불가
이메일 jurgen@intellegowines.co.za

남아프리카공화국 / 스워틀랜드

테스탈롱가Testalonga

크레이그 호킨스는 라머숔Lammershoek의 와인 양조자였던 때부터(이 파트너십은 2015년 갑작스럽게 끝났다) 스워틀랜드의 독립 생산자 운동의 주역이었다. 호킨스는 현재 스워틀랜드 북쪽 끝에 있는 자신의 땅에서 10년간 지속해온 스킨 콘택트 방식과 (남아공에서는) 특이한 품종들을 이용한 와인 만들기를 이어가고 있다. 그는 간결하며 산도가 높은 와인을 선호하는데, 이는 모두의 입맛에 맞지는 않을 수도 있지만 결과적으로 굉장한 에너지와 숙성력을 지니는 와인들이다. 나는 '엘 반디토El Bandito(침용된 슈냉)'와 '망갈리자Mangaliza' 파트 2(하르슐레벨뤼hársulevelű, 19일간 침용)를 가장 좋아한다.

주소 PO Box 571, Piketberg, Swartland 전화번호 +27 726 016475
이메일 elbandito@testalonga.com

크레이븐 와인스Craven Wines

믹Mick과 제닌 크레이븐Jeanine Craven은 각각 호주와 스텔렌보스 출신으로, 소노마 등지에서 몇몇 빈티지들을 생산하다가 2011년에 이곳에 정착했다. 친구인 크레이그 호킨스로부터 영감을 받은 이들은 귀한 오래된 품종인 클레레트clairette의 질감 향상을 위해 50퍼센트만 침용시킨다. 그 결과 갈증이 해소되는 톡 쏘는 맛의 걸작이 탄생하여, 비방받아온 이 품종의 독특한 면모를 보여준다. 또 다른 실험작인 스킨 콘택트된 피노 그리는 본래 판매하려고 하지 않았으나, 그 이후 이들의 베스트셀러가 되었다. 그도 그럴 것이 아주 훌륭한 와인이기 때문이다.

주소 이용 불가 전화번호 +27 727 012 723 이메일 mick@cravenwines.com

스페인Spain

오렌지 와인의 역사가 존재한다는 기대를 갖게 하는 증거들은 스페인 전역에서 발견된다. 카탈루냐에는 브리사트brisat(껍질과 함께 발효된 화이트 와인들을 가리키는 옛 카탈루냐어)라는 전통이 있으며 나라 곳곳에서 암포라를 널리 사용하지만, 아직까지는 꼭 집어 말할 만한 오렌지 와인 산지나 생산자는 없는 상황이다. 지중해 국가들이 다 그렇듯이 (백포도와 적포도를 따로 구분한다는 전제하에) 태곳적부터 백포도들이 껍질과 함께 발효되었음은 의심할 여지가 없지만 이러한 방식의 와인은 21세기까지는 결코 병에 담겨 판매된 적이 없다. 수많은 맛 좋은 침용된 와인들이 스페인 전역에서 만들어지고 있지만 이들이 이탈리아, 슬로베니아나 조지아에서 발견되는 것들과 마찬가지로 연속된 역사 속에 있다고 말하기는 어렵다.

그러나 스페인은 작은 크기의(그리고 당연히 수출하기도 쉬운) 티나하로 암포라 시장을 독점해왔다. 코스, 엘리자베타 포라도리와 프랑크 코넬리센을 비롯한 셀 수 없이 많은 유럽의 생산자들이 그 고객들이다. 코스, 포라도리와 일하는 후안 파디야Juan Padilla는 스페인 최고의 장인으로 손꼽힌다.

다테라Daterra

레게 머리에 키가 큰 라우라 로렌소Laura Lorenzo는 갈리시아의 시골 사람 치고는 꽤 색다른 모습이다. 도미니오 도 비베이Dominio do Bibei에서 와인 양조와 포도 재배 기술을 연마한 그녀는 고참자들에게 귀하고 오래된 포도밭 몇몇 곳을 사들여 2013년에 자신의 와이너리를 열었다. 침용된 화이트 와인으로는 (오래된 혼식co-planted 포도밭에서 공들여 얻은 팔로미노palomino로만 만든) '가벨라 다 빌라Gavela da Vila'와 (같은 포도밭에서 난 기타 포도들을 필드 블렌딩한) '에레아 다 빌라Erea da Vila' 두 가지가 있다. 과연 그 별 볼 일 없는 팔로미노로 훌륭한 무강화 와인을 만들 수 있을까 의심하는 사람이 있다면, 그 증거가 여기 있다.

주소 Travesa do Medio, 32781 Manzaneda, Galicia 전화번호 +34 661 28 18 23
이메일 laura@daterra.org

스페인 / 페네데스

록사렐Loxarel

조제프 미잔스Josep Mitjans는 단 1천 병의 사렐로xarel-lo 와인만을 생산했던 첫 빈티지(1985년)부터 록사렐을 운영 중이다. '펠 블랑코Pèl Blanco'는 자렐로를 암포라 발효시킨(즉 침용시킨) 버전으로 굉장한 에너지와 기분 좋은 이취가 느껴진다. 이 와인은 5~6주간 껍질 발효된 뒤 래킹되어 720리터들이 티나하에 담겨서 일부 껍질들과 함께 5개월을 더 보낸다. 청징. 여과를 하지 않으며 어떤 종류의 첨가물도 들어가지 않는다.

주소 Masia Can Mayol, 08735 Vilobí del Penedès 전화번호 +34 93 897 80 01
이메일 loxarel@loxarel.com

스페인 / 프리오라트

테루아 알 리미트Terroir al Límit

독일 출신인 도미니크 후버Dominic Huber와 이제는 유명해진 남아프리카공화국의 와인 양조자 에벤 사디가 2001년에 만든 프로젝트이다(에벤은 더 이상 참여하지 않는다). 후버는 대부분 바이오다이내믹 방식에 따라 오래된 포도밭들에 건조 농법을 시행한다. 그의 열정적인 목표는 프리오라트의 도멘 로마네 콩티를 만드는 것이며, 그러기 위해서는 프리오라트의 테루아에도 부르고뉴 최고의 포도밭과 똑같은 돌봄과 주의가 필요하다고 지적한다. '테라 데 쿠케스Terra de Cuques'와 '테루아 히스토릭 블랑Terroir Històric Blanc'은 둘 다 2주 정도의 껍질 접촉을 거쳐 만들어진다. 반면에 '페드라 다 긱스Pedra da Guix'는 침용 없이 일부러 산화시킨 것이다. 테라 데 쿠케스는 뮈스카가 소량 들어가 아주 좋은 향이 감돈다.

주소 c. Baixa Font 10, 43737 Torroja del Priorat 전화번호 +34 699 732 707
이메일 dominik@terroir-al-limit.com

스페인 / 타라고나

코스타도르 메디테라니 테루아스Costador Mediterrani Terroirs

높은 고도(4백~8백 미터)에서 60~110년 된 포도나무들을 기르는 호안 프란케트Joan Franquet는 인상적인 신선미와 집중된 과일 향을 지닌 여러 종류의 암포라 퀴베들을 만든다. 모든 와인은 '메타모르피카Metamorphika' 라벨로 테라코타에 병입된다. 최근에 난 '마카뵈 브리사트Macabeu Brisat'를 확실히 좋아하게 되었는데 이는 굉장히 표현력 있고 향긋하며 과일 향이 두드러지고 기분 좋은 구조감과 신선미까지 갖춘, 오렌지 와인에 기대하는 모든 것을 다 보여주는 와인이다. 브리사트는 옛 카탈루냐어로 스킨 콘택트를 거친 화이트 와인을 뜻한다. 포도는 유기농으로 재배되나 모든 밭이 인증을 받지는 않았다.

주소 Av. Rovira i Virgili 46 Esc. A 5° 2a Cp.: 43002 Tarragona
전화번호 +34 607 276 695 이메일 jf@costador.net

스페인 / 마드리드

비노스 암비즈Vinos Ambiz

이탈리아 출신 부모님을 둔, 스코틀랜드에서 나고 자란 파비오 바르톨로메이Fabio Bartolomei 는 "회계금융업계의 분위기나 인생관을 견딜 수가 없어서" 스페인으로 이주했다. 2003년부 터 와인을 만들기 시작한 그는 2013년이 되어서야 상설 와이너리를 확보하게 되었다. 그는 마드리드 동쪽의 시에라 데 그레도스Sierra de Gredos에 터를 잡았는데, 그는 이곳에서 유일하 게 부족한 것은 양조자들이라고 한탄한다. 돌레dolé, 알비요albillo, 말바르malvar 같은 오래된 품종을 포함한 백포도들은 티나하, 스테인리스스틸, 나무통에서 2~14일간 침용된다. 그 도 전적인 흐릿함 때문에 가끔 분란을 초래하기도 하지만 그야말로 멋진 와인이다. 포도는 비인 증 유기농으로 재배된다.

주소 05270 El Tiemblo (Avila), Sierra de Gredos 전화번호 +34 687 050 010
이메일 enestoslugares@gmail.com

스페인 / 라 만차

에센치아 루랄Esencia Rural

훌리안 루이즈 비야누에바Julián Ruiz Villanueva는 스페인의 광활한 라 만차La Mancha 지역에서 50헥타르 규모의 아주 오래되고, 부분적으로는 접붙이기를 하지 않은 고유의 포도밭을 경작 한다. 백포도들은 아주 긴 스킨 콘택트를 거치는데, 잔당과 산화적 특성을 지닌 감명 깊은 와인 '솔 라 솔 아이렌'의 경우에는 14개월에 달한다. 대부분의 와인에는 황이 첨가되지 않는다. 결과 는 가변적이나 재미있는 와인들이 많다.

주소 Ctra. de la Estación, s.n., Quero, 45790, Toledo 전화번호 +34 606 991 915
이메일 info@esenciarural.es

스페인 / 알리칸테

호안 델 라 카사Joan de la Casa

호안 파스토르Joan Pastor는 10년 넘게 전통적인 방식의 와인을 만들어왔지만, 2013년에야 판매를 결심했다. 모스카텔moscatel을 주재료로 하는 세 가지 화이트 와인들 '니미Nimi', '니미 토살Nimi Tossal'과 '니미 나투랄멘트 돌스Nimi Naturalment Dolç'는 전부 15~30일간 껍질 침용된 다. 그 결과물은 무척 향긋하고 무게감 있고 대담하며, 이 덥고 건조한 지역의 특성을 잘 드러 낸다. 인근 해안과 따뜻한 남서풍의 온도 조정 효과로 와인의 신선미가 유지되는 것이다.

주소 Partida Benimarraig, 27A, 03720 Benissa 전화번호 +34 670 209 371
이메일 info@joandelacasa.com

엔비나테Envinaté

네 명의 양조자 친구들(로베르토 산타나Roberto Santana, 알폰소 토렌테Alfonso Torrente, 라우라 라모스Laura Ramos, 호세 마르티네즈José Martínez)이 대학 졸업 후 2005년에 함께 만든 프로젝트로, 현재 스페인 내 네 곳에서 와인을 만든다. 백포도 품종들은 테네리페 섬의 화산토에 심어진 1백 년도 더 된 포도밭들에서 재배된다. '타가난Taganan'과 '벤제 블랑코Benje Blanco'는 일부 포도가 전통 방식으로 스킨 콘택트된 블렌딩 와인으로, 스모키하고 미네랄감 있는 화산토의 특성에 질감과 강렬함을 더했다. '비두에뇨 데 산티아고 델 테이데Vidueño de Santiago del Teide'는 접붙이기를 하지 않은 리스탄 비앙코listan bianco와 리스탄 프리에토listan prieto의 레드/화이트 블렌드를 1백 퍼센트 껍질 발효한 와인이다.

주소 이용 불가 전화번호 +34 682 207 160 이메일 asesoria@envinate.es

스위스Switzerland

스위스인들은 와인을 너무도 좋아해서 거의 대부분을 자급자족할 정도이다. 품질은 굉장히 뛰어나지만, 그 방식에 대해서는 좀 보수적인 경향이 분명히 있다. 소수의 생산자가 껍질 발효 실험을 시작하고 있으나, 아직까지는 어떤 동향으로 보기는 어렵다. 1905년에 출간된 비알라Viala와 베르모렐Vermorel의 『포도품종학Ampélographie』 6권에는 백포도를 껍질과 침용하는 것이 'vieille méthode valaisanne'('오래된 발레Valais의 방식'이라는 뜻-옮긴이)이라고 언급되어 있지만, 현대에는 게르만식 화이트 와인 양조법(껍질 없이 발효)이 우세하다. 스위스에는 껍질과 함께 발효시키면 아주 흥미로울 만한 토종 품종이 많다. 뚜렷한 특색이 없는 샤슬라chasselas, 향긋하고도 날카로운 프티트 아르빈petite arvine, 뼈대가 굵은 콤플레테르completer의 껍질 속에 무엇이 숨어 있을지 누가 알겠는가?

알베르 마티에 에 피스Albert Mathier et Fils

발레의 독일어권에 사는 아메데 마티에Amédée Mathier는 2008년부터 조지아산 크베브리에 매료되었다. 그때부터 그는 매력적인 크베브리 발효 앰버 와인 '앙포르 아상블라주 블랑Amphore Assemblage Blanc'을 전통 조지아식 비개입 방식으로 꾸준히 생산해오고 있다. 레제rèze와 에르미타주ermitage(마르산느로도 불린다)를 블렌딩해 10~12개월간 껍질과 접촉시킨 것으로, 나에게는 이 와이너리의 다른 어떤 와인보다도 뛰어나 보인다. 마티에는 현재 멋진 새 셀러에 크베브리를 전보다 더 많은 20개나 묻어두었으며, 2018년부터는 라프네차lafnetscha 품종을 일부 섞은 조합으로 실험을 시작했다.

주소 Bahnhofstrasse 3, Postfach 16, 3970 Salgesch 전화번호 +41 27 455 14 19
이메일 info@mathier.ch

미국United States of America

와인은 이제 미국의 전 50개 주에서 만들어진다. 오렌지 와인이 그렇게 될 날도 머지않아 보인다. 미국의 와인 양조자들은 모험적이며 '더 잘 만들 수 없으면, 수입하라'는 철학을 갖고 있어서, 미국에서는 굉장히 다양한 포도 품종이 재배되고 침용된다.

미국의 이탈리아 음식과 와인 문화에 대한 사랑 또한 오렌지 와인 관련 지식과 열정이 생겨나는 데 일조했으며, 많은 양조자가 자신의 체험기에 프리울리의 선구자들을 인용하곤 한다. 라디콘, 그라브너 등의 와인이 미국으로 건너가 호기심 많은 양조자들의 잔에 담기기까지는 그리 오래 걸리지 않았고, 이들은 곧 그 스타일로부터 영감을 받았다.

캘리포니아는 여전히 미국 총 와인 생산량의 85퍼센트를 차지하므로, 여기에 그곳의 생산자들이 주로 소개된 것은 놀랄 일이 아니다. 하지만 한랭기후에 속하는 버몬트의 디어드리 히킨이 긴 침용에 성공했다는 사실은, 위대한 일은 어디서든 이루어질 수 있다는 것을 분명히 보여준다.

미국 / 오리건

A.D. 베컴Beckham

앤드루 베컴Andrew Beckham은 그의 암포라와 독특한 관계를 맺고 있다. 재능 있는 도예가인 그는 암포라를 직접 만든다! A.D. 베컴의 암포라 발효 와인은 본래 보다 주류 와인을 생산하는 '베컴 에스테이츠Beckham Estates'의 부업에 속했지만, 이제는 전 생산 라인에 그 방법론이 영향을 미치고 있다. 가벼운 이탈리아 북부의 레드 와인과 꼭 닮은 암포라 '피노 그리'는 꽤 맛이 좋다.

주소 30790 SW Heater Road, Sherwood, OR 97140 전화번호 +1 971 645 3466
이메일 annedria@beckhamestatevineyard.com

미국 / 캘리포니아

앰비스Ambyth

웨일스 출신인 필립 하트는 2000년대 초, 단 한 번도 화학 비료나 스프레이들을 뿌린 적 없는 파소 로블스Paso Robles의 오염되지 않은 땅에 이 와이너리를 세웠다. 아마추어 양조자였던 그는 모든 와인 양조는 내추럴해야 한다는 순진한 신념으로 일을 시작했으며, 나중에 많은 것을 알게 된 후에도 결코 흔들리지 않았다. 모든 화이트 와인은 침용을 거쳐 만들어지며, 암포라에서 발효 및 숙성되는 비율도 점차 높아지고 있다. '그르나슈 블랑 2013'은 미국에서 생산된 오렌지 와인들 중 최고에 속한다. '프리스쿠스Priscus' 블렌드 역시 기꺼이 추천할 만하다. 2011년부터 황을 첨가하지 않는다.

주소 510 Sequoia Lane, Templeton, CA 93465 전화번호 +1 805 319 6967
이메일 gelert@ambythestate.com

미국 / 캘리포니아

더티 앤드 라우디Dirty & Rowdy

하디 월러스Hardy Wallace가 와인 양조자가 된 사연은 좋은 이야깃거리이다. 2008년 금융 위기 때 실직을 당한 그는 한 소셜 미디어 콘테스트를 통해 나파로 가서 머피 구드Murphy-Goode 와이너리의 홍보 역할을 맡게 되었다. 2009년 그는 파트너인 맷 리처드슨Matt Richardson과 함께 더티 앤드 라우디를 설립했다. 두 사람은 주로 무르베드르와 세미용으로 짜릿한 와인을 만들지만, 부분적으로는 나파에서 구할 수 있는 다른 품종을 사용하기도 한다. "의식적으로 농사 지은 포도밭"(즉, 유기농이나 그 이상)과만 일하며, 보통 매 빈티지마다 훌륭한 스킨 콘택트 와인 한 가지가 포함된다.

주소 PO Box 697, Napa, CA 94559 전화번호 +1 404 323 9426
이메일 info@dirtyandrowdy.com

미국 / 캘리포니아

폴론 호프Forlorn Hope

나파에 기반을 둔 매슈 로릭Matthew Rorick은 신세계 와인 양조자의 전형이라 할 수 있다. UC 데이비스에서 공부한 그는 미주와 뉴질랜드 등지에서 일하며 이름을 알렸다. 실험을 좋아하는 그는 상당수의 화이트 와인에 스킨 콘택트 방식을 적용한다. 특히 아름답고 향긋한 '퍼프렐러치스 게뷔르츠트라미너Faufreluches Gewürztraminer'는 몇 주간 스킨 콘택트되며, '드래곤 라마토 피노 그리Dragone Ramato Pinot Gris'는 옛 베네치아 스타일 피노 그리지오에 대한 그의 해석이다. 아 참, 그는 전자 기타를 만들고 연주하기도 한다.

주소 PO Box 11065, Napa, CA 94581 전화번호 +1 707 206 1112
이메일 post@matthewrorick.com

미국 / 캘리포니아

라 클라린La Clarine

캐럴라인 호엘Caroline Hoel과 행크 베크마이어Hank Beckmeyer는 2001년 시에라 네바다Sierra Nevada의 아주 높은 지대에서 포도 재배와 와인 양조를 시작했다. 베크마이어는 "바이오다이내믹을 넘어" 후쿠오카 마사노부(『짚 한 오라기의 혁명』의 저자)의 가르침을 최대한 이행하려 노력해왔다. 알바리뇨albariño '알 바스크Al Basc 2015'는 하나의 실험이었으나, 난 그들이 계속 그러한 방향으로 탐구하기를 진심으로 바란다. 7개월간의 스킨 콘택트를 거쳐 만든 이 예사롭지 않은 와인은 과일 향을 비롯한 향긋함이 잘 표현되는 품종의 전형적인 특성에 더해 조지아인도 자랑스러워할 만한 꽉 조이는 타닌감이 뒷받침되었다.

주소 PO Box 245, Somerset CA 95684 전화번호 +1 530 306 3608
이메일 info@clarinefarm.com

미국 / 캘리포니아

라임 셀러스Ryme Cellars

라이언Ryan과 메건 글랩Megan Glaab은 아마도 미국에서 단 둘뿐인 리볼라 지알라 와인 생산자 중 하나일 것이다. 이들은 껍질 접촉 방식도 제대로 적용해 6개월을 꽉 채워, 라디콘과 그 라브너에 대한 단순한 찬성 그 이상의 진하고 감칠맛 나는 와인을 만들어낸다. 비록 내 취향에는 좀 지나치게 산화된 맛이지만, 알코올 도수 12퍼센트인 나파 와인을 마신다는 건 좋은 일이다. 카네로스Carneros 지역에서 재배된 '베르멘티노Vermentino'는 라이언과 메건이 최적의 방식에 합의를 보지 못한 탓에 침용시킨 것과 시키기 않은 것, 두 가지 방식으로 만들어진다. 리볼라를 가지고는 그런 망설임이 전혀 없어 보인다!

주소 PO Box 80, Healdsburg, CA 95448 전화번호 +1 707 820 8121
이메일 ryan@rymecellars.com

미국 / 캘리포니아

스콜리움 프로젝트Scholium Project

전직 철학 교수인 에이브 쉐너Abe Schoener는 1998년 전업을 결심. 스택스 립Stags Leap에서의 인턴십으로 와인 관련 일을 시작했다. 현재까지 그는 나파에서 재배된 소비뇽 블랑을 껍질과 함께 발효시킨 '더 프린스 인 히스 케이브스'를 10개 이상의 빈티지로 생산해왔다. 이는 2006년 처음 출시된 이래 미국에서 가장 상징적인 오렌지 와인이 되었다. 종종 과숙된 맛을 내지만 품종의 표현력이 아주 뛰어난, 도전적인 캘리포니아 스타일이다. 어떤 해에는 침용 시 줄기도 포함된다. 쉐너의 프로젝트는 다소 떠돌이 같은 면이 있었으나. 로스앤젤레스 강가에 와이너리를 짓는다는 계획은 현재(2018년 기준) 잘 진행되고 있다.

주소 Box 5787 1351 Second St, Scholium Project Napa, CA 94581 전화번호 이용 불가
이메일 scholiabe@gmail.com

미국 / 유타와 캘리포니아

루트 레반도프스키Ruth Lewandowski

에반 레반도프스키Evan Lewandowski는 스킨 콘택트된 와인을 단 하나만 만들지만. '킬리온Chilion'은 너무도 훌륭한 와인이라 여기 포함될 자격이 있다. 멘도시노 카운티Mendocino county의 코르테제로 이런 부드럽고 구조감 있는 와인을 만들 수 있으리라고 누가 생각이나 했을까? 발효는 달걀 형태의 탱크와 통에서 6개월간 껍질 접촉 방식으로 이루어진다(초기 빈티지들은 이 기간이 몇 주에 불과했다). 수확과 첫 발효는 캘리포니아에서 완성되나. 그 이후 탱크들은 트럭에 실려 솔트레이크시티Salt Lake City에 있는 와이너리로 옮겨 숙성된다. 루트라는 이름은 에반이 성경에서 가장 좋아하는 룻기를 따라 지은 것으로, 그 이유는 룻기가 삶과 죽음이라는 지극히 중요한 순환을 조명하기 때문이다.

주소 3340 S 300 W Suite 4 Salt Lake City 전화번호 +1 801 230 7331
이메일 evan@ruthlewandowskiwines.com

미국 / 버몬트
라 가라기스타 La Garagista

버몬트의 쌀쌀한 산지는 포도나무를 기르기에 좋은 환경이 아니다. 미네소타대학교에서 개발된 교배종들 덕분에, 디어드리 히킨Deirdre Heekin은 신선한 '고산' 와인들을 생산할 수 있었다. 모든 백포도는 15~20일간 침용되며 오픈톱 파이버글래스 통에서 발효된다. 라 크레센트la crescent와 프롱트낙 그리frontenac gris를 블렌딩한 '할롯츠 앤드 러피안스Harlots and Ruffians'는 날카로운 산미와, 그것을 상쇄할 만한 넉넉한 질감을 갖췄다. 1999년에는 농장과 레스토랑으로 시작했으나 2017년부터는 와인 양조에 초점을 맞추기 위해 레스토랑은 문을 닫았다. 히킨이 쓴 방대한 책의 주제가 된 영속 농업permaculture과 바이오다이내믹을 기반으로 포도를 재배한다.

주소 Barnard, Vermont 전화번호 +1 802 291 1295 이메일 lagaragista@gmail.com

미국 / 뉴욕 주
채닝 도터스 Channing Daughters

와인 양조자인 제임스 크리스토퍼 트레이시James Christopher Tracy는 분명 실험하기를 좋아한다. 또 그는 무려 여덟 종류의 긴 침용된 와인을 만들 정도로 스킨 콘택트를 좋아한다. 게다가 프리울리의 품종과 스타일들을 좋아하는 것도 분명한데, 이는 진하고 복합적인 '메디타치오네Meditazione' 블렌드(2004년부터 생산. 약 2주간 침용)에서 가장 잘 표현된다. '리볼라'는 매우 설득력이 있으며 '라마토Ramato'와 '리서치 비앙코Research Bianco'도 마찬가지이다. 롱아일랜드의 서늘한 기후 덕분에 이 와인들의 도수는 절대 12.5퍼센트를 넘지 않으며, 말 그대로 그리고 상징적으로도 상쾌하다. 발효는 자발적으로, 통제 없이 이루어지나 와인들은 가벼운 여과를 거친다.

주소 1927 Scuttlehole Road PO Box 2202, Bridgehampton, NY 11932
전화번호 +1 631 537 7224 이메일 jct@channingdaughters.com

사진 출처

라이언 오파즈_{Ryan Opaz}가 아닌 다른 사람이 찍은 사진들은 아래에 표기했다. 저작권자들 그리고/또는 사진가들을 확실히 알리고 인정받도록 하기 위해 최선의 노력을 다했음을 밝힌다.

27, 64, 66, 68 Maurizio Frullani, courtesy Gravner family

29, 70, 75 Mauro Fermariello

100-101 Fabio Rinaldi

40 Flamm (16. Korps), collection of K.u.k. Kriegspressequartier, Lichtbildstelle, Wien

44 Copyright unknown, accessed from the Digital Library of Slovenia

58 Reproduction photo by Primož Brecelj, from the original at Podnanos. With the cooperation of priest Tomaž Kodrič and Artur Lipovz, Ajdovščina library

77, 139, 140, 157, 183 (except bottom left by Ryan Opaz), 205, 216i, 219i & ii, 224ii, 225i, 235i, 245ii & iii, 254i, 256ii, 257i, 261, 262ii, 263i, 264i, 267iii, 268i & iii, 270iii, 273ii & iii, 276ii, 278i, 282 Simon J Woolf

114 (×3) Copyright owner unknown. Retrieved from georgiaphotophiles.wordpress.com/2013/01/26/soviet-georgian-liquor-labels

137 Courtesy John Wurdeman

152 © Keiko & Maika, courtesy Luca Gargano (Triple A)

178 Justin Howard-Sneyd MW

213iii, 215, 216ii & iii, 217i & ii, 218, 219iii, 220 – 223, 224i, 225ii & iii, 226 – 228, 229ii, 231, 235ii, 236iii, 237, 238, 239i, 240i, 241, 243i & ii, 244, 245i, 251 – 253, 254ii, 255i, 256, 257ii, 258 – 260, 262i, 263ii & iii, 264ii, 265, 267i & ii, 270i, 271iii, 272iii, 274ii, 276i & iii, 277, 278ii, 279ii, 280, 281, 283, 284, 285i & iii, 286 Courtesy respective producers

213 Tom Shobbrook courtesy The Oak Barrel, Sydney. Sarah & Iwo Jakimowicz by Hesh Hipp, courtesy Les Caves de Pyrene.

217 Rennersistas by Raidt-Lager, courtesy Renner family.

229 Laurent Bannwarth courtesy Just Add Wine Netherlands

230 Yann Durieux, Jean-Yves Péron courtesy Just Add Wine Netherlands. Emmanual Pageot by Alain Reynaud, courtesy Domaine Turner Pageot

233 Nika Partsvania by Hannah Fuellenkemper, Ramaz Nikoladze by Mariusz Kapczyńshi

236 Niki Antadze by Olaf Schindler

243 Eugenio Rosi by Mauro Fermariello

254 Nuns at Monastero Suore Cistercensi by Blake Johnson, RWM

255 Raffaello Annicchiarico by Bruno Levi Della Vida. Paolo Marchi by Giovanni Segni

266 Sketch of Kramar & Distelbarth by Miriam Pertegato, courtesy Atelier Kramar

269 Marjan Simčič by Primoz Korošec, courtesy Marjan Simčič

273 Ivi & Edi Svetlik by Marijan Močivnik, courtesy Svetlik

279 Mick & Jeanine Craven by Tasha Seccombe, courtesy Craven Wines

285 Abe Schoener by Bobby Pin

감사의 말

이 4년간의 프로젝트가 실현되도록 도움과 조언을 제공한 모든 사람에게 감사의 말을 전하기에는 공간이 부족하다. 불완전하나마 아래에 이름들을 적어보았다.

카를라 카팔보Carla Capalbo, 캐럴라인 헨리Caroline Henry, 윙크 로치Wink Lorch와 수잔 머스테이시치Suzanne Mustacich는 아주 적절한 순간들마다 정신적 지원 및 출판과 관련된 귀중한 조언을 해주었다. 마우로 페르마리엘로Mauro Fermariello는 킥스타터 캠페인을 위한 훌륭한 홍보 영상을 만들어 이 프로젝트가 활기차게 출발할수 있도록 해주었다.

마리엘라 뵈커스, 스테파노 코스마Stefano Cosma, 한나 퓔렌켐퍼Hannah Fuellenkemper, 엘리자베트 크슈타르츠Elisabeth Gstarz, 토마주 클리프슈테테르Tomaž Klipšteter, 아르투르 리포우즈Arthur Lipovz(슬로베니아 아이도우슈치나Ajdovščina 도서관장), 블라디미르 마굴라Vladimír Magula, 토니 밀라노프스키, 브루노 레비 델라 비다Bruno Levi Della Vida는 조사에 귀중한 도움을 주었다.

외국어로 된 글들은 데니스 코스타Denis Costa(이탈리아어), 바바라 레포우슈Barbara Repovš(슬로베니아어)와 엘리자베트 크슈타르츠(독일어)가 멋지게 번역해주었다.

나의 와인 양조라는 모험은 포르투갈의 테레사 바티스타Teresa Batista, 오스카 케베도, 클라우디아 케베도와 네덜란드의 론 랑에펠트, 마르닉스 롬바우트가 끈기 있게 지지해준 덕분에 가능했다.

조지아에서는 사라 메이 그룬왈드Sarah May Grunwald, 이라클리 촐로바르지아를 비롯한 조지아 국립와인에이전시 관계자들과 이라클리 글론티 박사가 귀중한 도움을 주었다.

FVG관광FVG Turismo의 타티야나 파밀리오Tatjana Familio와 줄리아 칸토네Giulia Cantone는 프리울리에서의 숙박 및 기타 여러 가지를 지원해주었다.

요슈코, 마리야, 마테야와 야나 그라브너, 발터, 이네스, 클레멘과 레아 믈레츠니크, 사샤, 스탄코, 수산나, 사비나와 이바나 라디콘, 얀코 슈테카르와 타마라 루크만에게는 특별히 감사의 말을 전한다.

자신의 셀러를 공개해주고, 나에게 자신의 최고 와인들을 보내주고, 자신의 이야기를 들려준 모든 양조자들의 도움으로 이 책이 탄생할 수 있었다.

데이비드 A. 하비와 더그 레그는 그들의 시간을 후하게 내주었을 뿐 아니라 많은 담론을 통해 내 아이디어 구상에 크나큰 도움을 주었다.

슬로베니아 관광청은 이 책을 위해 경제적 지원까지 해주었다. 나는 그 과정 내내 주 네덜란드 슬로베니아 대사인 사니야 슈티글리츠Ms. Sanja Štiglic를 멘토로 두는 대단한 행운을 누렸다.

9장의 제목 '나는 진기한 오렌지I am kurious orang'는 물론 더 폴The Fall(잉글랜드의 밴드-옮긴이)로부터 영감을 받은 것이다(마크 E. 스미스Mark E. Smith의 명복을 빈다).

엘리자베트 크슈타르츠는 몇 번이나 불가능한 일을 가능하게 만들도록 도와주었다.

포도 품종들에 관하여

이 책에서 포도 품종들을 나타낼 때 쓴 작은따옴표는 다음과 같은 규칙을 따라 사용했다.

▶ 포도 품종 자체를 언급하는 경우에는 작은따옴표를 사용하지 않았다.

▶ 품종 이름을 딴 와인을 언급하는 경우에는 작은따옴표를 사용했다.

즉 요슈코 그라브너의 '리볼라 지알라'는 리볼라 지알라 포도로 만든 와인을 의미한다.

이 책에 언급된 와인은 그것의 재료가 된 포도 품종명을 따라 이름 붙여진 경우가 많다. 우리의 방식으로는 특정 와인을 언급하는 경우와 포도 품종명을 언급하는 경우를 절묘하게 구별할 수 있다.

(이 책의 원문에서 저자는 품종명의 경우에는 첫 글자를 대문자로 표기하지 않고 와인명의 경우에는 첫 글자를 대문자로 표기하는 방식을 사용하였습니다. 그러나 영어와 한글에서 표기 방법 차이가 있으므로 본 한국어판에서는 와인명에 작은따옴표를 붙이는 방식으로 수정하였습니다.-옮긴이)

참고문헌

Anson, Jane. Wine Revolution: The World's Best Organic, Biodynamic and Natural Wines. London: Jacqui Small, 2017.

Barisashvili, Giorgi. Making Wine in Kvevri. Tbilisi: Elkana, 2016.

Brozzoni, Gigi, et al. Ribolla Gialla Oslavia The Book. Gorizia: Transmedia, 2011.

Caffari, Stefano. G. Milan: self-published by Azienda Agricola Gravner, 2015.

Camuto, Robert V. Palmento: A Sicilian Wine Odyssey. Lincoln, NE and London: University of Nebraska Press, 2010.

Capalbo, Carla. Collio: Fine Wines and Foods from Italy's North-East. London: Pallas Athene, 2009.

Capalbo, Carla. Tasting Georgia: A Food and Wine Journey in the Caucasus. London: Pallas Athene, 2017.

D'Agata, Ian. Native Wine Grapes of Italy. Berkeley, Los Angeles, London: University of California Press, 2014.

Feiring, Alice. The Battle for Wine and Love: Or How I Saved the World from Parkerization. New York: Harcourt, 2008.

Feiring, Alice. Naked Wine: Letting Grapes Do What Comes Naturally. Cambridge, MA: Da Capo Press, 2011.

Feiring, Alice. For the Love of Wine: My Odyssey through the World's Most Ancient Wine Culture. Lincoln, NE: Potomac Books, 2016.

Filiputti, Walter. Il Friuli Venezia Giulia e i suoi Grandi Vini. Udine: Arti Grafiche Friulane, 1997.

Ginsborg, Paul. A History of Contemporary Italy: Society and Politics, 1943–1988. London: Penguin Books, 1990.

Goldstein, Darra. The Georgian Feast: The Vibrant Culture and Savory Food of the Republic of Georgia. Second edition. Berkeley, Los Angeles, London: University of California Press, 2013.

Goode, Jamie and Sam Harrop MW. Authentic Wine: Toward Natural and Sustainable Winemaking. Berkeley, Los Angeles, London: University of California Press, 2011.

Heintl, Franz Ritter von. Der Weinbau des Österreichischen Kaiserthums. Vienna, 1821.

Hemingway, Ernest. A Farewell to Arms. London: Arrow Books, 2004.

Hohenbruck, Arthur Freiherrn von. Die Weinproduction in Oesterreich. Vienna, 1873.

Kershaw, Ian. To Hell and Back: Europe 1914–1949. London: Penguin Books, 2015.

Legeron MW, Isabelle. Natural Wine: An Introduction to Organic and Biodynamic Wines Made Naturally. London and New York: CICO Books, 2014.

Phillips, Rod. A Short History of Wine. London: Penguin Books, 2000.

Robinson, Jancis and Julia Harding. The Oxford Companion to Wine. Fourth edition. Oxford: Oxford University Press, 2015.

Robinson, Jancis, Julia Harding and José Vouillamoz. Wine Grapes: A Complete Guide to 1,368 Vine Varieties, including their Origins and Flavours. London: Penguin Books, 2012.

Schindler, John R. Isonzo: The Forgotten Sacrifice of The Great War. Westport: Praeger, 2001.

Sgaravatti, Alessandro. G. Padua: self-published by Azienda Agricola Gravner, 1997.

Thumm, H.J. The Road to Yaldara: My Life with Wine and Viticulture. Lyndoch, S. Aust.: Chateau Yaldara, 1996.

Valvasor, Johann Weikhard von. Die Ehre deß Herzogthums Crain. Nuremberg, 1689.

Vertovec, Matija. Vinoreja za Slovence. Vipava, 1844. Second edition of modern reprint, Ajdovščina: Občina, 2015.

콜리오/브르다 국경의 일출

찾아보기

각 지역은 그 지역이 속한 국가의 하위 항목으로 정리했다. 예를 들어 카르소는 '이탈리아' 항목 밑에서 찾을 수 있다. 추천할 만한 생산자들은 '추천할 만한 생산자들'의 하위 항목으로 정리했다. 예를 들어 영크JNK는 '추천할 만한 생산자들' 항목 밑에서 찾을 수 있다. 본문에서 언급한 생산자들은 상위 항목으로도 정리해두어 바로 찾을 수 있다.

ㅅ

지은이 **사이먼 J 울프** Simon J Woolf

사이먼 J 울프는 어워드 수상 경력이 있는 영국의 와인 및 음료 작가로, 현재는 유럽 본토에 있는 네덜란드에서 생활하고 있다. 이 책이 첫 저서이다.

본래 음악 교육을 받았던 사이먼은 음향 엔지니어, IT 컨설턴트, 대안화폐 디자이너 등 다양한 직업을 거치다 와인에 빠지게 되었다. 그는 2011년에 온라인 와인 잡지 《더 모닝 클라렛The Morning Claret》을 창간하며 작가로 데뷔했는데, 이 잡지는 내추럴, 장인, 유기농, 바이오다이내믹 와인과 관련하여 세계에서 가장 높이 평가받는 정보 제공 매체가 되었다. 그는 《디캔터Decanter》《마이닝어스 와인 비즈니스 인터내셔널Meininger's Wine Business International》잡지들을 비롯한 많은 온·오프라인 출판물들에 꾸준히 글을 기고하고 있다.

오렌지 와인에 빠져 있지 않을 때에는 열정적인 요리사이자, 난해한 음악 애호가로 변신한다. 사이먼의 소식을 받아보려면 뉴스레터를 구독하길.

www.themorningclaret.com/subscribe

사진 **라이언 오파즈** Ryan Opaz

셰프, 정육업자, 미술 교사, 연설가, 와인 작가였던 라이언 오파즈는 '포르투갈 와인 및 음식 투어 전문가'라는 그에게 딱 어울리는 직업을 창조해냈다. 그는 맞춤 투어와 이벤트를 통해 고객들이 포르투갈과 스페인을 경험하도록 도와주는 카타비노Catavino의 공동 창립자이다. 또 8년간 '디지털 와인 커뮤니케이션스 컨퍼런스Digital Wine Communications Conference'를 운영하기도 했다. 현재 그는 포르투Porto에서 아내, 아들, 고양이들과 함께 여행하고, 사진 찍고, 직접 만든 음료들을 즐겁게 마시며 살고 있다.

옮긴이 **서지희**

한국외국어대학교를 졸업했으며, 다양한 분야의 책들을 번역해왔다. 라퀴진 푸드코디네이터 아카데미를 수료하고 한식·양식 조리사자격증을 취득했으며, 잡지사 음식문화팀 객원기자로 일했다. 현재 번역에이전시 엔터스코리아에서 출판기획자 및 전문번역가로 활동하고 있다. 옮긴 책으로는 『내추럴 와인Natural Wine』, 『타샤가 사랑한 요리』, 『부엌 도구 도감』, 『180일의 엘불리』, 『내 아이의 IQ를 높여주는 브레인 푸드』등 다수가 있다.

감수 **최영선**

서울대학교 불어불문학과 졸업 후 10여 년간 금융계에 종사하다가 2004년에 프랑스로 건너가 프랑스 및 스페인에서 와인 공부를 했다. 이후 부르고뉴의 에콜 쉬페리에르 드 코메르스 드 디종에서 와인 비즈니스 석사 학위를 취득했다. 2008년부터 유럽의 와인을 아시아에 소개하는 파리 소재 와인에이전시 비노필Vinofeel을 운영하고 있으며 현재 프랑스, 이탈리아, 스페인, 오스트리아 등 유럽과 아시아를 오가며 활동 중이다. 특히 내추럴 와인을 소개하는 행사 '살롱오Salon O'를 2017년부터 매해 개최하여 한국의 내추럴 와인 시장의 저변 확대에 힘쓰고 있다.

앰버 레볼루션

1판 1쇄 인쇄   2019년 12월 19일
1판 1쇄 발행   2019년 12월 30일

지은이 사이먼 J 울프
옮긴이 서지희
감   수 최영선
펴낸이 김기옥

실용본부장 박재성
편집 실용-2팀 이나리, 손혜인
영업 김선주
커뮤니케이션 플래너 서지운
지원 고광현, 김형식, 임민진

디자인 제이알컴
인쇄 민언프린텍
제본 우성제본

펴낸곳 한스미디어(한즈미디어(주))
주소 121-839 서울시 마포구 양화로 11길 13(서교동, 강원빌딩 5층)
전화 02-707-0337 | 팩스 02-707-0198 | 홈페이지 www.hansmedia.com
출판신고번호 제 313-2003-227호 | 신고일자 2003년 6월 25일

ISBN 979-11-6007-456-7 13590

책값은 뒤표지에 있습니다.
잘못 만들어진 책은 구입하신 서점에서 교환해드립니다.